Springer-Lehrbuch

Springer-Verlag
Berlin Heidelberg
GmbH

Paul Margaretha

# Chemie für Mediziner

Mit 122 vierfarbigen Abbildungen
und 13 Tabellen

Springer

Professor Dr. P. Margaretha
Universität Hamburg
Institut für Organische Chemie
Martin-Luther-Platz 6

20146 Hamburg


ISBN 978-3-540-42892-3


Die Deutsche Bibliothek – CIP-Einheitsaufnahme

Margaretha, Paul:
Chemie für Mediziner / Paul Margaretha. - Berlin ; Heidelberg ; New York ;
Barcelona ; Hongkong ; London ; Mailand ; Paris ; Tokio : Springer, 2002
(Springer-Lehrbuch)
ISBN 978-3-540-42892-3      ISBN 978-3-642-55960-0 (eBook)
DOI 10.1007/978-3-642-55960-0

Dieses Werk ist urheberrechtlich geschützt. Die dadurch begründeten Rechte, insbesondere die der
Übersetzung, des Nachdrucks, des Vortrags, der Entnahme von Abbildungen und Tabellen, der Funksendung, der Mikroverfilmung oder der Vervielfältigung auf anderen Wegen und der Speicherung in
Datenverarbeitungsanlagen, bleiben, auch bei nur auszugsweiser Verwertung, vorbehalten. Eine Vervielfältigung dieses Werkes oder von Teilen dieses Werkes ist auch im Einzelfall nur in den Grenzen
der gesetzlichen Bestimmungen des Urheberrechtsgesetzes der Bundesrepublik Deutschland vom 9.
September 1965 in der jeweils geltenden Fassung zulässig. Sie ist grundsätzlich vergütungspflichtig.
Zuwiderhandlungen unterliegen den Strafbestimmungen des Urheberrechtsgesetzes.


http://www.springer.de

©Springer-Verlag Berlin Heidelberg 2002
Ursprünglich erschienen bei Springer-Verlag Berlin Heidelberg New York 2000

Die Wiedergabe von Gebrauchsnamen, Warenbezeichnungen usw. in diesem Werk berechtigt auch
ohne besondere Kennzeichnung nicht zu der Annahme, daß solche Namen im Sinne der Warenzeichen- und Markenschutz-Gesetzgebung als frei zu betrachten wären und daher von jedermann benutzt werden dürften.
Produkthaftung: Für Angaben über Dosieranweisungen und Applikationsformen kann vom Verlag
keine Gewähr übernommen werden. Derartige Angaben müssen vom jeweiligen Anwender im Einzelfall anhand anderer Literaturstellen auf ihre Richtigkeit überprüft werden.

Umschlagabbildung: Eye of Science, Reutlingen
Umschlaggestaltung: de'blik, Berlin
Zeichnungen: BITmap, Mannheim
Herstellung: M. Uhing, Heidelberg
Satz, Druck und Binden: Appl, Wemding
Gedruckt auf säurefreiem Papier      SPIN 10785288      15/3130/mu – 5 4 3 2 1 0

# Vorwort

Für viele Schulabgänger bzw. Studienanfänger stellt sich die Chemie als Hexerei dar. Chemiker scheinen neue Stoffe nach denselben geheimnisvollen Prinzipien herzustellen, wie Zauberer einen Hasen aus dem Zylinder hervorholen. Da sich Studierende der Medizin und Zahnmedizin gleich zu Beginn ihres Studiums mit den naturwissenschaftlichen Fächern auseinandersetzen müssen, weil Kenntnisse in Chemie als Basis für das Erlernen anderer vorklinischer und klinischer Fächer, vor allem der Biochemie, aber auch der Toxikologie und Pharmakologie, unabdingbar sind, führt dies nicht selten zu Frustrationen. Viele Studierende überstehen einen Chemie- oder auch Physikkurs nur, indem sie Grundlagen sowie mathematische Gleichungen auswendig lernen.

Meine Absicht ist es, Sie zu überzeugen, dies NICHT zu tun! Verlangen Sie von sich selbst, von diesem Buch sowie von ihren Studienbetreuern Erklärungen zum „WAS und WARUM" in der Chemie. Mit anderen Worten: Wenn Sie die tieferen Ursachen und Zusammenhänge kritisch hinterfragen und dann auch verstanden haben, anstatt alles einfach auswendig zu lernen, werden Sie schnell bemerken, dass Sie sich das Leben und Lernen wesentlich erleichtern – von der Zeitersparnis einmal ganz abgesehen.

Folgerichtig wird in diesem Buch auch das Hauptaugenmerk auf die Vermittlung des Verständnisses zum Ablauf chemischer Reaktionen, insbesondere von – biologisch und medizinisch relevanten – Kohlenstoffverbindungen, gelegt.

Dieses Lehrbuch setzt zwar keine über das Schulwissen hinausgehenden Chemiekenntnisse, wohl aber die prinzipielle Bereitschaft des Studierenden voraus, sich mit den Ursachen von Sachverhalten auseinander zu setzen. Inhaltlich ist der gerade neu überarbeitete Teilkatalog „Chemie für Mediziner und Biochemie" aus dem Gegenstandskatalog für den schriftlichen Teil der Ärztlichen Vorprüfung (GK1) enthalten.

Bei den Mitarbeitern des Springer-Verlages, die an der Realisierung dieses Buches beteiligt waren, möchte ich mich sehr herzlich bedanken.

Dies gilt namentlich sowohl für Frau Anne C. Repnow, die mich von der Notwendigkeit überzeugen musste, ein einführendes Lehrbuch der Chemie für Mediziner zu schreiben, als auch für Herrn Axel Treiber für die ausgezeichnete redaktionelle Betreuung.

Paul Margaretha                              Hamburg, im Januar 2002

# Farbleitsystem zum Verständnis des Formelsatzes

Reaktionen von Kohlenstoffverbindungen laufen nach einigen wenigen wohldefinierten Prinzipien ab. Unter biologischen Bedingungen spielen neben Reaktionen, die durch Radikale initiiert werden vor allem solche, die durch Ladungswechselwirkung (Coulomb'sche Wechselwirkungen) zwischen den beiden Reaktanden ausgelöst werden eine wesentliche Rolle.

Vereinfacht formuliert heisst das, dass bei einer Reaktion zwischen zwei Molekülen das eine Molekül ein Zentrum mit einem Ladungsüberschuss, das zweite ein solches mit einem Ladungsmangel aufweist.

## Lewis-Base – Lewis-Säure-Reaktion

Die Wechselwirkung zwischen diesen beiden Zentren kann nun entweder dazu führen, dass in einer **Lewis-Base – Lewis-Säure-Reaktion** (in der organischen Chemie hat sich dafür auch der Begriff „nucleophil – elektrophil"-Wechselwirkung eingebürgert) eine neue Bindung zwischen diesen beiden Reaktionspartnern ausgebildet wird, wobei die beiden dafür benötigten Bindungselektronen definitionsgemäss von der **Lewis-Base** (= **Elektronenpaardonator**) zur Verfügung gestellt werden. Alle diese Reaktionen sind durch dasselbe Farbmuster gekennzeichnet:

Die Lewis-Base (blau), die Lewis-Säure (rot), und die neu gebildete Bindung (grün).

## Redox-Reaktion

Die alternative Wechselwirkung zwischen diesen beiden Zentren besteht in der Übertragung **eines** Elektrons, also einer sogenannten **Redox-Reaktion**. Solche Reaktionen sind wiederum durch ein einheitliches Farbmuster gekennzeichnet, und zwar ist das Molekül, das ein (oder mehrere) Elektron(en) abgibt jeweils **blau,** das entsprechende Oxidationsprodukt jeweils **rot** hinterlegt.

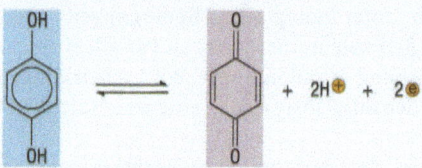

## Funktionelle Gruppen

Daneben werden noch die in den einzelnen Kapiteln des Teils II diskutierten „funktionellen Gruppen" entweder durch einen grauen Hintergrund (ganzes Molekül) oder durch **Fettdruck** der wichtigen Atome (Atomgruppen) hervorgehoben.

# Inhaltsverzeichnis

## 1 Allgemeine Prinzipien der Chemie ... 1

1.1 Warum Chemie? ... 1
1.2 Eigenschaften und Erscheinungsformen der Materie ... 3
1.3 Atome, Atombau, Elemente, Periodensystem, Radioaktivität ... 6
1.4 Die chemische Bindung zwischen zwei Atomen ... 14
1.5 Räumliche Struktur mehratomiger Moleküle ... 19
1.6 Intermolekulare Wechselwirkungen ... 26
1.7 Die chemische Reaktion ... 29
1.8 Grundzüge der Thermodynamik, Kinetik und des chemischen Gleichgewichts ... 32
1.9 Lösungen, Gemische ... 42
1.10 Reaktionen in wässrigen Lösungen ... 46
1.11 Säuren und Basen ... 49
1.12 Elektronentransferreaktionen, Elektrochemie ... 61
1.13 Koordinationsverbindungen ... 70

## 2 Chemie der Kohlenstoffverbindungen ... 77

2.1 Warum Kohlenstoff? ... 77
2.2 Kohlenwasserstoffe – Struktur, Nomenklatur ... 79
2.3 Reaktionen von Kohlenstoffverbindungen ... 88
2.4 Alkane, Cycloalkane – Reaktionen, Radikale ... 92
2.5 Alkene – Reaktionen, Carbeniumionen ... 96
2.6 Halogenkohlenwasserstoffe ... 102
2.7 Alkohole, Thiole – Redoxreaktionen bei Kohlenstoffverbindungen ... 105
2.8 Amine ... 113
2.9 Carbonylverbindungen (I) ... 116

2.10 Carbonylverbindungen (II) .................. 121
2.11 Halbacetale und Acetale ................... 126
2.12 Carbonsäuren ......................... 130
2.13 Carbonsäurederivate ..................... 137
2.14 Cyanwasserstoff, Kohlenstoffoxide ............. 141
2.15 Phosphor-, Phosphon- und Sulfonsäurederivate ..... 145
2.16 Aromatizität (I): Arene, Phenole, Chinone ......... 148
2.17 Aromatizität (II): Heterocyclen ............... 156
2.18 Cyclisierungsreaktionen ................... 161
2.19 Stereoisomerie ........................ 165

## 3 Chemie biologisch- und medizinisch-relevanter Naturstoffe ...... 173

3.1 Chemische Reaktionen im Organismus .......... 173
3.2 Lipide (I): Triacylglycerine, Phosphoglyceride, Sphingoside ......................... 175
3.3 Lipide (II): Terpene, Steroide, Prostaglandine ....... 181
3.4 Aminosäuren, Peptide, Proteine .............. 188
3.5 Kohlenhydrate, Mono- und Polysaccharide ........ 197
3.6 Nucleoside, Nucleotide, Nucleinsäuren .......... 207

## Anhang ............................................. 213

Übungsfragen und Lösungen ................... 213

## Sachverzeichnis ...................................... 239

# Allgemeine Prinzipien der Chemie

## 1.1 Warum Chemie?

Diese von Studierenden der Medizin oder Zahnmedizin zu Beginn ihres Studiums so häufig gestellte Frage ist leicht zu beantworten. Die Tatsache, dass Chemie in jedem Augenblick unseres Lebens in uns und um uns herum wirkt, ist Grund genug, Kenntnisse über sie zu erwerben.

Chemische Umwandlungen von Nahrungsmitteln im Organismus bewirken Wachstum und erzeugen Energie. Wichtige Funktionen im Körper werden durch chemische Verbindungen, wie z. B. Hormone oder Vitamine, gesteuert. Das Wachstum der Pflanzen und damit gekoppelt die Produktion von Nahrungsmitteln wird durch eine Licht-induzierte chemische Reaktion, der Photosynthese, ermöglicht. Alltäglich begegnen wir neuen Kunststoffen und Materialien, die durch chemische Umsetzungen gebildet werden. Metalle für Maschinen, Autos und Flugzeuge werden durch chemische Reaktionen hergestellt, und auch die Verbrennung von Treibstoff in deren Motoren stellt eine solche dar. Schließlich gäbe es ohne chemische Forschung auch keine Fortschritte in der Therapie von AIDS oder Krebs.

Die Chemie wird – historisch bedingt – in verschiedene klassische Forschungsgebiete unterteilt, die heute allerdings alle eng miteinander vernetzt sind. So interessieren sich *„Biochemiker"* vorrangig für chemische Vorgänge in lebenden Organismen, beschäftigen sich *„organische Chemiker"* überwiegend mit Stoffen, die Kohlenstoff und Wasserstoff in Verbindung mit wenigen anderen Elementen enthalten, während *„anorganische Chemiker"* ihr Augenmerk auf fast alle Elemente außer Kohlenstoff richten. Als zusätzliche Gebiete sind u. a. auch die **analytische Chemie** und die **physikalische Chemie** hervorzuheben.

Welche Schwerpunkte soll nun ein Lehrbuch für Studierende des Nebenfachs Chemie bevorzugt setzen? Zum einen muss es, unabhängig vom Hauptfach des Studierenden, die allgemeinen Prinzipien der Chemie, die

**Tabelle 1.1.** Häufigkeit der Elemente (Massenprozente) sowie Vorkommen in wichtigen Verbindungen in verschiedenen Bereichen

| Kosmos | H (Wasserstoff) 75 %<br>He (Helium) 24.95 %<br>andere < 0.05 % | $H_2$ (molekularer Wasserstoff)<br>He (Helium) |
|---|---|---|
| Erdoberfläche | O (Sauerstoff) 50 %<br>Si (Silizium) 26 %<br>Al (Aluminium) 8 %<br>Fe (Eisen) 5 %<br>Ca (Calcium) 3 %<br><br>H (Wasserstoff) 0.7 %<br><br>C (Kohlenstoff) < 0.01 %, davon: Carbonatgestein (92 %),<br>Kohle u. Erdöl (7.9 %) | Wasser, Luft, Silikate, Metalloxide<br>Sand, Quarz, Silikate<br>Aluminiumoxid, Al-Silikate<br>Eisenoxide<br>Kalk, Gips<br><br>Wasser |
| Mensch | O (Sauerstoff) 63 %<br>C (Kohlenstoff) 20 %<br>H (Wasserstoff) 10 %<br>N (Stickstoff) 0.4 %<br>Ca (Calcium) 0.1 % | Wasser (64 %)<br>Proteine (20 %), Fette (10 %),<br>Kohlenhydrate (1 %)<br>Mineralien (5 %) |

für das Verständnis von Aufbau und Zusammensetzung sowie der Veränderung von Stoffen erforderlich sind, behandeln. Zum anderen muss es sich aber gerade diesem Hauptfach anpassen, und dessen spezifische Bedürfnisse berücksichtigen. Diese ergeben sich beispielsweise aus der in Tabelle 1.1 zusammengefassten Häufigkeit der Elemente in verschiedenen Interessendomänen. Danach würde sich ein Chemiebuch für angehende *Astrophysiker* inhaltlich auf Eigenschaften und Reaktionen von Wasserstoff und Helium beschränken können, während ein solches für zukünftige *Geologen* sich überwiegend mit dem Verhalten einiger weniger Metalloxide bzw. Silikate befassen müsste.

Für das bessere Verständnis des Patienten als Lebewesen sollten Studierenden der Medizin oder Zahnmedizin die zentralen chemischen Prinzipien, die menschlicher Gesundheit und Krankheit zugrunde liegen, vermittelt werden, also folgerichtig die Chemie biologisch- und medizinisch-relevanter Naturstoffe. Da es sich bei diesen fast ausschließlich um Kohlenstoffverbindungen handelt, richtet sich der Hauptteil dieses Buch auf die für die medizinische Biochemie relevanten Aspekte der *organischen Chemie*.

## 1.2 Eigenschaften und Erscheinungsformen der Materie

- Materie
- Zusammensetzung
- Eigenschaften
- quantitative Erfassung
- Aggregatzustände

*„Chemie ist die Wissenschaft, die sich mit der Zusammensetzung und den Eigenschaften der Materie befasst, insbesondere aber mit Veränderungen, die diese betreffen...".* Aus dieser Beschreibung wird gleich ersichtlich, dass es zu einem vernünftigen Verständnis der Chemie notwendig ist, die Begriffe „Materie", „Zusammensetzung" und „Eigenschaften" vorweg zu definieren.

**Materie**▶ Materie ist alles, was Raum einnimmt, und die Eigenschaft aufweist, die man als „Masse" bezeichnet. Jedes menschliche Wesen besteht aus Materie. Alle Gegenstände (Stoffe) um uns herum, auch die (unsichtbaren) Gase in der Atmosphäre, sind Materie. Das (sichtbare) Licht ist hingegen keine Materie, sondern eine Form von Energie.

**Zusammensetzung**▶ Diese bezieht sich auf die Teile bzw. Komponenten eines Stoffes und deren relative Anteile. So ist z. B. „Wasser" aus zwei einfacheren Stoffen, Wasserstoff und Sauerstoff, im Massenverhältnis 11,19 % zu 88,81 % zusammengesetzt. Auch das zum Bleichen und Desinfizieren verwendete „Wasserstoffperoxid" enthält nur Wasserstoff und Sauerstoff, allerdings im Massenverhältnis 5,93 % zu 94,07 %.

**Eigenschaften**▶ Eigenschaften sind diejenigen Merkmale bzw. Kennzeichen, die es erlauben, einen Stoff von einem anderen zu unterscheiden, z. B. die Farbe oder der Geruch. Bei einer „physikalischen Umwandlung" eines Stoffes können dessen Eigenschaften sich ändern, aber *nicht* dessen Zusammensetzung. So friert z. B. flüssiges Wasser zu (festem) Eis, aber die Zusammensetzung bleibt unverändert, d. h. auch Eis besteht aus 11,19 % Wasserstoff und 88,81 % Sauerstoff. Bei einer „chemischen" Umwandlung – man spricht auch von einer chemischen Reaktion – verändert sich die Zusammensetzung eines (oder mehrerer) Stoffes.

So bilden sich bei der Verbrennung von Papier, das aus Kohlenstoff, Wasserstoff und Sauerstoff zusammengesetzt ist, Wasser und Kohlendioxid, wobei dieses Letztere nur aus Kohlenstoff und Sauerstoff zusammengesetzt ist.

**Atome und Moleküle▶** Wie im nächsten Kapitel genauer erläutert, ist Materie aus sehr kleinen Einheiten, den so genannten Atomen, aufgebaut. Heute kennen wir 111 verschiedene Arten von Atomen, und die gesamte Materie ist ausschließlich aus solchen Atomen zusammengesetzt. Atome verbinden sich zu so genannten Molekülen. Ein „chemisches Element" ist ein Stoff, der ausschließlich aus *einem* Atomtyp aufgebaut ist. Unter den Elementen finden sich bekannte Stoffe, wie Kohlenstoff, Eisen, Gold, u. v. a. m. Die Elemente werden im so genannten *Periodensystem der Elemente* (s. Kap. 1.3) erfasst. Chemische Verbindungen (z. B. Wasser) sind Stoffe, die aus verschiedenen Atomtypen zusammengesetzt sind. So ist zwar ein Molekül Sauerstoff aus zwei Sauerstoffatomen, ein Molekül Wasser hingegen aus drei Atomen, und zwar aus zwei Wasserstoffatomen und einem Sauerstoffatom, aufgebaut. Im Vergleich dazu ist das im Blut enthaltene *Gammaglobulin* aus etwa 20 000 Atomen, allerdings nur aus vier Atomtypen, nämlich Kohlenstoff, Wasserstoff, Sauerstoff und Stickstoff, aufgebaut. Ein *reiner* Stoff ist durch genau definierte Eigenschaften und (atomare oder molekulare) Zusammensetzung charakterisiert. Im Gegensatz dazu sind Mischungen Stoffgemenge, deren Zusammensetzung und Eigenschaften variabel sein können. So ist die atmosphärische Luft ein Gemisch verschiedener gasförmiger Komponenten und besteht hauptsächlich aus Stickstoff- und Sauerstoffmolekülen. Meerwasser stellt wiederum eine Lösung von u. a. Kochsalz (NaCl) in Wasser dar. Bei diesen beiden Beispielen handelt es sich um so genannte *homogene Mischungen*. Im Gegensatz dazu stehen *heterogene Mischungen*, wie z. B. eine Aufschlämmung von Sand in Wasser oder die Mischung von Öl und Essig im Salat-Dressing. In heterogenen Mischungen ist die Zusammensetzung in verschiedenen Teilen des Gemisches unterschiedlich. In ◉Abbildung 1.1 sind diese Begriffe nochmals graphisch zusammengefasst.

**Aggregatszustände▶** Materie kann auch nach ihrem Aggregatzustand eingeteilt werden, und zwar unterscheidet man Feststoffe, Flüssigkeiten und Gase. In einem *Feststoff* sind die Atome oder Moleküle nahe beieinander, manchmal auch in einem so genannten Kristall angeordnet.

In einer *Flüssigkeit* sind die Atome oder Moleküle weiter voneinander entfernt und etwas freier in ihrer Beweglichkeit. In einem *Gas* sind die

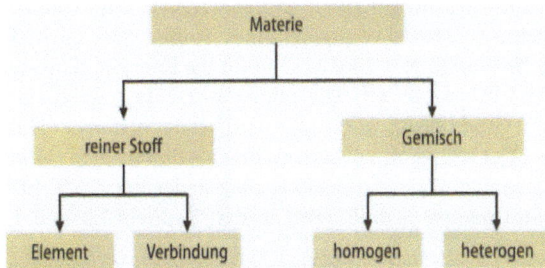

**Abb. 1.1.** Erscheinungsformen der Materie

Abstände zwischen Atomen bzw. Molekülen und auch deren Beweglichkeit am größten. Die Temperatur für den Übergang von der festen in die flüssige Phase bezeichnet man als *Schmelzpunkt*, die für den von der flüssigen in die Gasphase als den *Siedepunkt* eines Stoffes. Beide Aggregatszustands-Übergangstemperaturen stellen charakteristische Eigenschaften eines Stoffes dar.

**Quantitative Erfassung (Messung) von Materie▶** Die vom internationalen Einheitensystem (abgekürzt: SI-Einheiten) vorgesehenen Basiseinheiten sind in Tabelle 1.2 zusammengefasst.

*Masse* beschreibt die Menge eines Stoffes. Die SI-Einheit hierfür ist das Kilogramm. Da es sich im Allgemeinen hierbei um eine große Menge handelt, wird häufig das „Gramm" (= 1/1000 kg) verwendet (das entspricht etwa zwei Aspirintabletten). Die Masse eines Stoffes ist konstant, während sein *Gewicht* ortsabhängig ist, da das Gewicht dem Produkt der Masse mal der Erdanziehung entspricht. *Abgeleitete Einheiten* wie das Gewicht eines Stoffes sind also solche, die auf die in Tabelle 1.2 angeführten sieben Basiseinheiten zurückgeführt werden können.

**Tabelle 1.2.** SI (Système Internationale d'Unités) Basis-(Mess)-Einheiten

| Physikalische Menge | Einheit | Abkürzung |
|---|---|---|
| Länge | Meter | m |
| Masse | Kilogramm | kg |
| Zeit | Sekunde | s |
| Temperatur | Kelvin | K |
| Menge eines Stoffes | Mol | mol |
| Elektrischer Strom | Ampere | A |
| Lichtintensität | Candela | cd |

Dazu gehören die Geschwindigkeit (= Länge/Zeit), das Volumen (= Länge$^3$), die Dichte (= Masse/Volumen) eines Stoffes oder auch die Kraft, gemessen in **Newton** (1 N = 1 kg m s$^{-2}$) und die Energie, gemessen in **Joule** (1 J = 1 N × 1 m = kg m$^2$ s$^{-2}$). Die Temperaturskala in Kelvin entspricht derjenigen in Grad Celsius, allerdings wird bei der ersten der Nullpunkt (0 K) bei −273,15 °C, dem so genannten „absoluten Nullpunkt", festgelegt. Damit schmilzt Wasser bei 273 K und siedet bei 373 K (0 °C bzw. 100 °C). Die Stoffmenge „1 mol" wird in den Kapiteln 1.3 und 1.4 näher erläutert.

## Resümee

Chemie erfasst auf quantitative Weise die Veränderungen, die Stoffe eingehen, sei es spontan bzw. durch Zufuhr von Energie oder aber durch Wechselwirkung (Reaktion) mit einem weiteren Stoff. Zum einen werden solche Vorgänge nach deren Beobachtung durch geeignete Experimente praktisch erfasst und zum anderen werden sie mittels einer passenden Theorie *(Wie? Warum?)* erklärt. Beide Aspekte, sowohl der experimentelle wie auch der theoretische, sind für das Verständnis chemischer Reaktionen unerlässlich.

## 1.3 Atome, Atombau, Elemente, Periodensystem, Radioaktivität

### Lernziele

- Elementarteilchen
- Ordnungszahl
- Kernladungszahl
- Massenzahl
- Isotope
- Atomgewicht
- Elektronenkonfiguration
- radioaktiver Zerfall
- Radioisotope mit medizinischer Relevanz

**Dalton'sche Atomtheorie▶** Sie resultierte im frühen 19. Jahrhundert aus den Beobachtungen, dass einerseits bei chemischen Reaktionen die Ge-

samtmasse der Komponenten erhalten bleibt, und dass andererseits die Zusammensetzung eines Stoffes unabhängig von seiner Masse ist. Somit wurde definiert, dass
- jedes Element aus kleinsten Teilchen, den Atomen aufgebaut ist,
- sich Atome bei chemischen Reaktionen nicht verändern,
- dass alle Atome eines Elements die gleiche Masse und identische Eigenschaften aufweisen, und
- in jeder Verbindung Atome in einfachen ganzen Zahlen vorliegen.

**Atombau** ▸ Dieser wurde durch Experimente von *Rutherford* im frühen 20. Jahrhundert erkannt. Atome bestehen aus einem *Kern* und einer *Elektronenhülle*. Der größte Anteil der Masse eines Atoms sowie dessen ganze positive Ladung sind in einem sehr kleinen Bereich, dem Atomkern, lokalisiert. Der überwiegende Teil eines Atoms besteht aus freiem Raum. Die Größe der positiven Ladung (= *Kernladungszahl*) ist für Atome eines jeden Elements charakteristisch. Der Kern selbst besteht aus positiv geladenen *Protonen* und ähnlich viel neutralen Teilchen annähernd gleicher Masse, den *Neutronen*. Jedes Atom enthält außerhalb des Kerns genauso viele (negativ geladene) *Elektronen*, wie es positive Ladungen im Kern aufweist, d.h. Atome sind insgesamt elektrisch neutral. Eigenschaften dieser so genannten *Elementarteilchen* sind in Tabelle 1.3 zusammengefasst. In atomaren Einheiten weist das Proton die Ladung + 1, das Elektron diejenige von − 1 auf. Das Neutron weist keine Ladung (= 0) auf.

**Elemente** ▸ Alle Atome eines Elements weisen die gleiche Kernladungszahl auf. Jedes Element wird durch ein chemisches Symbol, einer Abkürzung seines Namens in Form eines oder zweier Buchstaben, gekennzeichnet. Heute sind alle Elemente bis zur Kernladungszahl = 111 bekannt, wobei diejenigen mit Kernladungszahl >92, die so genannten Transurane, nicht natürlich vorkommen sondern künstlich erzeugt wer-

**Tabelle 1.3.** Eigenschaften der Elementarteilchen

|  | Elektrische Ladung (Einheit) | | Masse (Einheit) | |
| --- | --- | --- | --- | --- |
|  | SI *(Coulomb)* | atomar | SI *(kg)* | atomar |
| Proton | $+1.6 \times 10^{-19}$ | $+1$ | $1.67 \times 10^{-27}$ | 1.007 |
| Neutron | 0 | 0 | $1.675 \times 10^{-27}$ | 1.008 |
| Elektron | $-1.6 \times 10^{-19}$ | $-1$ | $9.1 \times 10^{-31}$ | 0.00055 |

**Tabelle 1.4.** Symbole und Atomgewichte biochemisch relevanter Elemente

| Element | Symbol | Atomgewicht |
|---|---|---|
| Wasserstoff | H | 1.008 |
| Helium | He | 4.003 |
| Kohlenstoff | C | 12.011 |
| Stickstoff | N | 14.007 |
| Sauerstoff | O | 15.999 |
| Fluor | F | 18.998 |
| Phosphor | P | 30.974 |
| Schwefel | S | 32.066 |
| Chlor | Cl | 35.453 |
| Eisen | Fe | 55.847 |
| Brom | Br | 79.904 |
| Iod | I | 126.904 |

den. Natürlich vorkommende Elemente stellen häufig Gemische von Atomen dar, die zwar alle die gleiche Kernladungszahl aufweisen, worin aber die *Massenzahl* (= Summe der Protonen und Neutronen eines Kerns) um einige wenige Einheiten variiert, d. h. alle Kerne weisen dieselbe Protonenzahl auf, die Zahl der Neutronen kann aber unterschiedlich sein. So besteht natürlich vorkommender Kohlenstoff (C) nicht ausschließlich aus Kernen mit sechs Protonen und sechs Neutronen ($^{12}C$), sondern auch aus einigen wenigen mit sechs Protonen und sieben Neutronen ($^{13}C$). Solche – verschiedenen – Kerne desselben Elements bezeichnet man als *Isotope*. Die atomare Masseneinheit ist definiert als genau 1/12 eines Kohlenstoffatoms der Massenzahl = 12, d. h. ein Atom $^{12}C$ weist definitionsgemäß 12 atomare Masseneinheiten auf. Die Massen der Atome aller anderen Elemente werden auf diesen Kern bezogen. Da viele Elemente Mischungen solcher Isotope darstellen, weisen sie keine ganzzahligen *Atomgewichte* auf. Natürlich vorkommender Kohlenstoff besteht zu 98,89 % aus $^{12}C$-Isotopen und zu 1,11 % aus $^{13}C$-Isotopen. Somit berechnet sich das Atomgewicht von Kohlenstoff zu 12.011 atomaren Masseneinheiten. In Tabelle 1.4 sind die Atomgewichte einiger wichtiger Elemente aufgeführt.

Die SI-Einheit, die die Verknüpfung der Menge eines Stoffes (Element oder Verbindung) mit der Zahl der darin beinhaltenden Atome oder Moleküle beschreibt, wird „mol" genannt. Ein mol einer Substanz enthält genauso viele Teilchen, wie $^{12}C$-Atome in genau 12 g reinem Kohlenstoff-12 enthalten sind. Die so genannte *Avogadro'sche Konstante* (= $6.022 \times 10^{23}$ mol$^{-1}$) entspricht dieser Teilchenzahl. Für natürlich vorkommenden Kohlenstoff bedeutet dies, dass 1 mol C = 12.011 g. Dementsprechend ergibt sich das *Molekulargewicht* einer Verbindung aus der

Summe der Atomgewichte der darin enthaltenen Atome. So ist z. B. das Molekulargewicht von Kohlendioxid ($CO_2$) gleich 12.011 + 2 × 15.999 = 43.999 g, d. h. ein mol $CO_2$ entspricht 44 g dieses Stoffes, oder aber, in 44 g $CO_2$ sind wiederum genau $6.022 \times 10^{23}$ Moleküle $CO_2$ enthalten.

**Periodensystem der Elemente▶** Ordnet man die Elemente nach zunehmender Kernladungszahl (***Kernladungszahl = Ordnungszahl***), so stellt man fest, dass gewisse charakteristische Eigenschaften einzelner Elemente periodisch immer wieder auftreten. Die entsprechende Anordnung der Elemente nach steigender Ordnungszahl unter Berücksichtigung dieser wiederkehrenden chemischen bzw. physikalischen Eigenschaften ergibt das so genannte „Periodensystem der Elemente". Die senkrechten Reihenfolgen werden dabei als *Gruppen* bezeichnet, die waagrechten als *Perioden*. Kohlenstoff (C) steht also in Gruppe 14 in der zweiten Periode. In Tabelle 1.5 ist ein Ausschnitt dieser tabellarischen Anordnung der Elemente mit zunehmender Ordnungszahl nach ähnlichen Eigenschaften abgebildet, wobei vor allem biochemisch-relevante Elemente aufgeführt sind. Das vollständige Periodensystem (mit Atomgewichten) findet sich auf Umschlagseite 3.

Die Elemente der Gruppen 1, 2, 13–18 bezeichnet man als Hauptgruppenelemente, die der Gruppen 3–12 als Übergangselemente. Charakte-

**Tabelle 1.5.** Periodensystem (auszugsweise) der Elemente mit Ordnungszahlen

| Gruppe | 1 | 2 | 3–7 | 8 | 9 | 10 | 11 | 12 | 13 | 14 | 15 | 16 | 17 | 18 |
|---|---|---|---|---|---|---|---|---|---|---|---|---|---|---|
| **Periode** | | | | | | | | | | | | | | |
| I | 1 H | | | | | | | | | | | | | 2 He |
| II | 3 Li | 4 Be | | | | | | | 5 B | 6 C | 7 N | 8 O | 9 F | 10 Ne |
| III | 11 Na | 12 Mg | | | | | | | 13 Al | 14 Si | 15 P | 16 S | 17 Cl | 18 Ar |
| IV | 19 K | 20 Ca | | 26 Fe | 27 Co | 28 Ni | 29 Cu | 30 Zn | | | | | 35 Br | 36 Kr |
| V | 37 Rb | 38 Sr | | | | | 47 Ag | | | | | | 53 I | 54 Xe |
| VI | 55 Cs | 56* Ba | | | 78 Pt | | 79 Au | 80 Hg | | | | | | 86 Rn |
| VII | 87 Fr | 88** Ra | | | | | | 112 | | | | | | |

\* Gruppe 3, Periode VI: Elemente 57–71: Lanthanide (z. B. 63 Eu)
\*\* Gruppe 3, Periode VII: Elemente 89–103: Actinide (z. B. 92 U)

**Tabelle 1.6.** Ionisierungsenergien und Elektronenaffinitäten innerhalb einer Periode

|  | Na (Gr. 1) | Si (Gr. 14) | S (Gr. 16) | Cl (Gr. 17) |
|---|---|---|---|---|
| Ionisierungsenergie | 495 | 786 | 999 | 1251 |
| Elektronenaffinität | −53 | −120 | −200 | −349 |

alle Werte in kJ/mol

ristisch im Periodensystem ist auch, dass in den Gruppen 1–12 (mit Ausnahme von Wasserstoff) alle Elemente metallische Eigenschaften aufweisen, während in den Gruppen 13–18 vorwiegend so genannte *Nichtmetalle* vorkommen, wobei die Elemente der Gruppe 18 auch als *Edelgase* bezeichnet werden.

Typisch für Metalle, insbesondere für Elemente der Gruppe 1 ist die Leichtigkeit, mit der sie ein Elektron abgeben können. Dies spiegelt sich in besonders kleinen Werten der so genannten *Ionisierungsenergie*, d. h. dem Energiebedarf, den das Atom in der Gasphase benötigt, um ein Elektron abzuspalten (Gl. 1.1), wider. Ebenso ist für Nichtmetalle, insbesondere für Elemente der Gruppe 17 typisch, dass sie sehr leicht ein Elektron aufnehmen, was sich wiederum in hohen Werten der so genannten *Elektronenaffinität*, d. h. dem Energiebetrag der frei wird (daher *negative* Energiewerte), wenn ein Atom in der Gasphase ein Elektron aufnimmt (Gl. 1.2), zeigt. Beispiele dafür sind in Tabelle 1.6 zusammengefasst.

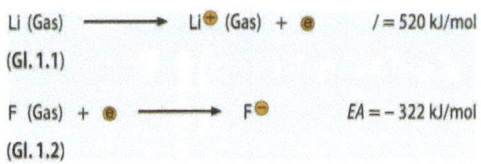

In beiden Prozessen entstehen aus den neutralen Elementen geladene Teilchen, so genannte *Ionen*. Solche mit positiver Ladung (s. Gl. 1.1) nennt man *Kationen*, solche mit negativer Ladung (s. Gl. 1.2) *Anionen*.

**Elektronenkonfiguration▶** Das *Rutherford'sche Atommodell* beschreibt *nicht*, wie die Elektronen außerhalb des Kerns angeordnet sind, und erklärt auch *nicht*, wieso die negativ geladenen Elektronen nicht an den positiv geladenen Kern gezogen werden. Mit Hilfe der *Quantentheorie* konnte *N. Bohr* zeigen, dass sich Elektronen in ständiger Bewegung in Umlaufbahnen diskreter und definierter Energie aufhalten, und dass für das Elektron Übergänge zwischen diesen einzelnen Bahnen möglich sind.

Diese erlaubten Aufenthaltszustände für das Elektron werden durch die so genannte *Hauptquantenzahl* (n = 1, 2, 3 . . .) beschrieben. Mit Hilfe der Wellenmechanik konnte diese Theorie insofern verfeinert werden, als dass Elektronen sich in so genannten Orbitalen aufhalten, die durch vier Quantenzahlen charakterisiert sind. Diese *Orbitale* geben die *räumliche* Aufenthaltswahrscheinlichkeit der Elektronen wieder. Zur Hauptquantenzahl n = 1 gibt es nur ein – kugelförmiges – 1s-Orbital, das bis zu zwei Elektronen aufnehmen kann. Dann folgen für n = 2 das, ebenfalls kugelförmige, 2s-Orbital, das wiederum zwei Elektronen aufnehmen kann, und dann die drei hantelförmigen 2p-Orbitale, die jeweils in Richtung von x, y und z-Achse in einem Koordinatensystem gerichtet sind, und die insgesamt sechs Elektronen aufnehmen können. Zur Hauptquantenzahl n = 3 gibt es das kugelförmige 3s-Orbital, die drei hantelförmigen 3p-Orbitale und fünf räumlich komplexere 3d-Orbitale, die alle zusammen insgesamt 18 Elektronen aufnehmen können. Die *Elektronenkonfiguration* eines Elements ergibt sich aus dem Prinzip, dass die Besetzung der Orbitale durch Elektronen nach deren – zunehmenden – Energien erfolgt (◉ Abb. 1.2).

Weiterhin muss beachtet werden, dass keine zwei Elektronen in einem Atom die gleichen vier Quantenzahlen besitzen, d. h. jedes Orbital kann nur durch zwei Elektronen aufgefüllt (besetzt) werden, und schließlich, dass Orbitale gleicher Energie (z. B. die drei 2p-Orbitale) einzeln aufgefüllt werden.

Um Elektronenkonfigurationen zu beschreiben wird nach dem so genannten *Aufbauprinzip* vorgegangen. So ist die Elektronenkonfiguration für das H-Atom $1s^1$, für das He-Atom $1s^2$. Für das Element Lithium ergibt sich $1s^2 2s^1$, für Be $1s^2 2s^2$ und für B $1s^2 2s^2 2p^1$. Für das Element mit der Ordnungszahl 6 (Kohlenstoff, C) ergibt sich demzufolge die Elektronenkonfiguration $1s^2 2s^2 2p_x 2p_y$, weil Orbitale gleicher Energie einzeln aufgefüllt werden. So kommt man bei Ne zur vollen zweiten Schale, $1s^2 2s^2 2p^6$, usw.

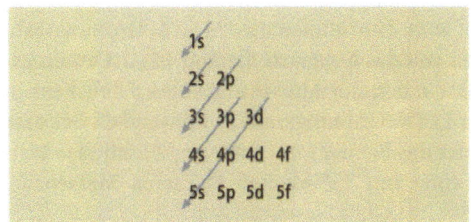

**Abb. 1.2.** Reihenfolge der Auffüllung von Orbitalen (man folge den *Pfeilen* jeweils von oben rechts nach unten links)

Der Befund, dass alle in einer Gruppe angeordneten Elemente ähnliche chemische Eigenschaften aufweisen, beruht also auf der Tatsache, dass diese Elemente jeweils die gleiche Anzahl von Elektronen in der jeweils äußersten Schale aufweisen. So besitzen alle Elemente der Gruppe 1 (die so genannten Alkalimetalle) ein s-Elektron ($ns^1$), alle Elemente der Gruppe 17 (die so genannten Halogene) sieben ($ns^2np^5$) Außenelektronen und alle Elemente der Gruppe 18, die so genannten Edelgase, bis auf Helium (dieses hat nur eine mit zwei Elektronen gefüllte 1s-Schale), acht ($ns^2np^6$) Außenelektronen. Diese letztere Elektronenkonfiguration, auch *Edelgaskonfiguration* genannt, ist durch ihre besondere Stabilität gekennzeichnet, was wiederum erklärt, warum diese Elemente so extrem reaktionsträge sind. Weiterhin wird verständlich, warum Elemente der Gruppe 1 die geringsten Ionisierungsenergiewerte, und die Elemente der Gruppe 17 die höchsten Elektronenaffinitätswerte zeigen. In beiden Reaktionen (s. Gl. 1.1 u. 1.2) werden Ionen gebildet, die ebenfalls *Edelgaskonfiguration* aufweisen: das $Li^+$-Ion hat nur noch zwei Außenelektronen, also die Elektronenkonfiguration des Heliumatoms, und das $F^-$-Ion hat insgesamt acht Elektronen in der zweiten Schale, entspricht also dem Ne-Atom.

**Radioaktivität▶** Alle Atome mit der Ordnungszahl > 83 zeichnen sich durch eine spontan stattfindende Umwandlung in einen anderen Atomkern aus, wobei dieser Prozess häufig unter Emission von hochenergetischen Teilchen bzw. Strahlung erfolgt. Elemente, die einen solchen Prozess eingehen, wurden von *M. Curie* als *radioaktiv* bezeichnet. Typische Beispiele für solche emittierten Teilchen bzw. Strahlung sind sogenannte α-, β-Teilchen und γ-Strahlen. Ein α-Teilchen entspricht einem zweifach positiv geladenen Heliumkern, also einem Heliumatom, dass formal in zwei Schritten analog zu Gleichung 1.1 seine beiden Elektronen abgespalten hat, während β-Teilchen sehr energiereiche Elektronen darstellen. Unter γ-Strahlen versteht man hochenergetische, elektromagnetische Schwingungen von noch deutlich kürzeren Wellenlängen als Röntgenstrahlen. Als Beispiel für einen so genannten α-Strahler kann das Uranisotop 238 (U, Ordnungszahl 92) aufgeführt werden; es zerfällt unter Abspaltung eines α-Teilchens zum Thoriumisotop 234 (Th, Ordnungszahl 90). Als typischer β-Strahler soll das Kohlenstoffisotop 14 (C, Ordnungszahl 6) erwähnt werden, dass sich unter Abspaltung eines β-Teilchens in das stabile Stickstoffisotop 14 (N, Ordnungszahl 7) umwandelt. Bei dem α-Zerfall entsteht also immer das Element mit einer um 2 Einheiten kleinerer Ordnungszahl und einer um 4 Einheiten kleineren Massenzahl (= Nucleonenzahl).

Einen typischen $\beta$-Zerfall kann man sich so vorstellen, als ob ein Neutron im Kern sich spontan in ein Proton umwandelt, wobei ein $\beta$-Teilchen emittiert wird. Dabei nimmt die Ordnungszahl um eine Einheit zu und die Nucleonenzahl ändert sich nicht. Durch Beschuss von Kernen mit $\alpha$- oder $\beta$-Teilchen in einem Beschleuniger können auch künstliche radioaktive Elemente gebildet werden.

**Medizinische Anwendung von Radioisotopen▶** Ionisierende Strahlung, vor allem $\gamma$-Strahlen, können Krebserkrankungen hervorrufen, aber ebenso, durch selektive Zerstörung von krebsbefallenen Zellen, zur Heilung dieser Krankheit beitragen. Das schädliche radioaktive Iod kann sich in der Schilddrüse ansammeln; dies lässt sich durch Einnahme von nichtradioaktiven Iodverbindungen verhindern, da durch diese ein Sättigungseffekt in der Schilddrüse erreicht wird, wodurch das radioaktive Iod nicht mehr aufgenommen wird.

### Resümee

Atome sind derart aufgebaut, dass der (positiv geladene) Kern aus Protonen und Neutronen besteht, und dass sich die Elektronen, als eine negativ geladenen „Wolke" mit definierter Raumzuordnung in so genannten Orbitalen, in ständiger Bewegung um den Kern aufhalten. Durch Zuordnung der Masse 12 atomarer Einheiten zu einem Kohlenstoff-12-Atom ($^{12}$C), können die relativen Massen der anderen Atome bestimmt werden. Aus den Massen der verschiedenen Isotope und der diesbezüglichen Zusammensetzung eines Elements kann sein Atomgewicht bestimmt werden. Die Avogadro'sche Konstante ($N_A = 6.022 \times 10^{23}$ mol$^{-1}$) gibt einerseits die Zahl der $^{12}$C-Atome in genau 12 g Kohlenstoff-12 an, im Allgemeinen beschreibt sie aber die Zahl der Teilchen (Atome bzw. Moleküle), die in einem mol eines Stoffes (Element oder Verbindung) enthalten sind. Die Elektronenkonfiguration eines jeden Elements kann nach einfachen Prinzipien durch den so genannten „Aufbauprozess" ermittelt werden. Die Zahl der Elektronen in der äußersten Schale eines Atoms – und damit die Einordnung in eine bestimmte Gruppe des Periodensystems – korreliert jeweils mit bestimmten typischen chemischen Eigenschaften eines Elementes. Schwere Elemente der Ordnungszahl > 83 zerfallen spontan unter Aussendung ionisierender Strahlung.

## 1.4 Die chemische Bindung zwischen zwei Atomen

### Lernziele

- Ionen
- Moleküle
- Ionenbindung
- kovalente Bindung
- Lewis'sche Oktettregel
- Einfach-, Doppel- und Dreifachbindungen
- Bindungslänge
- Bindungsenergie
- Elektronegativität
- Polarisierung

So wie die verschiedenen Elemente durch einen oder zwei Buchstaben gekennzeichnet sind, werden Verbindungen durch eine Verknüpfung dieser Symbole beschrieben. Eine solche chemische Formel gibt nicht nur die darin enthaltenen Elemente, sondern auch die Gesamtzahl der Atome eines jeden Elements wieder. So besteht jedes Kochsalzmolekül aus einem Atom Natrium und einem Atom Chlor, und deshalb wird diese Verbindung als NaCl beschrieben.

Analog besteht ein Molekül Chlorwasserstoff (HCl) aus je einem Atom Wasserstoff und einem Atom Chlor, ein Chlormolekül ($Cl_2$) aus zwei Chloratomen und ein Wasserstoffmolekül ($H_2$) aus zwei Wasserstoffatomen. Die Molekulargewichte dieser Verbindungen ergeben sich jeweils aus den Summen der einzelnen Atomgewichte, so z. B. 22.99 + 35.45 = 58.44 für NaCl, bzw. 1.01 + 35.45 = 36.46 für HCl, oder anders ausgedrückt, 1 mol NaCl entspricht genau 58.44 g Kochsalz, bzw. 1 mol HCl genau 36.46 g Chlorwasserstoff.

Es ist also ganz einfach, die *Zusammensetzung* eines Stoffes zu beschreiben. Allerdings hilft uns die Kenntnis dieser nicht für die Erklärung einfacher Beobachtungen, wie z. B. der Tatsache, dass Kochsalz ein Feststoff ist, Chlorwasserstoff, Chlor oder Wasserstoff aber Gase bei Raumtemperatur sind. Um ein solches Phänomen zu deuten braucht es Kenntnisse über die Art der Verknüpfung der jeweiligen Atome zu Molekülen, d. h. eine Beschreibung der *chemischen Bindung*. Hierfür spielen vor al-

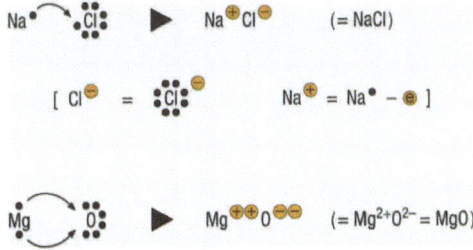

**Abb. 1.3.** Ionenbindung in Natriumchlorid *(NaCl)* bzw. Magnesiumoxid *(MgO)*

lem die Elektronen in der *äußersten Schale* des jeweiligen Atoms eine ausschlaggebende Rolle.

Wie schon in Kapitel 1.3 erwähnt, zeichnen sich die Elemente der Gruppe 18, die „Edelgase", durch besondere Reaktionsträgheit aus, was wiederum auf ihre jeweilige Elektronenkonfiguration zurückgeführt werden kann. Eine mit 2 (erste Periode), 8 (zweite oder dritte Periode), 18 (vierte und fünfte Periode) bzw. 32 (sechste und siebte Periode) Elektronen besetzte äußerste Schale in einem Atom zeichnet sich durch eine besondere Stabilisierung aus, und deshalb besteht für Atome der anderen Gruppen des Periodensystems die Bestrebung, diese so genannte *Edelgaskonfiguration* zu erreichen. Man spricht dabei auch von der so genannten *Lewis'schen Oktettregel*, wobei sich diese dann logischerweise auf aufgefüllte Schalen von Elementen der zweiten bzw. dritten Periode bezieht.

Dieses Erreichen der Edelgaskonfiguration kann bei der Verknüpfung zweier Atome prinzipiell auf zwei verschiedenen Wegen erfolgen:
▶ einerseits, indem ein Elektron (oder mehrere) von einem Atom zu einem anderen Atom übertragen wird (👁 Abb. 1.3) und
▶ andererseits, indem je ein Elektron (oder mehrere) eines jeden Atoms *paarweise* von beiden Atomen geteilt wird (👁 Abb. 1.4).

Die erste Art der Verknüpfung wird als *Ionenbindung*, die zweite als *kovalente Bindung* bezeichnet.

In Kapitel 1.3 wurde erwähnt, dass Metalle sich durch geringe Ionisierungsenergien auszeichnen, während typische Nichtmetalle entsprechend leicht Elektronen aufnehmen können, d.h. durch hohe Elektronenaffinitäten gekennzeichnet sind. Dementsprechend findet zwischen Metallen und Nichtmetallen sehr leicht ein *Elektronentransfer*, d.h. eine Kopplung der beiden Prozesse, die in den Gleichungen 1.1 und 1.2 beschrieben sind, unter Bildung von Ionen statt. Solche Stoffe, die aus Kationen und Anionen aufgebaut sind, nennt man *Salze* oder auch *ionische*

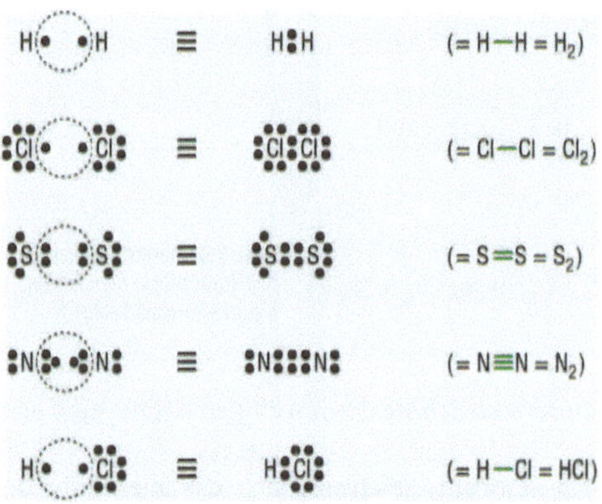

$$H \cdot \; \cdot H \quad \equiv \quad H : H \quad\quad (= H\!-\!H = H_2)$$

$$:\!\ddot{C}l \cdot \; \cdot \ddot{C}l\!: \quad \equiv \quad :\!\ddot{C}l\!:\!\ddot{C}l\!: \quad\quad (= Cl\!-\!Cl = Cl_2)$$

$$:\!\ddot{S} \cdot\!\cdot \; \cdot\!\cdot \ddot{S}\!: \quad \equiv \quad :\!\ddot{S}\!::\!\ddot{S}\!: \quad\quad (= S\!=\!S = S_2)$$

$$:\!N\!:\cdot \; \cdot\!:\!N\!: \quad \equiv \quad :\!N\!:::\!N\!: \quad\quad (= N\!\equiv\!N = N_2)$$

$$H \cdot \; \cdot \ddot{C}l\!: \quad \equiv \quad H\!:\!\ddot{C}l\!: \quad\quad (= H\!-\!Cl = HCl)$$

**Abb. 1.4.** Kovalente Bindungen in $H_2$, $Cl_2$, $S_2$, $N_2$ und *HCl*

*Verbindungen.* Festes NaCl besteht aus einem Netzwerk von Natriumkationen, die jeweils von sechs Chloranionen umgeben sind. Dieses Strukturprinzip gilt ganz allgemein für ionische Verbindungen, bei denen im Kristallgitter entsprechend viele Kationen und Anionen vorliegen, die durch elektrostatische Anziehung der gegenteilig geladenen Teilchen zusammengehalten werden.

Die Tatsache, dass alle Atome bestrebt sind Edelgaskonfiguration zu erreichen, erklärt, warum z. B. die Elemente Wasserstoff oder Chlor als Moleküle und nicht als freie Atome vorliegen. In beiden Fällen bewirkt das gemeinsame Beanspruchen je eines Elektrons durch beide Atome die Bildung einer kovalenten (Einfach-) Bindung. Diese beiden Elektronen werden auch als **bindendes Elektronenpaar** bezeichnet, während die anderen – an den jeweiligen Atomen lokalisierten – Elektronenpaare *nichtbindende* oder auch *freie Elektronenpaare* genannt werden. Wie in den Beispielen des $S_2$- oder $N_2$-Moleküls zu erkennen, können solche kovalenten Bindungen auch durch gemeinsame Beanspruchung von vier bzw. sechs Elektronen durch beide bindenden Atome Zustandekommen. Am Beispiel der Verbindung Chlorwasserstoff (HCl) wird ersichtlich, dass kovalente Bindungen auch zwischen zwei *verschiedenen* Atomen gebildet werden. Durch die gemeinsame Beanspruchung eines bindenden Elektronenpaares erreicht das H-Atom die Elektronenkonfiguration von Helium (zwei Elektronen in der äußersten Schale) und das Chloratom wiederum die von Argon (acht Elektronen in der äußersten Schale). Kovalente Bindungen können durch verschiedene Parameter charakterisiert und verglichen werden, u. a. durch die **Bindungslänge** und die **Bindungsenergie**. Unter der Bindungslänge versteht man den Abstand zwischen den zwei

**Tabelle 1.7.** Ausgewählte Bindungslängen und Bindungsenergien einiger wichtiger kovalenten Bindungen

**Bindungslänge in pm und *Bindungsenergien in kJ/mol***
(1 pm = 10⁻¹² m; 1 kJ = 1000 J)

| | | | | | | | |
|---|---|---|---|---|---|---|---|
| H-H | 74 *(436)* | H-F | 92 *(565)* | C-C | 154 *(347)* | C-N | 147 *(305)* |
| H-C | 110 *(410)* | H-Cl | 127 *(431)* | C=C | 134 *(611)* | C≡N | 116 *(891)* |
| H-N | 100 *(389)* | H-Br | 141 *(364)* | C≡C | 120 *(837)* | C-O | 143 *(360)* |
| H-O | 97 *(464)* | H-I | 161 *(297)* | N-N | 145 *(163)* | C=O | 360 *(736)* |
| H-S | 132 *(368)* | | | N≡N | 110 *(946)* | | |

Atomkernen im Molekül, unter der Bindungsenergie den Energieaufwand der erbracht werden muss, um in der Gasphase die beiden (bindenden) Atome voneinander zu trennen. Aus den in Tabelle 1.7 zusammengefassten Werten wird ersichtlich, dass bei gemeinsamer Beanspruchung mehrerer Bindungselektronenpaare, d. h. beim Übergang von Einzel- zu Doppel- und Dreifachbindungen, die Abstände zwischen den Kernen geringer werden und die Bindungsenergien zunehmen.

Nun soll noch erklärt werden, warum in HCl eine kovalente Bindung und nicht wie in NaCl, eine Ionenbindung vorliegt. Ionisierungsenergien und Elektronenaffinitäten sind Werte, die für einzelne Atome bestimmt werden. Wenn es um die diesbezügliche Betrachtung von zwei *verschiedenen*, bindenden Atomen in einem Molekül geht, werden die *Elektronegativitäten* der beiden Elemente verglichen. Die Elektronegativität eines Elements beschreibt die Fähigkeit eines Atoms, Elektronen vom Bindungspartner anzuziehen bzw. an den Bindungspartner abzuschieben, wobei immer das Atom mit dem numerisch höheren Elektronegativitätswert – das elektronegativere Element – die Bindungselektronen zu sich zieht. In Tabelle 1.8 sind solche Werte zusammengefasst. Je größer der Unterschied der Elektronegativitäten der bindenden Atome, umso wahrscheinlicher findet ein Elektronentransfer vom elektropositiveren zum elektronegativeren Element statt, d. h. desto eher wird eine Ionenbindung ausgebildet.

Als Richtwert für die Ausbildung einer Ionenbindung kann ein Elektronegativitätsunterschied von mindestens 1.7 angesehen werden. Ist der Elektronegativitätsunterschied kleiner als 1.7, wie z. B. in HCl (3.2–2.2 = 1.0), so liegt eine *polarisierte kovalente Bindung* vor, d. h. das gemeinsame Bindungselektronenpaar ist in Richtung des elektronegativeren Atoms (Cl) verschoben. Anders ausgedrückt, im HCl-Molekül besitzt das Cl-Atom eine negative Teilladung (Partialladung) und das H-Atom entsprechend eine positive Teil- oder Partialladung, die jeweils

**Tabelle 1.8.** Elektronegativitäten der Elemente

| Gruppe | 1 | 2 | 3–7 | 8 | 9 | 10 | 11 | 12 | 13 | 14 | 15 | 16 | 17 |
|---|---|---|---|---|---|---|---|---|---|---|---|---|---|
| **Periode** | | | | | | | | | | | | | |
| I | H<br>2.2 | | | | | | | | | | | | |
| II | Li<br>1.0 | Be<br>1.6 | | | | | | | B<br>2.0 | C<br>2.6 | N<br>3.0 | O<br>3.4 | F<br>4.0 |
| III | Na<br>0.9 | Mg<br>1.3 | | | | | | | Al<br>1.6 | Si<br>1.9 | P<br>2.2 | S<br>2.6 | Cl<br>3.2 |
| IV | K<br>0.8 | Ca<br>1.0 | | Fe<br>1.8 | Co<br>1.9 | Ni<br>1.9 | Cu<br>1.9 | Zn<br>1.7 | | | | | Br<br>3.0 |

durch die *qualitative* Angabe (*keine* Mengenangabe) δ gekennzeichnet wird (👁 Abb. 1.5). Kovalente Bindungen zwischen Atomen gleicher Elektronegativität sind selbstverständlich *nicht* polarisiert. Dieses Konzept der Teilladungen spielt vor allem für das Verständnis von Reaktionen von Kohlenstoffverbindungen (s. Kap. 2) eine ausschlaggebende Rolle.

Auch wenn die ***Lewis'sche Oktettregel*** für die meisten Verbindungen erfüllt ist, so gibt es auch einige wenige Ausnahmen, d. h. es gibt *stabile* zweiatomige Moleküle, in denen eines oder beide Atome *keine* Edelgaskonfiguration erreichen. Beispiele hierfür sind in 👁 Abbildung 1.6 zusammengefasst.

Im Stickstoffmonoxid (NO) weist das N-Atom ein **ungepaartes Elektron** auf. Moleküle mit einer solchen Elektronenkonfiguration bezeichnet man als ein **Radikal**. Dementsprechend stellt das Sauerstoffmolekül ($O_2$) ein **Biradikal** dar, da an zwei Atomen je ein ungepaartes Elektron vorliegt. Sowohl NO wie auch $O_2$ sind *paramagnetisch*, d. h. sie werden durch ein

H—Cl         $\delta^+$ $\delta^-$
             H—Cl

**Abb. 1.5.** Graphische Beschreibung einer polarisierten kovalenten Bindung

NO (Stickstoffmonoxid)

CO (Kohlenmonoxid)

$O_2$ (molekularer Sauerstoff)

**Abb. 1.6.** Beispiele für diatomige Moleküle, die *nicht* der Oktettregel entsprechen

externes Magnetfeld angezogen. Im Kohlenmonoxid (CO) weist das C-Atom ein so genanntes Elektronensextett auf; dementsprechend reagiert CO sehr leicht mit Auffüllung dieser Elektronenpaarlücke.

## Resümee

Bindungen entstehen entweder durch Elektronentransfer zwischen zwei Atomen *(Ionenbindung)* oder durch gemeinsame Beanspruchung eines oder mehrerer Bindungselektronenpaare durch zwei Atome *(kovalente Bindung)*. Dadurch erfüllen die Atome im Molekül die Lewis'sche Oktettregel, d. h. sie weisen vollständig gefüllte äußerste Elektronenschalen, also „Edelgaskonfiguration" auf. Das Konzept der Elektronegativität bzw. des Elektronegativitätsunterschiedes erlaubt es, zwischen kovalenten, polarisiert kovalenten und Ionenbindungen zu differenzieren. In kovalenten Mehrfachbindungen (Doppel- und Dreifachbindungen) nimmt die Bindungslänge im Vergleich zur entsprechenden Einfachbindung ab, und die Bindungsenergien nehmen zu.

## 1.5 | Räumliche Struktur mehratomiger Moleküle

### Lernziele

- mehratomige Moleküle
- freie Elektronenpaare
- koordinative Bindung
- Resonanz
- VSEPR-Theorie
- Hybridisierung

Im Allgemeinen gelten für mehratomige Moleküle die gleichen Bindungsprinzipien wie bei zweiatomigen Molekülen (s. Kap. 1.4), und zwar wiederum die *Lewis'sche Oktettregel*, d. h. die Erreichung der Edelgaskonfiguration für alle beteiligten Bindungspartner. In  Abbildung 1.7 sind einfache Beispiele für solche Verbindungen, die entweder Ionenbindungen (Magnesiumchlorid, Lithiumoxid) oder kovalente Bindungen (Wasser, Methan, Kohlendioxid) enthalten, aufgeführt.

**Koordinative Bindung▶** Eine zusätzliche Bindungsart tritt dagegen ausschließlich in mehratomigen Molekülen auf: Es handelt sich dabei um die

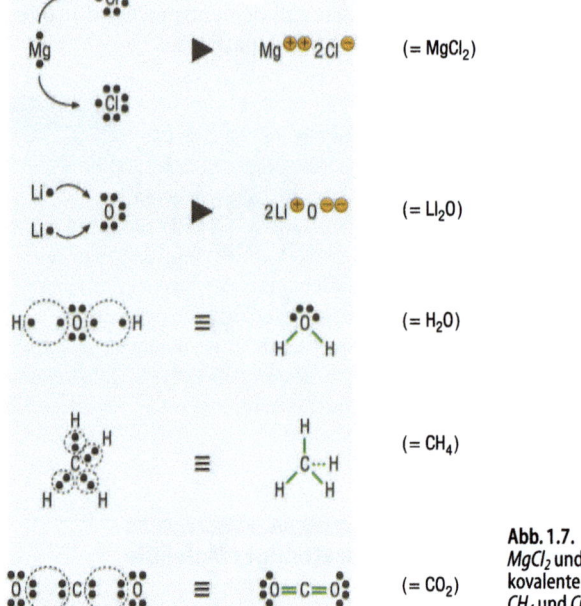

**Abb. 1.7.** Ionenbindung in *MgCl₂* und *Li₂O* sowie kovalente Bindungen in *H₂O*, *CH₄* und *CO₂*

so genannte koordinative Bindung, bei der das gemeinsam beanspruchte Bindungselektronenpaar, d. h. *beide* Bindungselektronen, von einem Atom stammen. Wie in der allgemeinen graphischen Darstellung in Abbildung 1.8 zu erkennen ist, ist der **Elektronenpaardonor** ein Atom aus einem Molekül, das ein freies (nichtbindendes) Elektronenpaar aufweist. Bei dem **Elektronenpaarakzeptor** handelt es sich um ein Atom mit einer Elektronenpaarlücke, also einem Elektronensextett. Durch eine solche koordinative Bindung entstehen Ladungen im Molekül, und zwar eine positive Ladung an dem Atom, dass die beiden Bindungselektronen zur

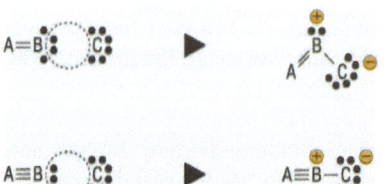

**Abb. 1.8.** Allgemeine graphische Darstellung für die Ausbildung einer koordinativen Bindung

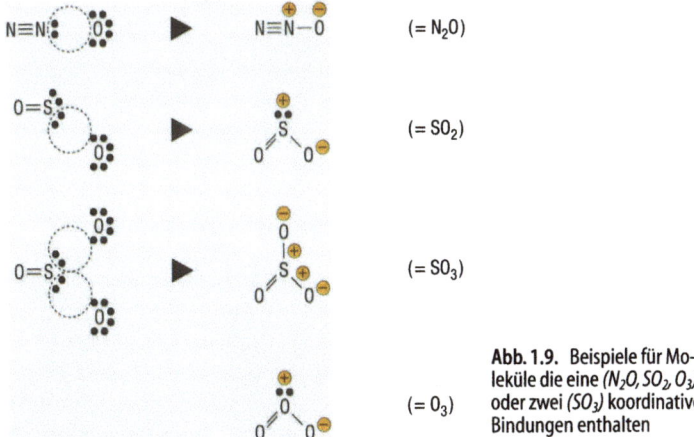

**Abb. 1.9.** Beispiele für Moleküle die eine *(N₂O, SO₂, O₃)* oder zwei *(SO₃)* koordinative Bindungen enthalten

Verfügung stellt und eine negative Ladung am Akzeptoratom. Insgesamt ist das Molekül aber elektrisch neutral, da sich die positive und negative Ladung kompensieren. Bei diesem *Akzeptoratom* handelt es sich fast immer um ein Sauerstoffatom, und somit auch um ein elektronegativeres Atom als ein N- oder S-Atom, bzw. um ein gleich elektronegatives Atom wie ein (anderes) O-Atom, wie in den konkreten Beispielen in ◉Abbildung 1.9 ($N_2O$ = Distickstoffoxid, $SO_2$ = Schwefeldioxid, $SO_3$ = Schwefeltrioxid, $O_3$ = Ozon) gezeigt.

**Resonanz▶** Die in ◉Abbildung 1.8 und 1.9 vorgeschlagenen Bindungsverhältnisse für $SO_2$, $SO_3$ und $O_3$ decken sich *nicht* mit dem experimentellen Befund, dass die Kernabstände zwischen dem mittleren Atom und den endständigen O-Atomen *gleich lang* sind, und zwar liegen die jeweiligen Werte der Bindungslängen *zwischen* denen, die typisch für die entsprechenden Einfach- bzw. Doppelbindungen sind. Dies kann mit dem Befund erklärt werden, dass Elektronen nicht immer streng lokalisiert zwischen zwei Atomen auftreten müssen, sondern dass sie auch über mehrere Zentren *delokalisiert* sein können, eine Erscheinung, die auch als Resonanz bezeichnet wird. Die allgemeine graphische Formulierung in ◉Abbildung 1.8 für ein Molekül, das eine koordinative Bindung aufweist, muss also diesbezüglich ergänzt werden. Diese „Korrektur" ist in ◉Abbildung 1.10 aufgeführt. Die beiden linken Formeln, die durch einen doppelköpfigen Pfeil verknüpft sind, beschreiben *ein und nur ein Molekül, das besser durch die rechte (größere) Graphik dargestellt wird*. Der doppelköp-

**1.5 Räumliche Struktur mehratomiger Moleküle**

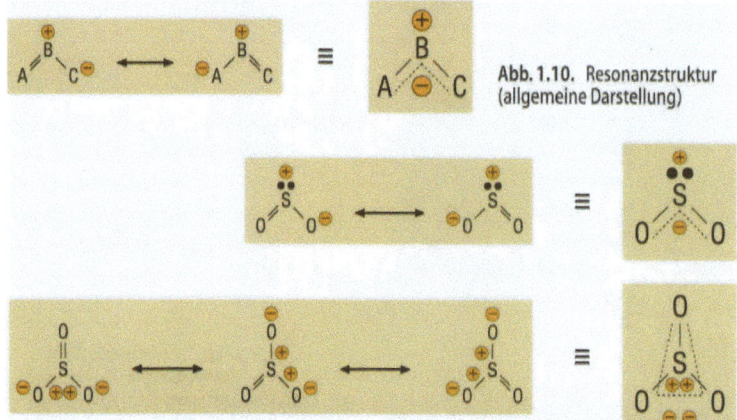

**Abb. 1.10.** Resonanzstruktur (allgemeine Darstellung)

**Abb. 1.11.** Resonanzstrukturen für Schwefeldioxid und Schwefeltrioxid

fige Pfeil bedeutet also *nicht*, dass dem Molekül gelegentlich die eine oder die andere Struktur zukommt, sondern es hat jederzeit *immer nur die eine Struktur*, in der die Bindungselektronen und die negative Ladung gleichmäßig auf beide Atome A und C *delokalisiert* (verteilt) sind. In 👁 Abbildung 1.11 sind die entsprechenden Resonanzstrukturen für $SO_2$ und $SO_3$ dargestellt. Daraus ergibt sich folgerichtig, dass die beiden SO-Bindungen in $SO_2$ gleich lang sind, und dass sich die negative Ladung gleichmäßig auf beide O-Atome verteilt. Analog sind im Schwefeltrioxid ($SO_3$) die drei SO-Bindungen gleich lang und die zwei negativen Ladungen sind gleichmäßig über die drei O-Atome verteilt. Die linken (durch den doppelköpfigen Pfeil verknüpften) Graphiken bezeichnet man auch als *Grenzstrukturen*.

**Ausnahmen zur Oktettregel▶** Auch bei mehratomigen Molekülen gibt es durchaus Ausnahmen zur Oktettregel. So weist z. B. Bortrifluorid eine Elektronenpaarlücke auf und bei Stickstoffdioxid handelt es sich wiederum um eine stabiles Radikal (👁 Abb. 1.12).

**Bindungswinkel in mehratomigen Molekülen▶** Ein essentieller Unterschied zwischen zwei- und mehratomigen Molekülen beruht auf der Tatsache, dass die zweiatomigen Moleküle immer linear angeordnet sind, während den mehratomigen Molekülen ein „räumlicher Aufbau" zukommt. Für die Struktur solcher Moleküle sind neben den Bindungsab-

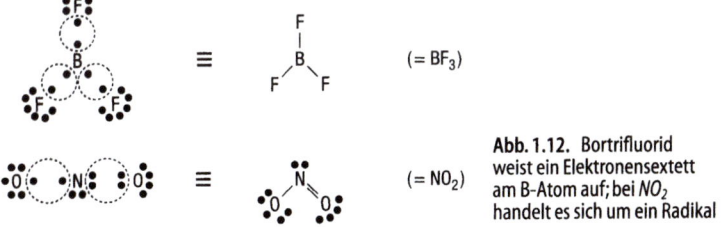

**Abb. 1.12.** Bortrifluorid weist ein Elektronensextett am B-Atom auf; bei *NO₂* handelt es sich um ein Radikal

ständen vor allem die Bindungswinkel maßgebend. Darunter versteht man den Winkel zwischen zwei Bindungen, die von ein und demselben Atom ausgehen. Ein zweiatomiges Moleküle enthält keinen Bindungswinkel, d. h. alle zweiatomigen Moleküle sind *linear* gebaut. Dreiatomige enthalten einen Bindungswinkel und sind entweder *linear* oder *gewinkelt*. Moleküle mit mehr als drei Atomen weisen im Allgemeinen eine *räumliche Struktur* auf, d. h. die Lage der einzelnen Atomkerne wird durch eine dreidimensionale geometrische Figur wiedergegeben. Als besonders geeignet für die Voraussage der räumlichen Struktur eines Moleküls hat sich die **VSEPR-Theorie** (*valence-shell electron-pair repulsion theory*) erwiesen, die sich wie folgt zusammenfassen lässt: Elektronenpaare in der äußersten Schale, und zwar sowohl *bindende* wie *freie Elektronenpaare*, stoßen sich gegenseitig ab und nehmen daher eine solche räumliche Anordnung um einen Atomkern an, dass diese Abstoßungen möglichst gering gehalten werden. Das heißt z. B., dass beim Neon-Atom die acht ($2s^2 2p^6$) Außenelektronen der zweiten Schale als vier Elektronenpaare räumlich die Ecken eines Tetraeders einnehmen. Das selbe Konzept lässt sich nun sowohl auf ein Molekül Methan ($CH_4$) wie auch auf ein Molekül Ammoniak ($NH_3$) bzw. Wasser ($H_2O$) anwenden (Abb. 1.13). Für alle diese Verbindungen finden sich Bindungswinkel von etwa 109° (der erwartete Bindungswinkel für ein Zentralatom dessen vier Bindungspartner in Richtung der Ecken eines Tetraeders angeordnet sind).

Dementsprechend kann man für Moleküle des Typs „AX₃" *ohne* freiem Elektronenpaar am Atom „A", wie z. B. Bortrifluorid ($BF_3$), oder für Moleküle des Typs „AX₂" *mit* einem freien Elektronenpaar am Atom „A", z. B. Schwefeldioxid ($SO_2$), eine trigonal-planare Anordnung mit Bindungswinkeln von 120° voraussagen. Für Moleküle des Typs „AX₂" *ohne* freiem Elektronenpaar am Atom „A", z. B. Berylliumchlorid ($BeCl_2$) oder Kohlendioxid ($CO_2$), ergibt sich sinngemäß eine lineare Anordnung mit einem Bindungswinkel von 180° (Abb. 1.14).

**1.5 Räumliche Struktur mehratomiger Moleküle**

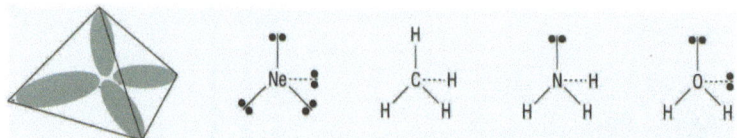

**Abb. 1.13.** Tetraedrische Anordnung von vier Elektronenpaaren (mit Bindungspartner oder ohne) um ein Zentralatom

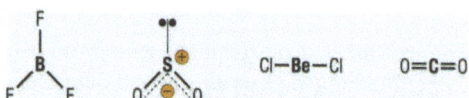

**Abb. 1.14.** Trigonale planare Struktur von $BF_3$ bzw. $SO_2$ sowie lineare Struktur von $BeCl_2$ sowie $CO_2$

In Kapitel 1.3 wurde erwähnt, dass sich Elektronen um einen Atomkern in entsprechenden Orbitalen vorfinden, und dass diesen Orbitalen eine geometrische Beschreibung zukommt. So sind s-Orbitale kugelförmig, während p-Orbitale hantelförmig, und in den Richtungen der x-, y- und z-Achsen eines Koordinatensystems ausgerichtet sind. Bei der Ausbildung einer chemischen Bindung kommt es zur Überlappung von Atomorbitalen der jeweiligen Bindungspartner.

Der in ● Abbildung 1.13 und 1.14 diskutierte räumliche Aufbau von Molekülen setzt nun eine „Vermischung" der Elektronen eines Atoms und damit eine räumliche Umorientierung voraus, die als *Hybridisierung* bezeichnet wird. So gehen die $2s^2$- und $2p^2$-Elektronen am C-Atom im Methan ($CH_4$) – und damit in allen Verbindungen, in denen ein C-Atom an vier Partneratome bindet – eine solche Hybridisierung zu vier so genannten $sp^3$-hybridisierten Elektronen ein, deren räumliche Anordnung nun jeweils zu den Ecken eines Tetraeders hin gerichtet sind. In Kapitel 2.2 wird dann gezeigt, dass C-Atome nicht immer an vier Partneratome gebunden sein müssen, sondern es können auch drei bzw. nur zwei solche gegeben sein. Im ersten Fall liegen die drei Bindungen, die von dem C-Atom ausgehen trigonal-planar vor (man spricht auch von einem $sp^2$-hybridisierten C-Atom), im letzteren Fall, wie z.B. im $CO_2$, sind die drei Atome (mit dem zentralen C-Atom) linear angeordnet (hier spricht man auch von einem sp-hybridisierten C-Atom). Im ersten Fall bleibt noch ein Elektron am C-Atom übrig, das sich in einem p-Orbital, senkrecht zu den drei ausgerichteten Bindungsorbitalen, befindet. Im letzteren Fall bleiben zwei solche p-Elektronen über (● Abb. 1.15).

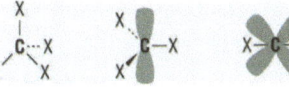

| Anordnung: | tetraedrisch | trigonal planar | linear |
| --- | --- | --- | --- |
| Bindungswinkel: | 109° | 120° | 180° |
| Hybridisierung: | sp$^3$ | sp$^2$ | sp |

Abb. 1.15. Räumliche Ausrichtung der Bindungen, die von einem C-Atom ausgehen, in Abhängigkeit der Zahl der gebundenen Partner (4, 3 oder 2)

In Kapitel 2.2 wird auf die Bedeutung dieser p-Elektronen an trigonal-planar bzw. linear angeordneten C-Atomen ausführlich eingegangen werden. Dieses Prinzip der räumlichen Umorientierung von Orbitalen ist nicht an C-Atome gebunden; es findet sich u. a. bei N-, O- und anderen Atomen wieder.

### Resümee

Zusätzlich zu kovalenten Bindungen und Ionenbindungen gibt es auch die koordinativen Bindungen, die daraus resultieren, dass ein freies Elektronenpaar an einem Atom in einem Molekül die Rolle des Bindungselektronenpaares zu einem Atom mit einer Elektronenpaarlücke (Elektronensextett) übernimmt. Die Strukturen von drei- oder mehratomigen Molekülen sind durch ein Zentralatom charakterisiert, von dem Bindungselektronen zu den anderen Atomen wechseln und die nichtbindenden (freien) Elektronenpaare derart räumlich ausgerichtet sind, dass die Abstoßungskräfte zwischen ihnen möglichst gering bleiben. Damit gekoppelt findet eine räumliche Umorientierung der Orbitale, d. h. der Aufenthaltswahrscheinlichkeiten, der einzelnen Bindungselektronen *(Hybridisierung)* statt.

## 1.6 Intermolekulare Wechselwirkungen

### Lernziele

- Dipolmoment von Molekülen
- Assoziation durch Dipol-Dipol-Wechselwirkung
- Wasserstoffbrückenbindung

In Kapitel 1.4 wurde das Konzept der *polarisierten kovalenten Bindung* vorgestellt. Es handelt sich dabei, wie z. B. in der Verbindung HCl (Chlorwasserstoff), um eine kovalente Bindung zwischen zwei Atomen, die nur einen begrenzten Unterschied in ihren Elektronegativitäten aufweisen.

**Dipolmoment▶** Moleküle wie HCl werden auch als *polare Verbindungen* bezeichnet, wobei die quantitative Größenordnung der Ladungsverschiebung vom elektropositiveren (H) zum elektronegativeren (Cl) Atom durch das *Dipolmoment* des Moleküls beschrieben wird. Dieses Dipolmoment $\mu$ stellt ein Produkt von Ladung mal Abstand der Atomkerne dar und wird in „Debye" angegeben. Moleküle mit Dipolmoment = 0 D werden als „unpolar" bezeichnet. In einem mehratomigen Molekül ergibt sich das Dipolmoment durch vektorielle Addition der einzelnen Bindungsdipolmomente, d. h. Moleküle die polarisierte kovalente Bindungen enthalten können dennoch „unpolar" sein, weil sich die einzelnen Bindungsdipolmomente gegenseitig aufheben ($CO_2$, $CCl_4$). Beispiele für „polare" und „unpolare" Moleküle sind in ⊙ Abbildung 1.16 zusammengefasst.

**Dipol-Dipol-Wechselwirkungen▶** Durch so genannte Dipol-Dipol-Wechselwirkungen assoziieren polare Moleküle derart, dass jeweils das „positi-

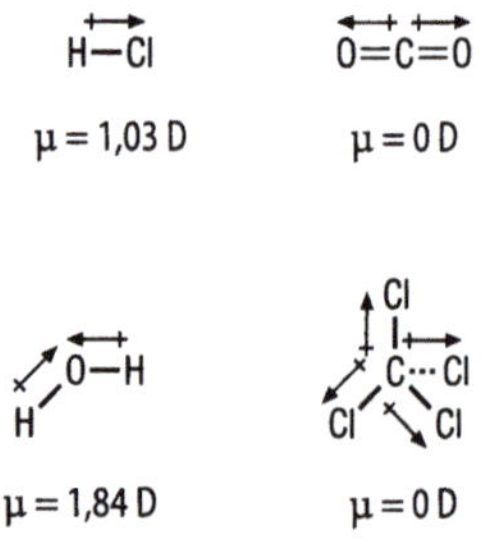

H—Cl          O=C=O

$\mu = 1{,}03\,D$     $\mu = 0\,D$

O—H          Cl—C(Cl)(Cl)Cl

$\mu = 1{,}84\,D$     $\mu = 0\,D$

**Abb. 1.16.** Dipolmomente von HCl, $CO_2$, $H_2O$ und Tetrachlorkohlenstoff ($CCl_4$)

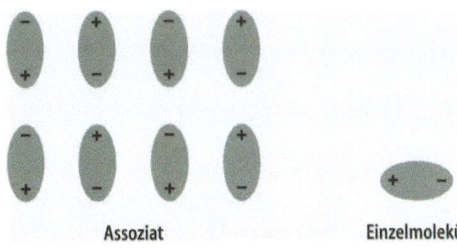

**Abb. 1.17.** Assoziation von polaren Molekülen durch „Dipol-Dipol-Wechselwirkung"

ve" Ende eines Moleküls zum „negativen" Ende eines zweiten Moleküls hin orientiert ist. Eine derartige Anordnung, wie sie in ●Abbildung 1.17 dargestellt ist, kann auf physikalische Eigenschaften einer Verbindung, wie z. B. Schmelzpunkt oder Siedepunkt, einen Einfluss haben.

Das Leben (s. Kap. 3) wird erst durch bio-relevante chemische Reaktionen von komplexen Molekülen, wie z. B. der DNA oder den Proteinen, ermöglicht. Gewisse Bindungen in diesen Strukturen müssen sehr leicht gespalten bzw. wieder neu gebildet werden können. Der einzige Bindungstyp, der von der Größenordnung der Bindungsenergien her dies gestattet, ist die so genannte Wasserstoffbrückenbindung.

**Wasserstoffbrückenbindung▸** Für ein besseres Verständnis dafür, was an diesen Bindungen so besonders ist, eignet sich am besten eine Diskussion

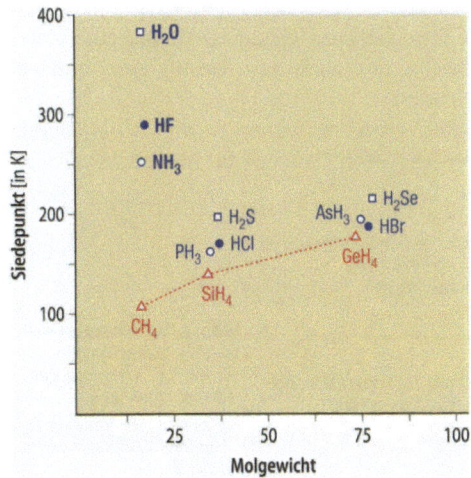

**Abb. 1.18.** Siedepunkt/Molgewicht-Diagramm der H-Verbindungen von Elementen der Gruppen 14, 15, 16 und 17

**1.6 Intermolekulare Wechselwirkungen**

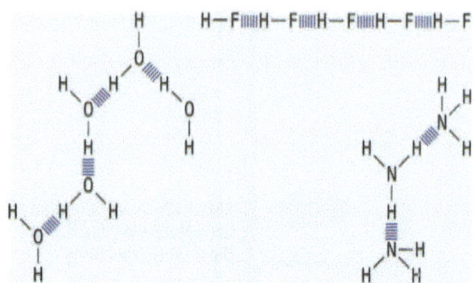

**Abb. 1.19.** H-Brückenbindungen (---) zwischen HF-, H$_2$O- bzw. NH$_3$-Molekülen

der ●Abbildung 1.18, in der die Siedepunkte ähnlicher Verbindungsreihen in Abhängigkeit des Molgewichts eingetragen sind.

Die H-Verbindungen der Elemente der Gruppe 14 (CH$_4$, SiH$_4$, GeH$_4$) zeigen insofern ein „normales" Verhalten, als dass die Siedepunkte gleichmäßig mit zunehmendem Molgewicht ansteigen. Im Gegensatz dazu weisen Ammoniak (NH$_3$), Wasser (H$_2$O) und Fluorwasserstoff (HF) viel zu hohe Siedepunkte auf! Der Grund dafür ist die Assoziation dieser Moleküle durch Wasserstoffbrückenbindungen (●Abb. 1.19).

Eine Wasserstoffbrückenbindung wird dann gebildet, wenn ein H-Atom, das in einem Molekül an ein stark elektronegatives Atom (F, O, N) gebunden ist, *gleichzeitig* von einem entsprechenden Atom eines zweiten Moleküls angezogen wird. Die Bindungsenergie beträgt hier etwa 15–40 kJ/mol, also etwa 1/10 des Wertes für kovalente Bindungen (Tabelle 1.7). Wasserstoffbrücken in H$_2$O sind für gewisse Phänomene verantwortlich, so z. B. der Tatsache, dass (flüssiges) Wasser eine höhere Dichte als (festes) Eis aufweist, und auch dass Wasser eine maximale Dichte bei etwa 277 K (4 °C) zeigt.

Bei der Diskussion von Kohlenstoffverbindungen, die C-O-H-Bindungen enthalten (s. Kap. 2), werden sowohl Beispiele für *intermolekulare* wie

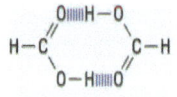

intermolekulare H-Brückenbindungen zwischen zwei Molekülen Ameisensäure (HCO$_2$H)

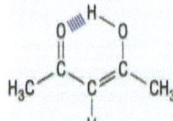

intramolekulare H-Brückenbindungen (*Enolform* von Acetylaceton)

**Abb. 1.20.** Assoziation von zwei Molekülen Ameisensäure durch zwei intermolekulare H-Brückenbindungen und Ausbildung einer intramolekularen H-Brückenbindung in einem Molekül

für *intramolekulare H-Brückenbindungen* (●Abb. 1.20) vorgestellt werden.

> **Resümee**
>
> Während die „molekulare Chemie" Vorgänge betrachtet, die mit der Verknüpfung und Lösung von kovalenten Bindungen zusammenhängen, untersucht die „supramolekulare Chemie" die intermolekulare Assoziation von Molekülen. Zu diesen Wechselwirkungen gehören u. a. Dipol-Dipol-Wechselwirkungen sowie auch intermolekulare Wasserstoffbrückenbindungen.

## 1.7 Die chemische Reaktion

**Lernziele**

- Die chemische Gleichung
- Stöchiometrie
- Menge eines Stoffes in einer Lösung (Molarität)
- gekoppelte Reaktionen
- Ausbeute einer Reaktion

Eine chemische Reaktion ist ein Vorgang bei dem ein Satz von Substanzen, die *Edukte* oder auch *Reaktanden* genannt werden, in einen neuen Satz von Substanzen, die *Produkte*, umgewandelt wird. Nachweise für solche Veränderungen sind u. a. ein Farbwechsel, die Bildung eines Gases, die Bildung eines festen Niederschlages in einer Lösung oder auch die Erwärmung bzw. Abkühlung einer Lösung. Gelegentlich lässt sich keiner dieser Effekte beobachten und die Veränderung kann dann nur durch *chemische Analyse* nachgewiesen werden.

**Chemische Gleichung▶** So wie für die Kennzeichnung einzelner Elemente Symbole, und für die von Molekülen entsprechende Formeln (Summenformeln, Strukturformeln) verwendet werden, werden chemische Reaktionen durch chemische Gleichungen repräsentiert. Hierin werden die Edukte auf der linken Seite aufgeführt, die Produkte auf der rechten Seite und die entsprechende Umwandlung durch einen Pfeil gekennzeichnet. Da die Gesamtzahl der Atome, aus denen die Edukte bestehen, sich in den Produkten wiederfinden müssen, muss eine solche Gleichung auch numerisch ausgewogen sein. Dies ist in Gleichung 1.3 und 1.4 für die „Verbrennung" des Kohlenwasserstoffes **Propan** durch Luftsauerstoff ($O_2$) zu den Produkten Kohlendioxid ($CO_2$) und Wasser ($H_2O$) illustriert. Während Gleichung 1.3 insofern nicht richtig sein kann, weil die Zahl der (z. B.) C-Atome auf der linken und rechten Seite der chemischen Gleichung *nicht* übereinstimmt, sagt Gleichung 1.4 richtig aus, dass aus einem Molekül Propan und fünf Molekülen $O_2$ drei Moleküle $CO_2$ und vier Moleküle Wasser, bzw. dass aus einem mol (44 g) Propan und fünf mol (160 g) Sauerstoff genau drei mol (132 g) $CO_2$ und vier mol (72 g) Wasser gebildet werden. Die Zahlen, die für diese numerische Angleichung eingesetzt werden (Gl. 1.4), nennt man **stöchiometrische Koeffizienten.**

$C_3H_8$ (Propan) $+ O_2 \longrightarrow CO_2 + H_2O$

(Gl. 1.3)

$C_3H_8 + 5 O_2 \longrightarrow 3 CO_2 + 4 H_2O$

(Gl. 1.4)

Es kann auch vorkommen, dass unter den Reaktionsbedingungen die gebildeten Produkte zurück zu den Ausgangsmaterialien reagieren. Man spricht hier von einer **reversiblen Reaktion**, und symbolisiert einen solchen Reaktionsverlauf durch einen doppelten Pfeil. So wird Ammoniak ($NH_3$) in der Gasphase aus den Elementen ($N_2$ und $H_2$) erhalten, zerfällt aber auch wiederum in die Ausgangskomponenten (Gl. 1.5).

$N_2 + 3 H_2 \rightleftharpoons 2 NH_3$

(Gl. 1.5)

Die meisten chemischen Reaktionen werden nicht durch Umsatz von reinen Stoffen sondern in Lösungen durchgeführt. Ein einfacher Grund dafür liegt in der besseren „Vermischung" der Reaktanden, d. h. die Moleküle, die miteinander reagieren sollen, können sich so viel leichter gegenseitig nähern. Häufig dient Wasser als Lösungsmittel (man spricht dann von einer **wässrigen Lösung** eines Stoffes).

**Molarität▶** Um die Menge eines gelösten Stoffes in einem Lösungsmittel (man spricht auch von der Konzentration eines Stoffes in einem Lösungsmittel) anzugeben, bedient man sich der so genannten Molarität, mit der Einheit mol/l. Eine Lösung, die 17 g (1 mol) Ammoniak in einem Liter

Wasser enthält, wird auch als eine einmolare Lösung (abgekürzt 1M-Lösung) bezeichnet.

**Gekoppelte Reaktionen▶** Es gibt auch chemische Reaktionen, bei denen eines der Produkte mit einem der Edukte (weiter)reagiert. Solche Reaktionen werden auch *Folgereaktionen* genannt. Ein Beispiel dafür ist die „Verbrennung" von Kohle mit Luftsauerstoff zu Kohlenmonoxid (CO), welches dann selbst mit Luftsauerstoff zu Kohlendioxid ($CO_2$) weiterreagiert (Gl. 1.6).

$$2C + O_2 \longrightarrow 2CO \quad \text{(Primärreaktion)}$$
$$2CO + O_2 \longrightarrow 2CO_2 \quad \text{(Folgereaktion)}$$
$$\overline{2C + 2O_2 \longrightarrow 2CO_2 \quad \text{(Gesamtreaktion)}}$$

(Gl. 1.6)

**Ausbeute einer Reaktion▶** Die berechnete Menge eines Stoffes, die bei gegebenen Mengen von Ausgangsmaterialien als Reaktionsprodukt gebildet werden soll, bezeichnet man als „theoretische" Ausbeute einer Reaktion. Die Menge an Produkt, die tatsächlich aus der Reaktion isoliert wird, bezeichnet man als „chemische" Ausbeute. Diese berechnet sich (in %) aus der Formel (Gl. 1.7):

$$\text{Ausbeute [in \%]} = \frac{\text{tatsächliche Ausbeute}}{\text{theoretische Ausbeute}} \times 100\,\%$$

(Gl. 1.7)

Bei gekoppelten Reaktionen ergibt sich die Gesamtausbeute aus dem Produkt der Ausbeuten der einzelnen Teilschritte. So ergibt sich z. B. eine Ausbeute von 72 % über zwei Schritte, wenn das (erste) Produkt zu 90 % isoliert wird, welches dann in einem zweiten Schritt das Endprodukt in einer Ausbeute von 80 % liefert.

### Resümee

Chemische Reaktionen werden durch chemische Gleichungen symbolisiert, und diese Gleichungen müssen numerisch ausgewogen sein, da die Gesamtzahl der in einer Reaktion beteiligten Atome unverändert bleibt. Die Stoffmenge in einer Lösung wird durch die „Molarität", also die Mengenangabe in mol/l, quantitativ angegeben. Manche Reaktionen ergeben genau die berechnete Produktmenge, d. h. die Ausbeute beträgt 100 %. Meistens ist die isolierte Menge an Produkt geringer als die berechnete, d. h. die Ausbeute ist < 100 %.

## 1.8 Grundzüge der Thermodynamik, Kinetik und des chemischen Gleichgewichts

### Lernziele

- Reaktionsenthalpie
- Reaktionsgeschwindigkeit
- Reaktionsordnung
- Energieprofil
- gekoppelte Reaktionen
- Katalyse
- reversible Reaktionen
- Massenwirkungsgesetz
- Gleichgewichtskonstante
- Reaktionsentropie
- Gibbs' freie Energie
- Enzyme

Bei der „Verbrennung" eines Kohlenwasserstoffes mit Luftsauerstoff (s. Gl. 1.4) werden $CO_2$ und Wasser als Produkte gebildet. Ein wesentlicher Aspekt dieser Reaktion, der bisher nicht berücksichtigt wurde, ist die Tatsache, dass bei einer solchen Reaktion auch *Wärme* erzeugt wird, bzw. dass *Energie* dabei freigesetzt wird. Energie bedeutet Fähigkeit, Arbeit zu leisten, und Wärme ist die Energie, die zwischen einem System und seiner Umgebung auf Grund einer Temperaturdifferenz übertragen wird. Die Messeinheit für Wärme bzw. Energie ist das „Joule", wobei 1 J = 1 kg m$^{-2}$ s$^{-2}$. Früher wurde als Einheit auch die „Calorie" verwendet, die Energiemenge, die benötigt wird, um die Temperatur von 1 g Wasser um 1 °C zu erhöhen. Der Umrechnungsfaktor beträgt: 1 cal = 4.18 J, bzw. 1 kcal = 4.18 kJ.

**Reaktionswärme▶** Darunter versteht man die Wärmemenge, die zwischen einem System, in dem die Reaktion bei konstanter Temperatur *(isotherm)* und konstantem Druck *(isobar)* abläuft, und der Umgebung ausgetauscht wird. Bei einer *exothermen Reaktion* wird Wärme an die Umgebung abgegeben und bei einer *endothermen Reaktion* wird Wärme aufgenommen. Die *Änderung* der Zustandsfunktion, die *Enthalpie* ($\Delta H$) genannt wird, entspricht bei Atmosphärendruck dieser Wärmemenge, wobei *negative* $\Delta H$-Werte eine exotherme und positive $\Delta H$-Werte eine endotherme Reaktion kennzeichnen. Ein *Enthalpiediagramm* (●Abb. 1.21) beschreibt die Enthalpieänderung in einer Reaktion.

Im Organismus (s. Kap. 3) werden Fette zu Fettsäuren hydrolysiert. Diese werden dann in mehreren Schritten mit $O_2$ in $CO_2$ und Wasser umgewandelt, wobei die bei dieser exothermen Reaktionssequenz frei werdende Wärme als Energie für z. B. physische Betätigungen (Sport) verfügbar ist. Die „Energiewerte" von Lebensmitteln werden deshalb in kcal/mol angegeben.

**Kinetik▶** Ein weiterer wesentlicher Aspekt bei chemischen Reaktionen hängt mit der Frage „Wie schnell findet diese statt?" zusammen. Mit dieser Fragestellung beschäftigt sich die „chemische Kinetik". Die *Reaktionsgeschwindigkeit* einer chemischen Umsetzung beschreibt die Änderung der Menge (Konzentration) eines Stoffes in Abhängigkeit der Zeit (= Reaktionsdauer). So zersetzt sich z. B. Wasserstoffperoxid ($H_2O_2$) in wässriger Lösung zu Wasser und molekularem Sauerstoff ($O_2$). Das *Geschwindigkeitsgesetz* für diese Reaktion ist in Gleichung 1.8 angegeben, wobei *k* die *Geschwindigkeitskonstante* für diese Umsetzung bei einer gegebenen Temperatur darstellt.

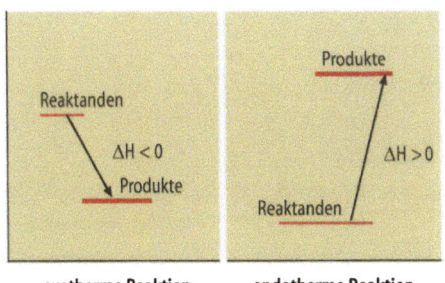

**Abb. 1.21.** Enthalpieänderung *($\Delta H$)* bei chemischen Reaktionen

**1.8 Grundzüge der Thermodynamik, Kinetik und des chemischen Gleichgewichts**

$$H_2O_2 \longrightarrow H_2O + 1/2\,O_2$$

$$-\frac{d[H_2O_2]}{dt} = k[H_2O_2]$$

(**Gl. 1.8.** Geschwindigkeitsgesetz für den (monomolekularen) Zerfall von $H_2O_2$)

Ganz allgemein geht man – wie in Gleichung 1.9 beschrieben – von einer hypothetischen Reaktionsgleichung aus, worin „A" und „B" die Reaktanden, „C" und „D" die Produkte und die kleinen Buchstaben a–d stöchiometrische Koeffizienten darstellen. Im allgemeinen Geschwindigkeitsgesetz bedeuten die eckigen Klammern, dass es sich bei den Reaktanden um Molaritäten (mol/l) handelt. Die *Summe* der Exponenten m und n – dies sind kleine ganze Zahlen (m, n = 0, 1, 2) – wird als ***Reaktionsordnung*** bezeichnet.

$$aA + bB \longrightarrow cC + dD$$

Reaktionsgeschwindigkeit $= k[A]^m[B]^n$

(**Gl. 1.9.** Allgemeines Geschwindigkeitsgesetz)

Bei dem vorhin beschriebenen Zerfall von $H_2O_2$ sowie beim radioaktiven Zerfall (s. Kap. 1.3) handelt es sich um Reaktionen *erster Ordnung* des Typs A → Produkt(e). Die Ableitung des Geschwindigkeitsgesetzes für solche Reaktionen ist in Gleichung 1.10 dargestellt.

$$A \longrightarrow B\;(+\;C)$$

$$-\frac{d[A]}{dt} = k[A] \qquad -\frac{d[A]}{[A]} = k\,dt$$

zur Zeit $t = 0$ ist die Konzentration von A $= [A]_0$

Integration der obigen Gleichung ergibt: $\ln \dfrac{[A]}{[A]_0} = -kt$

(**Gl. 1.10.** Geschwindigkeitsgesetz für eine Reaktion erster Ordnung (monomolekulare Reaktion))

Die *Halbwertszeit* ($t$) für eine solche Zerfallsreaktion entspricht genau der Zeit, in der die vorhandene Stoffmenge auf die Hälfte reduziert wird. Der Zusammenhang zwischen der Halbwertszeit für eine Reaktion erster

Ordnung und deren Geschwindigkeitskonstante ergibt sich aus Gleichung 1.11.

$$\ln \frac{[A/2]}{[A]} = \ln 1/2 = -\ln 2 = -k\tau$$

$$\tau = \frac{\ln 2}{k} = \frac{0{,}693}{k}$$

(Gl. 1.11. Die Halbwertszeit einer Reaktion erster Ordnung ist zeitunabhängig, d. h. eine Konstante)

Reaktionen des Typs A + A → Produkt(e) oder A + B → Produkt(e) werden als Reaktionen *zweiter Ordnung*, bzw. *bimolekulare Reaktionen* bezeichnet. Eine Vereinfachung stellen Reaktionen des Typs A + B → Produkt(e) dann dar, wenn die Komponente „B" in großem Überschuss, z. B. als Lösungsmittel eingesetzt wird. Da sich dann die Konzentration von B (also [B]) während des Reaktionsverlaufes praktisch nicht ändert, ist die Reaktionsgeschwindigkeit nur von der zeitlichen Änderung von [A] abhängig; man spricht hier von einer Reaktion *pseudo-erster Ordnung*.

**Aktivierungsenergie▶** Reaktionsgeschwindigkeitskonstanten k sind nach der so genannten *Arrhenius-Gleichung* (Gl. 1.12) temperaturabhängig, wobei $E_a$ die Aktivierungsenergie für die entsprechende Reaktion, A den so genannten „präexponentiellen Faktor", und R die ideale Gaskonstante darstellen. Wie ersichtlich, erhöht sich der Wert der Geschwindigkeitskonstanten mit zunehmender Temperatur.

$$\ln k = \frac{-E_a}{RT} + \ln A$$

(Gl. 1.12. Arrhenius-Gleichung)

Die Aktivierungsenergie stellt den Energiebetrag auf, der bei der Reaktion von Reaktanden über einen so genannten *Übergangszustand* (vereinfacht: eine Art „Zusammenstoßkomplex") zu den Produkten erbracht werden muss; dies ist in ◉Abbildung 1.22 an einem *Energieprofil* einer Reaktion von A + B → C + D dargestellt.

**Konsekutivreaktionen (Folgereaktionen)▶** Es kann durchaus vorkommen, dass ein primär gebildetes Reaktionsprodukt unter den Reaktionsbedingungen zu einem Endprodukt weiterreagiert (s. Kap. 1.7). Wenn einer von

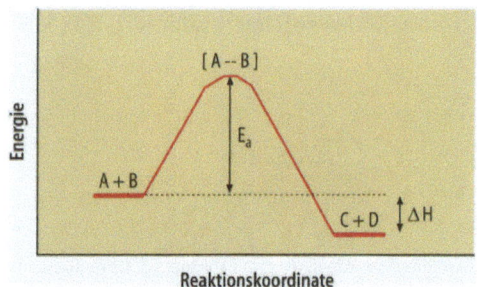

**Abb. 1.22.** Reaktionsprofil für die Energieänderung während einer Reaktion von Reaktanden über einen Übergangszustand zu den Produkten. Es handelt sich in diesem Beispiel um eine exotherme Reaktion

diesen beiden Teilschritten viel langsamer als der andere abläuft, so nennt man diesen auch den *geschwindigkeitsbestimmenden Schritt* der (Gesamt-) Reaktion.

**Katalyse ▸** Wie aus der *Arrhenius-Gleichung* ersichtlich, kann eine Reaktion durch Temperaturerhöhung beschleunigt werden. Eine – häufig wesentlich schonendere und elegantere – Methode besteht in der Anwendung eines Hilfsstoffes, eines so genannten *Katalysators*. Dieser ermöglicht eine Herabsenkung der Aktivierungsenergie, dadurch dass ein anderer Reaktionsweg eingeschlagen wird. Den entsprechenden Prozess bezeichnet man als *Katalyse*. Unter einem *homogenen Katalysator* versteht man einen Hilfsstoff, der selbst im Lösungsmittel löslich ist, in dem die Reaktion durchgeführt wird. Im Gegensatz dazu stellt ein *heterogener Katalysator* einen im System unlöslichen Hilfsstoff, meistens ein Metall oder ein Metalloxid, dar und die Reaktion läuft dann an der Oberfläche des Ka-

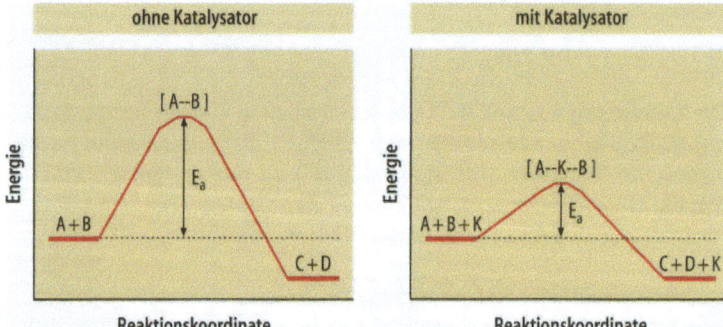

**Abb. 1.23.** Reaktionsprofile für eine Reaktion ohne bzw. mit Katalysator

talysators ab. Die Funktion eines solchen Katalysators, der in die Gesamtbilanz der Reaktion stöchiometrisch *nicht* eingeht, und der im Allgemeinen nur in ganz geringen Mengen beigefügt wird, ist in ◉ Abbildung 1.23 für die Reaktion A + B → C + D veranschaulicht.

**Reversible Reaktionen▶** Wie schon in Kapitel 1.7 (s. Gl. 1.4 u. 1.5) angesprochen, unterscheidet man zum einen Reaktionen, in denen die Reaktanden vollständig in die Produkte umgewandelt werden *(irreversible Reaktion)*, und solche – so genannte *reversible Reaktionen* – in denen die Produkte wiederum zu den Reaktanden zurückreagieren können. In ◉ Abbildung 1.24 ist das Reaktionsprofil für eine solche reversible Reaktion

$$A + B \rightleftharpoons C + D$$

dargestellt. Im Vergleich zu dem Reaktionsprofil für die entsprechende irreversible Umwandlung A + B → C + D (◉ Abb. 1.22) kommt hinzu, dass der Übergangszustand von beiden Seiten her durchlaufen wird, und dass – in diesem Beispiel – die Aktivierungsenergie $(E_a)_r$ für die Rückreaktion einen höheren Betrag aufweist, als die für die Hinreaktion $(E_a)_h$. In einer reversiblen Reaktion gibt es sowohl für die Hin- wie für die Rückreaktion jeweils eine Geschwindigkeitskonstante ($k_\rightarrow$ und $k_\leftarrow$), die wiederum (s. Gl. 1.12) temperaturabhängig sind.

**Chemisches Gleichgewicht▶** Wenn in einer reversiblen Reaktion die Hin- und Rückreaktion gleich schnell abläuft, dann hat sich ein so genanntes chemisches Gleichgewicht eingestellt. Die daraus resultierenden Geschwindigkeitsgesetze sind in Gleichung 1.13 dargestellt.

$$A + B \rightleftharpoons C + D$$

Reaktionsgeschwindigkeit $_{(hin)}$ = $k_{(hin)}$ [A] [B]

Reaktionsgeschwindigkeit $_{(rück)}$ = $k_{(rück)}$ [C] [D]

Chemisches Gleichgewicht: $\quad k_\rightarrow$ [A] [B] = $k_\leftarrow$ [C] [D]

$$\frac{k_\rightarrow}{k_\leftarrow} = \frac{[C][D]}{[A][B]}$$

**(Gl. 1.13)**

**Massenwirkungsgesetz▶** Aus Gleichung 1.13 ergibt sich, dass im chemischen Gleichgewicht das Verhältnis der Geschwindigkeitskonstanten der Hin- und Rückreaktion proportional dem Verhältnis der Produkte der Konzentrationen der Reaktionsprodukte bzw. Reaktanden ist. Ersetzt

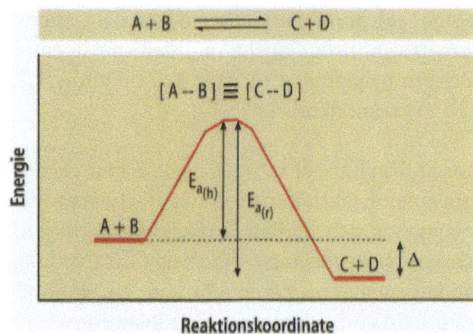

**Abb. 1.24.** Reaktionsprofil für eine reversible Reaktion

man in Gleichung 1.13 dieses Verhältnis der Geschwindigkeitskonstanten durch die so genannte *Gleichgewichtskonstante* (K), so ergibt sich das Massenwirkungsgesetz (Gl. 1.14).

$$A + B \rightleftharpoons C + D$$

$$K = \frac{[C][D]}{[A][B]}$$

(Gl. 1.14. Das Massenwirkungsgesetz für ein chemisches Gleichgewicht)

In einer gekoppelten Sequenz von zwei reversiblen Reaktionen ergibt sich die *Gesamtgleichgewichtskonstante* aus dem Produkt der Gleichgewichtskonstanten der einzelnen Reaktionen (Gl. 1.15). Das Reaktionsprofil für eine solche Reaktionssequenz ist in ●Abbildung 1.25 dargestellt. Die Stoffe „C" und „D" werden auch als *Zwischenstufen* bei der Umwandlung von „A" und „B" nach „E" und „F" bezeichnet, und ihre Konzentrationen tauchen demzufolge in Gleichung 1.15 nicht auf.

$$A + B \xrightleftharpoons{K_1} C + D \xrightleftharpoons{K_2} E + F$$

$$K = K_1 K_2 = \frac{[E][F]}{[A][B]}$$

(Gl. 1.15. Gleichgewichtskonstante für zwei sequentielle Gleichgewichtsreaktionen)

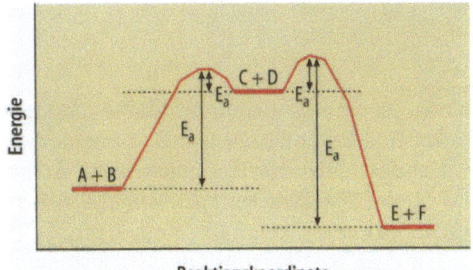

**Abb. 1.25.** Reaktionsprofil einer Reaktionssequenz mit einer Zwischenstufe (bzw. Zwischenstufen)

**Reaktionsentropie▶** Viele chemische Reaktion laufen *spontan*, d. h. *selbsttätig* ab; ein Beispiel hierfür ist, wenn sich auf Eisen Rost ansetzt, also die Oxidation von Eisen mit Luftsauerstoff zu Eisenoxid. Andere Reaktionen wiederum finden nur statt, wenn kontinuierlich eine externe Einwirkung erfolgt; so zerfällt Wasser in Wasserstoff und Sauerstoff nur, wenn Energie in Form von Licht oder elektrischem Strom zugeführt wird. Beide Reaktionsarten sind möglich, aber nur die Ersteren laufen von Natur aus ab. Logischerweise sind auch die Umkehrreaktionen möglich, wobei die Rückreaktion einer spontan ablaufenden Hinreaktion eine nicht spontane Reaktion darstellt, während die Rückreaktion einer nicht spontan verlaufenden Hinreaktion von selbst erfolgt. Die thermodynamische Eigenschaft, die mit dem Ordnungs/Unordnungsgrad in einem System korreliert, nennt man *Entropie* und kennzeichnet sie mit dem Symbol *S*. Ähnlich wie bei der Enthalpie *(H)* handelt es sich dabei um eine Zustandsfunktion, wobei nur deren *Änderung* ($\Delta S$) quantitativ erfasst werden kann. Spontane Prozesse, dazu gehören z. B. das Lösen eines Feststoffes in einer Flüssigkeit, das Verdampfen von Flüssigkeiten, das Vermischen von Gasen, sind immer mit einer Zunahme der Entropie ($\Delta S > 0$) verknüpft.

**Gibbs' freie Energie▶** Bei der obigen Diskussion über spontan und nicht spontan ablaufende chemische Reaktionen wurde bis jetzt der wichtige Aspekt vernachlässigt, inwieweit bei einer Reaktion Wärme freigesetzt (exotherme Reaktion, $\Delta H < 0$) oder zusätzlich benötigt (endotherme Reaktion, $\Delta H > 0$) wird. Die Zustandsfunktion, die sowohl die Enthalpie *(H)* wie auch die Entropie *(S)* berücksichtigt, nennt man Gibbs' freie Energie und verwendet dafür das Symbol *G*. Die Änderung dieser freien Energie ($\Delta G$) bei einer Reaktion ist, wie in Gleichung 1.16 (der so genannten „Gibbs-Helmholtz-Gleichung") folgt, definiert.

$$\Delta G = \Delta H - T\Delta S$$

(Gl. 1.16)

Reaktionen, die bei konstanter Temperatur (isotherm) und konstantem Druck (isobar) stattfinden, laufen spontan ab, wenn $\Delta G < 0$ (man redet auch von einer *exergonen Reaktion*), sind nicht spontan, wenn $\Delta G > 0$ (diese heißen zuweilen *endergone Reaktionen*), und befinden sich im Gleichgewicht, wenn $\Delta G = 0$.

Um thermodynamische Zustandsfunktionen mit der Gleichgewichtskonstanten K einer reversiblen Reaktion zu korrelieren, bedarf es zusätzlich der Einführung der so genannten „*Gibbs' freien Standardenergieänderung* ($\Delta G°$)". Diese ergibt sich zum einen, in Analogie zu Gleichung 1.16, aus den Standardenthalpieänderungen und Standardentropieänderungen ($\Delta G° = \Delta H° - T\Delta S°$), einfacher aber nach der Gleichgewichtsbedingung in Gleichung 1.17.

$$\Delta G = \Delta G^0 + RT \ln K = 0$$

(Gl. 1.17)

Dies bedeutet zum einen, dass $\Delta G° = -RT \ln K$, und zum anderen, dass die Gleichgewichtskonstante K temperaturabhängig sein muss, da auch $\Delta G°$ nach Gleichung 1.16 über den Term $T\Delta S$ temperaturabhängig ist. Dies ist wiederum leicht zu verstehen, wenn man sich an den Zusammenhang zwischen K und den – ebenfalls temperaturabhängigen – Geschwindigkeitskonstanten für die Hin- und Rückreaktion (s. Gl. 1.12–1.14) erinnert.

**Enzyme▸** Im Organismus ablaufende Reaktionen werden häufig selektiv durch Enzyme (s. Kap. 3.1) katalysiert. So wird z. B. die Lactose, ein Zucker (s. Kap. 3.5) der sich in der Milch findet, durch das Enzym *Lactase* zu kleineren Zuckereinheiten abgebaut. Diese selektive Aktivität von Enzymen ist auf die erkennende Wechselwirkung mit dem Substrat zurückzuführen. Das Enzym (E) bindet reversibel an das Substrat (S) unter Bildung eines Komplexes (ES), der dann zum Produkt (P und Enzym) abreagiert (Gl. 1.18). Nach Ablösung des Produktes vom Enzym kann dieses an ein weiteres Substratmolekül binden, und der Vorgang wiederholt sich, bis alles S in P umgewandelt ist.

$$E + S \rightleftharpoons ES \longrightarrow P + E$$

(Gl. 1.18)

Das Geschwindigkeitsgesetz für diese Reaktionssequenz ist in Gleichung 1.19 dargestellt. Zur Bestimmung der Konzentration der Zwischenstufe, nämlich des Enzym-Substrat-Komplexes, geht man von der „Theorie des stationären Zustandes" aus. Diese besagt, dass die Konzentration der Zwischenstufe immer sehr klein ist, und dass deshalb die zeitliche Änderung dieser Konzentration gleich null gesetzt werden kann.

$$E + S \underset{k_2}{\overset{k_1}{\rightleftarrows}} ES \xrightarrow{k_3} E + P$$

$$\frac{d[ES]}{dt} = k_1[E][S] - k_2[ES] - k_3[ES] = 0$$

$$[ES] = \frac{k_1[E][S]}{k_2 + k_3}$$

$$\text{Reaktionsgeschwindigkeit} = \frac{k_1 k_2}{k_2 + k_3}[E][S]$$

(Gl. 1.19. Enzymkinetik)

Tatsächlich beobachtet man bei kleinen Substratkonzentrationen eine Abhängigkeit der Reaktionsgeschwindigkeit von [S], d. h. die Reaktion ist erster Ordnung bezüglich des Substrates. Bei höheren Substratkonzentrationen allerdings wird die Reaktion graduell langsamer, bis zu einem Punkt, wo die Reaktionsgeschwindigkeit nicht mehr zunimmt. Hier sind

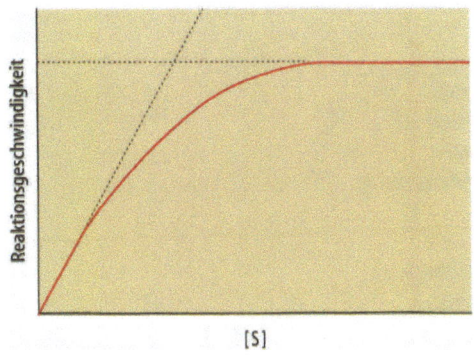

Abb. 1.26. Einfluss der Substratkonzentration auf die Geschwindigkeit einer enzymatischen Reaktion

1.8 Grundzüge der Thermodynamik, Kinetik und des chemischen Gleichgewichts alle Enzymmoleküle mit Substrat „gesättigt" und deshalb ist die Reaktionsgeschwindigkeit von der Substratkonzentration unabhängig, d. h. die Reaktion verläuft nach **nullter Ordnung** bezüglich des Substrates. Ein solches Diagramm, in dem die Umsatzgeschwindigkeit einer enzymkatalysierten Reaktion von der Substratkonzentration abhängt, ist in ◉ Abbildung 1.26 angezeigt.

## Resümee

Je nachdem, ob bei einer chemischen Reaktion Wärme freigesetzt oder zusätzlich zugeführt werden muss, spricht man von einer *exothermen* oder aber *endothermen Reaktion*. Die Geschwindigkeit einer Reaktion ist mit der zeitlichen Änderung der Konzentration der Reaktanden verknüpft. Sie kann durch Erhöhung der Temperatur oder aber mit Hilfe eines Katalysators gesteigert werden. Chemisches Gleichgewicht bei einer reversiblen Reaktion liegt dann vor, wenn die Reaktionsgeschwindigkeiten für die Hin- und Rückreaktion gleich sind. Das Massenwirkungsgesetz definiert den Zusammenhang zwischen der Gleichgewichtskonstanten und den Konzentrationen der Reaktanden/Produkte. Spontane Veränderungen führen zu einer Erhöhung der Entropie im Universum. Die Änderungen der Zustandsfunktionen H (Enthalpie), S (Entropie) und G (Gibbs' freie Energie) sind durch die *Gibbs-Helmholtz-Gleichung* ($\Delta G = \Delta H - T\Delta S$) mathematisch verbunden.

## 1.9 Lösungen, Gemische

### Lernziele

- Lösungsmittel
- gelöster Stoff
- gesättigte Lösung
- Löslichkeitsprodukt
- Henry'sches Gesetz
- Nernst'scher Verteilungssatz
- Dampfdruck
- Raoult'sches Gesetz
- semipermeable Membran
- osmotischer Druck

- Donnan-Gleichgewicht
- Dialyse
- kolloidale Mischung

In Kapitel 1.2 wurde der Begriff „homogene Mischung" bzw. „homogenes Gemisch" erstmalig erläutert, und zwar homogen deshalb, weil die Zusammensetzung und Eigenschaften einheitlich sind, und Mischung (Gemisch), weil es sich um eine Mehrstoffkomponente handelt. Das *Lösungsmittel* ist die Komponente, die zum einen in großem Überschuss vorliegt, und zum anderen den Aggregatszustand bestimmt, in dem die Lösung vorliegt. Der *gelöste Stoff* ist die Komponente, die in deutlich geringerer Menge als das Lösungsmittel vorliegt. Am häufigsten liegen flüssige Lösungen vor. Die Konzentration des gelösten Stoffes wird dabei durch seine *Molarität*, d. h. in Menge (mol) des gelösten Stoffes pro Volumen (l, Liter) Lösungsmittel angegeben.

**Löslichkeitsprodukt▶** Wenn zunehmende Mengen eines festen Stoffes in einem flüssigen Lösungsmittel gelöst werden, kommt es zu einem Punkt, an dem die Lösung *gesättigt* ist. Bei einer *übersättigten* Lösung kommt es zur Bildung eines Niederschlages des Feststoffes. Im Allgemeinen nimmt die Löslichkeit eines Stoffes mit zunehmender Temperatur ebenfalls zu.

Unter dem Löslichkeitsprodukt einer salzartigen Verbindung, also einer Verbindung, die aus einem Kation und einem Anion zusammengesetzt ist, versteht man das Produkt der Konzentrationen dieser beiden Ionen in einer gesättigten wässrigen Lösung bei 25 °C, so z. B. für das in Zähnen vorkommende Calciumfluorid ($CaF_2$) in Gleichung 1.20.

$$K_{LP} = [Ca^{2+}][F^-]^2 = 5{,}3 \times 10^{-9}$$

(Gl. 1.20)

Je kleiner $K_{LP}$ umso geringer ist die Löslichkeit des entsprechenden Stoffes.

**Nernst'sches Verteilungsgesetz▶** Betrachtet man die Löslichkeit eines Stoffes in zwei verschiedenen Lösungsmitteln, so ergibt sich die Verteilung dieses Stoffes in den zwei Lösungsmitteln (zwei Flüssigkeiten, die sich nicht mischen, ein festes und ein flüssiges Lösungsmittel) nach dem *Nernst'schen Verteilungssatz* (Gl. 1.21).

$$\text{Verteilungskonstante} = \frac{\text{Konzentration des Stoffes in Lösungsmittel I}}{\text{Konzentration des Stoffes in Lösungsmittel II}}$$

(Gl. 1.21)

Dieser Verteilungssatz bietet die theoretische Grundlage für verschiedenste Trennmethoden von Stoffgemischen, so z. B. der Chromatographie oder der Flüssig-Flüssig-Extraktion.

**Löslichkeit von Gasen in Flüssigkeiten▶** Im Gegensatz zur Temperaturabhängigkeit der Löslichkeit fester Stoffe in Flüssigkeiten beobachtet man für Gase das gegenteilige Verhalten, nämlich dass die Löslichkeit eines Gases in einer Flüssigkeit mit zunehmender Temperatur abnimmt. So enthält z. B. kälteres Wasser mehr Sauerstoff als wärmeres Wasser, was dazu führt, dass beim Erwärmen von Wasser Luftblasen entweichen. Viel stärker als durch die Temperatur wird allerdings die Löslichkeit eines Gases in einer Flüssigkeit vom Druck beeinflusst. Das *Henry'sche Gesetz* (Gl. 1.22) sagt aus, dass die Löslichkeit eines Gases bei Druckerhöhung zunimmt.

$$[\text{Konzentration}_{GAS}] \cong P_{GAS}$$

(Gl. 1.22)

Da z. B. Pressluft im Blut besser löslich ist als Luft bei Atmosphärendruck, entweicht Stickstoffgas ($N_2$) in Form von kleinen Bläschen, wenn ein Taucher zu schnell aus der Tiefe auftaucht, was zu schweren Schmerzen in den Gliedern und Gelenken führen kann.

**Osmose▶** Das *Raoult'sche Gesetz* sagt aus, dass der Dampfdruck einer reinen Flüssigkeit immer höher ist als der einer Lösung, d. h. ein gelöster Stoff senkt den Dampfdruck eines Lösungsmittels ab. Dies führt dazu, dass in einem geschlossenen System Lösungsmittelmoleküle von einer verdünnteren Lösung zu einer zweiten, konzentrierteren Lösung verdampfen und kondensieren, bis ein Konzentrationsausgleich erreicht ist. Ähnlich verhält es sich mit dem Lösungsmittelfluss durch eine semipermeable Membran, also einem Material, das für Wasser durchlässig ist, aber *nicht* für die darin gelösten Stoffe. Das Phänomen, dass z. B. Wassermoleküle aus reinem Wasser durch eine solche Membran in eine wässrige Zuckerlösung diffundieren, bezeichnet man als Osmose und den notwendigen Druck, um diese Diffusion zu unterbinden, als **osmotischen Druck**.

Wenn man also rote Blutkörperchen in reines Wasser gibt, so führt die Diffusion von Wasser durch Osmose zu einer Zellerweiterung und schließlich zu einem Platzen der Zellen. Gibt man hingegen die roten Blutkörperchen in eine wässrige Kochsalzlösung, die etwa 9 g NaCl/l Wasser enthält, dann findet keine Osmose statt. Lösungen, die den gleichen osmotischen Druck wie die Körperflüssigkeit aufweisen, nennt man *isotonisch*. Eine Kochsalzlösung, die konzentrierter als die oben angegeben ist, stellt eine *hypertonische Lösung*, eine entsprechend verdünntere eine *hypotonische Lösung* dar. Intravenös injizierte Flüssigkeiten müssen daher immer dem osmotischen Druck des Blutes angepasst sein. Das so genannte *Donnan-Potential* spielt dabei bei der Ionenverteilung zwischen Blutflüssigkeit und Blutkörperchen eine wichtige Rolle, eine Tatsache, die sich z. B. bei der *Dialyse* anwenden lässt.

**Kolloidale Mischungen▶** Im Gegensatz zu einer homogenen Lösung bezeichnet man eine Suspension von submikroskopischen Teilchen in Wasser als eine kolloidale Mischung. Eine solche ist durch Teilchen mit einer Länge, Breite oder Dicke von etwa 1–100 nm (1 nm = $10^{-9}$ m) charakterisiert. Ein Beispiel dafür ist die Suspension von Gammaglobulin im menschlichen Blutplasma. Kolloidale Gemische streuen eingestrahltes Licht in verschiedene Richtungen, ein Phänomen, das als *Tyndall-Effekt* bezeichnet wird.

## Resümee

Die Zusammensetzung einer Lösung wird durch die Menge des gelösten Stoffes in einem definierten Volumen des Lösungsmittels beschrieben. Während die Löslichkeit von Feststoffen in Flüssigkeiten bei höheren Temperaturen zunimmt, nimmt die von Gasen entsprechend ab. Die Löslichkeit von Gasen in Flüssigkeiten hängt auch stark vom Druck ab. Der osmotische Druck hängt von der Menge der gelösten Stoffe in einem Lösungsmittel ab. Die menschliche Niere dialysiert das Blut, eine kolloidale Mischung, um überschüssige Salze, die sich im Stoffwechsel bilden, zu entfernen.

## 1.10 Reaktionen in wässrigen Lösungen

### Lernziele

- wässrige Lösungen
- Elektrolyt
- Ionen
- Fällungsreaktionen
- Titration

Reaktionen in wässriger Lösung (Wasser als Lösungsmittel) sind in der Chemie deshalb von Bedeutung, weil Wasser
- billig ist,
- viele Stoffe lösen kann, die zu Ionen dissoziieren und
- nicht toxisch ist.

Was den menschlichen Organismus betrifft, so stellen z. B. das (nichtcorpusculäre) Blutplasma oder auch der Magensaft jeweils ein wässriges Medium dar.

**Ionen, Elektrolyte** ▶ Wie schon in Kapitel 1.3 kurz erwähnt, entstehen Ionen aus Atomen oder Molekülen durch Abgabe oder durch Aufnahme von Elektronen. So entsteht aus einem Natriumatom durch Abgabe eines Elektrons ein $Na^+$-Kation und aus einem Chloratom durch Aufnahme eines Elektrons ein $Cl^-$-Anion (Gl. 1.23).

$$Na \longrightarrow Na^{\oplus} + e^{\ominus}$$
$$Cl + e^{\ominus} \longrightarrow Cl^{\ominus}$$

(Gl. 1.23)

Wasser selbst leitet den elektrischen Strom kaum, man spricht auch von einem *Nichtleiter* bzw. einem *Nichtelektrolyt*. Unter einem *starken Elektrolyten* versteht man einen Stoff, der in wässriger Lösung vollständig in Ionen dissoziiert, unter einem *schwachen Elektrolyten* einen solchen, der dies nur teilweise tut. Wässrige Lösungen von starken Elektrolyten leiten den elektrischen Strom sehr gut, wässrige Lösungen von schwachen Elektrolyten tun dies halbwegs.

Die meisten ionischen Verbindungen (= Salze) sind starke Elektrolyte. So liegt z. B. NaCl (Natriumchlorid, Kochsalz) in wässriger Lösung voll-

$$\text{NaCl} \xrightarrow{H_2O} Na^{\oplus} + Cl^{\ominus}$$

(Gl. 1.24)

$$\text{HCl} \xrightarrow{H_2O} H^{\oplus} + Cl^{\ominus}$$

(Gl. 1.25)

$$CH_3COOH \underset{}{\overset{H_2O}{\rightleftharpoons}} H^{\oplus} + CH_3COO^{\ominus}$$

(Gl. 1.26)

ständig ionisiert (Gl. 1.24) vor. Auch bei Molekülen, wie z. B. HCl (Chlorwasserstoff), kann es sich um einen starken Elektrolyten handeln (Gl. 1.25). Hingegen ist z. B. $CH_3COOH$ (Essigsäure) ein schwacher Elektrolyt und deshalb liegt die Verbindung mit den entsprechenden Ionen im Gleichgewicht (Gl. 1.26).

Es muss hier angemerkt werden, dass das Teilchen $H^+$ (= ein *Proton*) in wässriger Lösung immer an ein Wassermolekül gebunden, d. h. als $H_3O^+$-Teilchen vorliegt (s. Kap. 1.11). Allerdings ist es üblich, wie in Gleichung 1.25 und 1.26 angegeben, vereinfachend $H^+$ für $H_3O^+$ zu schreiben.

Konzentrationen von Teilchen (= Mengenangaben) in wässrigen Lösungen werden für Elektrolyte in [*eckigen*] *Klammern* angegeben. So ist eine 0.1 molare wässrige Lösung von NaCl sowohl 0.1 M an $Na^+$, wie auch 0.1 M an $Cl^-$, da es sich hierbei um einen starken Elektrolyten handelt. Die Aussage: $[Na^+] = 0.1$ M bedeutet also, dass die Konzentration von $Na^+$ 0.1 mol/l beträgt. Für eine solche Lösung sind die Konzentrationen der jeweiligen Teilchen in Gleichung 1.27 angegeben.

in 0,1 M NaCl:   $[Na^+]$ = 0,1 M ;   $[Cl^-]$ = 0,1 M ;   $[NaCl]$ = 0

(Gl. 1.27)

**Fällungsreaktionen▶** In so genannten Fällungsreaktionen kombinieren gewisse Kationen mit entsprechenden Anionen und bilden dabei eine unlösliche ionische Verbindung, einen „*Niederschlag*". Dies hängt mit dem in Kapitel 1.9 vorgestellten – entsprechend geringem – **Löslichkeitsprodukt** zusammen. Als Beispiel sei die Umsetzung einer wässrigen Silbernitrat- ($AgNO_3$) mit einer wässrigen Natriumchlorid (NaCl) -Lösung genannt, bei der Silberchlorid (AgCl) als weiß-gelblicher Niederschlag gebildet wird (Gleichung 1.28).

$$Ag^+ + NO_3^- + Na^+ + Cl^- \longrightarrow AgCl\downarrow + Na^+ + NO_3^-$$
$$K_{LP} = [Ag^+][Cl^-] = 10^{-10}$$

(Gl. 1.28)

Auch wenn es keine allgemein gültigen Löslichkeitsregeln gibt, so kann man doch davon ausgehen, dass alle Verbindungen der Alkalimetalle (Gruppe 1) in Wasser gut löslich sind. Dasselbe gilt für Nitrate (= Salze der Salpetersäure), Chloride (Ausnahme: Blei, Silber und Quecksilber) und Sulfate (= Salze der Schwefelsäure; Ausnahme: Elemente der Gruppe 2).

Fällungsreaktionen sind auch dann von Interesse, wenn es darum geht, den Gehalt einer wässrigen Lösung an einem bestimmten Ion festzulegen. Man wählt dann eben ein geeignetes Gegenion, das in Kombination mit dem „gesuchten" Ion ein schwer lösliches Salz bildet, gibt dieses im Überschuss dazu, filtriert den gebildeten Niederschlag ab, trocknet ihn und wiegt die gebildete Produktmenge.

**Titration (Kalibrierung von Lösungen)▶** Eine weitere Möglichkeit, den Gehalt an einem bestimmten Ion in wässriger Lösung festzulegen, erfordert die maßgerechte Zugabe einer „geeichten" Flüssigkeitslösung, d. h. einer solchen, deren Gehalt an einem entsprechenden Gegen-Ion definiert ist. Bei dem so genannten *Äquivalenzpunkt* sind dann die Konzentrationen von „unbekanntem" Ion und „bekanntem" Gegen-Ion *gleich*. Dieser Punkt kann durch Zugabe eines *Indikators* erkannt werden. Dabei handelt es sich um einen Stoff, der den ersten Überschuss an Gegen-Ion durch eine geeignete Färbung der Lösung anzeigt. Beispiele für solche Reaktionen werden in Kapitel 1.11 und 1.12 näher diskutiert.

## Resümee

In Wasser gelöste Stoffe sind entweder starke Elektrolyte, schwache Elektrolyte oder Nichtleiter, je nachdem wie effizient sie zu Ionen dissoziieren. Starke Elektrolyte sind in wässriger Lösung vollständig dissoziiert.

Fällungsreaktionen setzen die Bildung eines schwer löslichen ionischen Produktes voraus. Titrationen eignen sich, um Molaritäten von Lösungen zu bestimmen, d. h. um quantitative Aussagen über die Menge an in Wasser gelösten Stoffen zu machen.

## 1.11 Säuren und Basen

**Lernziele**

- Brönsted-Säuren und -Basen
- Lewis-Säuren und -Basen
- Selbstionisation von Wasser
- pH-Skala
- Säuredissoziationskonstante
- mehrprotonige Säuren
- Pufferlösungen
- pH-Wert des Blutes
- Indikatoren
- Säure-, Basen-Titration
- Neutralisation

Das „Säure-Basen-Konzept" stellt ein wesentliches Thema in der geschichtlichen Entwicklung der Chemie dar. In wässriger Lösung ist dabei vor allem die von *Brönsted* vorgeschlagene Definition maßgebend, dass es sich bei Säuren um Moleküle handelt, die ein Proton ($H^+$) an ein anderes Molekül, eine Base, übertragen können, d. h. *nach Brönsted sind Säuren als Protonendonatoren, Basen als Protonenakzeptoren definiert*. Das Produkt einer solchen *Neutralisationsreaktion* einer Säure mit einer Base (Gl. 1.29) nennt man ein *Salz*. Beispiele hierfür sind die Umsetzung von Salzsäure (= wässrige HCl-Lösung) mit Natriumhydroxyd zu Natriumchlorid (und Wasser) sowie die Umsetzung von Salzsäure mit Ammoniak ($NH_3$) zu Ammoniumchlorid ($NH_4Cl$).

$$H^{\oplus} + Cl^{\ominus} + Na^{\oplus} + {}^{\ominus}OH \xrightarrow{H_2O} Na^{\oplus} + Cl^{\ominus} + H_2O$$

$$H^{\oplus} + Cl^{\ominus} + :NH_3 \xrightarrow{H_2O} NH_4^{\oplus} + Cl^{\ominus}$$

$$\text{Brönsted-Säure} + \text{Brönsted-Base} \xrightarrow{H_2O} \text{Salz}$$

(Gl. 1.29)

Eine Erweiterung des Konzeptes auf Reaktionen in nichtwässrigen Lösungen sowie in Feststoffen oder auch in der Gasphase beruht auf Vorschlägen von *G. N. Lewis*. Bei einer *Lewis-Säure* handelt es sich um eine

Verbindung, die ein Elektronenpaar aufnimmt, ein *Elektronenpaarakzeptor*, während es sich bei einer *Lewis-Base* um ein eine Verbindung handelt, die ein Elektronenpaar zur Verfügung stellt, ein *Elektronenpaardonator*. Die Reaktion (Gl. 1.30) einer Lewis-Base mit einer Lewis-Säure resultiert in der Ausbildung einer kovalenten Bindung. Solche Reaktionen sind vor allem *bei Kohlenstoffverbindungen* (s. Kap. 2 u. 3) *von großer Bedeutung*. Beispiele hierfür sind die Reaktion von Bortrifluorid ($BF_3$) mit Ammoniak, die Reaktion von Ammoniak mit einem Proton in nichtwässriger Lösung sowie die Addition eines Alkens (s. Kap. 2.5) an $BH_3$.

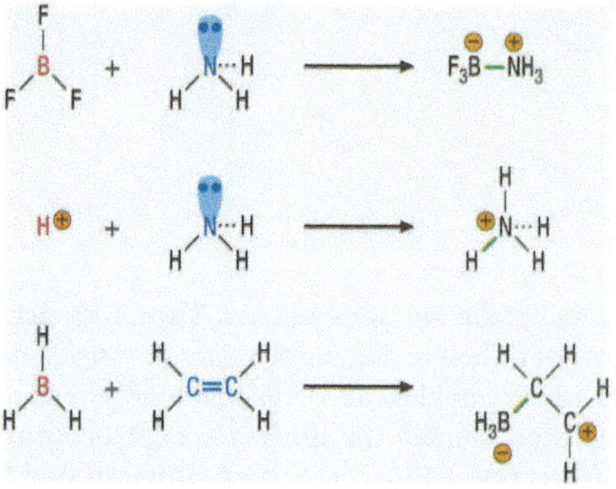

*Lewis*-Säure + *Lewis*-Base ⟶ Produkt mit neuer kovalenter Bindung (—)
(Gl. 1.30)

Wie aus Gleichung 1.29 und 1.30 zu erkennen ist, sind die Definitionen einer Base nach *Brönsted* bzw. *Lewis* teilweise sehr ähnlich. In diesem Kapitel sollen vor allem Aspekte diskutiert werden, die mit dem Verhalten von potentiellen Protonendonatoren (= *Brönsted-Säuren*) in wässriger Lösung zusammenhängen. Dabei handelt es sich also um Stoffe, die in Wasser entweder irreversibel (Gl. 1.31), oder aber im Gleichgewicht (Gl. 1.32) zu einem Hydronium-Ion $(H_3O)^+$ und einem Anion dissoziieren.

HCl + $H_2O$ ⟶ $H_3O^+$ + $Cl^-$
(Gl. 1.31)

Aus dem verschiedenartigen Dissoziationsverhalten von Chlorwasserstoff (HCl) bzw. Fluorwasserstoff (HF) in Wasser ergibt sich eine allgemeine Differenzierung: *Starke Brönsted-Säuren* liegen in wässriger Lösung vollständig, *schwache Brönsted-Säuren* nur teilweise dissoziiert vor. Direkt daraus ergibt sich im Zusammenhang, dass Anionen von starken

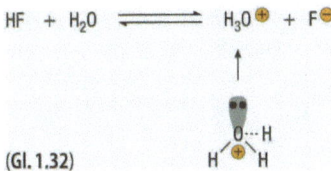

(Gl. 1.32)

Säuren sehr schwache Basen, Anionen von schwächeren Säuren entsprechen etwas weniger schwache (= etwas stärkere) Basen darstellen. Diese rein qualitative Beschreibung soll jetzt etwas genauer diskutiert werden.

**Selbstionisation von Wasser; pH-Skala▶** Wasser selbst enthält in ganz geringen Mengen Ionen, die durch Protonentransfer von einem Wassermolekül auf ein zweites resultieren (Gl. 1.33). Es handelt sich dabei um ein Hydronium-Ion ($H_3O^+$) und ein Hydroxyd-Ion ($HO^-$).

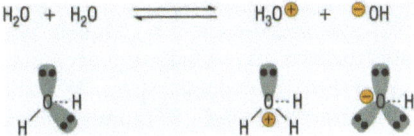

(Gl. 1.33. Selbstionisation von Wasser)

Die Gleichgewichtskonstante $K_W$ (s. Kap. 1.8) für diese Reaktion (Gl. 1.34) wird auch als das *Ionenprodukt* des Wassers bezeichnet. Sie beträgt bei 25 °C genau $10^{-14}$. Da die Konzentrationen der Hydronium- bzw. Hydroxyd-Ionen gleich sein müssen, bedeutet dies, dass bei 25 °C in reinem Wasser $[H_3O^+] = [HO^-] = 10^{-7}$ M.

bei 25°C in reinem Wasser $[H_3O^+] = [HO^-] = 10^{-7}$ M

$$K_W = [H_3O^+][HO^-] = 10^{-14}$$

(Gl. 1.34)

Die Konzentration von $H_3O^+$-Teilchen in wässriger Lösung wird im Allgemeinen durch den so genannten *pH-Wert* angegeben. Dieser ist nach Gleichung 1.35 definiert.

$$pH = -\log[H_3O^+]$$

(Gl. 1.35)

So ergibt sich beispielsweise für eine Lösung die 0.0025 mol/l HCl enthält ein pH-Wert von pH = $-(\log 2.5 \times 10^{-3})$ = 2.60, oder aber für eine entsprechende Lösung, die einen pH-Wert von 4.5 aufweist, berechnet sich $[H_3O^+]$ nach: $[H_3O^+] = 10^{-4.5} = 3.2 \times 10^{-5}$ M. In reinem Wasser beträgt der pH-Wert genau 7.0. Alle wässrigen Lösungen, deren pH = 7, d. h. $[H_3O^+] = [HO^-]$, werden *neutrale Lösungen* genannt. Wässrige Lösungen mit pH < 7, d. h. $[H_3O^+] > [HO^-]$, werden als *saure*, solche mit pH > 7, d. h. $[H_3O^+] < [HO^-]$, als *basische* bzw. *alkalische Lösungen* bezeichnet. *Im Allgemeinen wird eine pH-Skala von pH = 0 ($[H_3O^+] = 1M$) bis pH = 14 ($[HO^-] = 1 M$) verwendet,* wobei dann immer gilt $[H_3O^+][HO^-] = 10^{-14}$.

**Starke Säuren und starke Basen▶** Hier handelt es sich, wie schon erwähnt, um Verbindungen, die in wässriger Lösung vollständig ionisiert vorliegen (Gl. 1.36). Beispiele für starke Säuren sind HCl (Salzsäure), HBr (Bromwasserstoffsäure), HI (Iodwasserstoffsäure), $HClO_4$ (Perchlorsäure), $HNO_3$ (Salpetersäure) und $H_2SO_4$ (Schwefelsäure), wobei es sich bei Schwefelsäure um eine *mehrprotonige Säure* (s. später in diesem Kap.) handelt. Typische Beispiele für starke Basen sind die Hydroxiverbindungen der Metalle der Gruppen 1 (Alkalimetalle) und 2 (Erdalkalimetalle), also LiOH (Lithiumhydroxyd), NaOH (Natriumhydroxyd), KOH (Kaliumhydroxyd), $Ca(OH)_2$ (Calciumhydroxyd) und $Ba(OH)_2$ (Bariumhydroxyd).

$$HClO_4 + H_2O \longrightarrow H_3O^{\oplus} + ClO_4^{\ominus}$$

$$KOH \xrightarrow{H_2O} K^{\oplus} + {}^{\ominus}OH$$

(Gl. 1.36. Vollständige Dissoziation von $HClO_4$ bzw. von KOH in Wasser)

**Schwache Säuren und schwache Basen▶** Im Gegensatz zu starken Säuren (und Basen) liegen schwache Säuren (und Basen) in wässriger Lösung nur teilweise in Ionen dissoziiert vor. Mit Ausnahme der sechs oben erwähnten „starken Säuren" sind fast alle anderen Brönsted-Säuren „schwache Säuren". So stellt sich für die in Gleichung 1.32 beschriebene teilweise Dissoziation von Fluorwasserstoffsäure (HF) oder für eine wässrige Ammoniaklösung ($NH_3$) jeweils ein Gleichgewicht ein, dessen Gleichgewichtskonstante als *Säuredissoziationskonstante ($K_S$)* bzw. *Basendissoziationskonstante ($K_b$)* bezeichnet wird (Gl. 1.37).

Genauso wie es praktisch ist, die $H_3O^+$-Ionenkonzentration durch ihren negativ-dekadischen Logarithmus, dem pH-Wert, auszudrücken, werden Säure- und Basendissoziationskonstanten durch *pK = – log K* angegeben. So ist für HF der $pK_S$ = 3.18 und für $NH_3$ der $pK_b$ = 4.74. Je

$$HF + H_2O \rightleftharpoons H_3O^+ + F^-$$

$$K_S = \frac{[H_3O^+][F^-]}{[HF]} = 6{,}6 \times 10^{-4}$$

$$NH_3 + H_2O \rightleftharpoons NH_4^+ + HO^-$$

$$K_b = \frac{[NH_4^+][HO^-]}{[NH_3]} = 1{,}8 \times 10^{-5}$$

(Gl. 1.37. Säuredissoziationskonstante von HF und Basendissoziationskonstante von $NH_3$)

größer $K_S$ für eine Säure gefunden wird, desto mehr $H_3O^+$-Ionen liegen im Gleichgewicht vor, und je größer $K_b$ für eine Base, umso größer ist die Konzentration an Hydroxid-Ionen in der Lösung.

**Mehrprotonige Säuren▶** Wenn ein Molekül *mehrere* ionisierbare H-Atome aufweist, dann spricht man von einer *mehrprotonigen Säure*. So handelt es sich bei der Phosphorsäure ($H_3PO_4$) um eine Verbindung, die in drei Stufen Protonen abspalten kann. Die entsprechenden Gleichgewichtskonstanten sind in Gleichung 1.38 aufgeführt.

$$H_3PO_4 + H_2O \rightleftharpoons H_3O^+ + H_2PO_4^-$$

$$K_{S(1)} = \frac{[H_3O^+][H_2PO_4^-]}{[H_3PO_4]} = 7{,}1 \times 10^{-3}$$

$$H_2PO_4^- + H_2O \rightleftharpoons H_3O^+ + HPO_4^{2-}$$

$$K_{S(2)} = \frac{[H_3O^+][HPO_4^{2-}]}{[H_2PO_4^-]} = 6{,}3 \times 10^{-8}$$

$$HPO_4^{2-} + H_2O \rightleftharpoons H_3O^+ + PO_4^{3-}$$

$$K_{S(3)} = \frac{[H_3O^+][PO_4^{3-}]}{[HPO_4^{2-}]} = 4{,}2 \times 10^{-13}$$

(Gl. 1.38. Mehrstufige Dissoziation von Phosphorsäure)

Die Tatsache, dass für alle mehrprotonigen Säuren die erste Dissoziationskonstante ($K_{S(1)}$) immer größer als die zweite, und die wiederum größer als die dritte ist, beruht darauf, dass die Abspaltung eines Protons von einem Anion (bzw. einem Dianion) nicht so leicht erfolgt, wie die von einer neutralen Verbindung. Das bedeutet aber wiederum, dass fast alle $H_3O^+$-Teilchen aus dem ersten Dissoziationsschritt stammen und somit aus Gleichung 1.38 vereinfachend $[H_2PO_4^-] = [H_3O^+]$ und $[HPO_4^{2-}] = K_{S(2)}$ gesetzt werden können.

Ein weiteres Beispiel für eine zweiprotonige Säure ist Kohlensäure ($H_2CO_3$). Allerdings ist diese Verbindung in Wasser instabil, da sie in $CO_2$ und Wasser zerfällt. Die erste Säuredissoziationskonstante bezieht sich auf die Bildung von $HCO_3^-$ aus $CO_2$ in Wasser (Gl. 1.39).

$$(H_2CO_3 + H_2O \rightleftharpoons H_3O^+ + HCO_3^-)$$

$$CO_2 + 2H_2O \rightleftharpoons H_3O^+ + HCO_3^- \qquad K_{S(1)} = 4{,}4 \times 10^{-7}$$

$$HCO_3^- + H_2O \rightleftharpoons H_3O^+ + CO_3^{2-} \qquad K_{S(2)} = 4{,}7 \times 10^{-11}$$

(Gl. 1.39. Dissoziationskonstanten der Kohlensäure)

**Die Struktur von Anionen▶** Die Säurestärke ($pK_S$-Wert) einer *Brönsted-Säure* hängt unter anderem davon ab, an was für ein Atom das als Proton abzuspaltende H-Atom gebunden ist. Sehr häufig handelt es sich dabei um Moleküle, die ionisierbare OH-Bindungen aufweisen. In Tabelle 1.9 sind die $pK_S$-Werte für einige solche Verbindungen aufgelistet.

Um zu verstehen, warum es sich bei den drei ersten Verbindungen um deutlich stärkere Säuren als Wasser handelt, muss ganz allgemein auf die Dissoziation eines Moleküls, das eine ionisierbare OH-Bindung aufweist, eingegangen werden. Wie aus Gleichung 1.40 ersichtlich (s. auch Kap. 1.8), entspricht die Säuredissoziationskonstante ($K_S$) einer solchen Verbindung dem Verhältnis der Geschwindigkeitskonstanten für die Protonenabspaltung („Hinreaktion") und der Protonierung des Anions („Rückreaktion"). Wenn nun näherungsweise die Geschwindigkeitskonstanten für die Protonenabspaltung für *alle* solche OH-Verbindungen als gleich angenommen werden, ergibt sich folgerichtig, dass die Protonierung des Hydroxid-Anions ($HO^-$) viel schneller abläuft, als die von Nitrit ($NO_2^-$), Hydrogencarbonat ($HCO_3^-$) oder Dihydrogenphosphat ($H_2PO_4^-$). Dies heißt aber nichts anderes, als dass $HO^-$ eine viel stärkere Base als die anderen aufgeführten Anionen darstellt. Zurückzuführen ist dies auf die verschiedenartige Struktur der jeweiligen Anio-

**Tabelle 1.9.** pK$_S$-Werte von salpetriger Säure, Kohlensäure, Phosphorsäure und Wasser

|  |  | pK$_S$ |
|---|---|---|
| $HNO_2 + H_2O \rightleftharpoons H_3O^\oplus + NO_2^\ominus$ | | 3,14 |
| $H_2CO_3 + H_2O \rightleftharpoons H_3O^\oplus + HCO_3^\ominus$ | | 6,36 |
| $H_3PO_4 + H_2O \rightleftharpoons H_3O^\oplus + H_2PO_4^\ominus$ | | 2,15 |
| $H_2O + H_2O \rightleftharpoons H_3O^\oplus + HO^\ominus$ | | 14,00 |

nen: Während im Hydroxid-Ion die negative Ladung ausschließlich an dem einen O-Atom *lokalisiert* vorliegt, ist sie in den anderen Anionen *delokalisiert* (s. Kap. 1.5), was wiederum zur Stabilisierung dieser Anionen beiträgt und somit deren Reaktivität gegenüber Protonen herabsetzt (👁 Abb. 1.27).

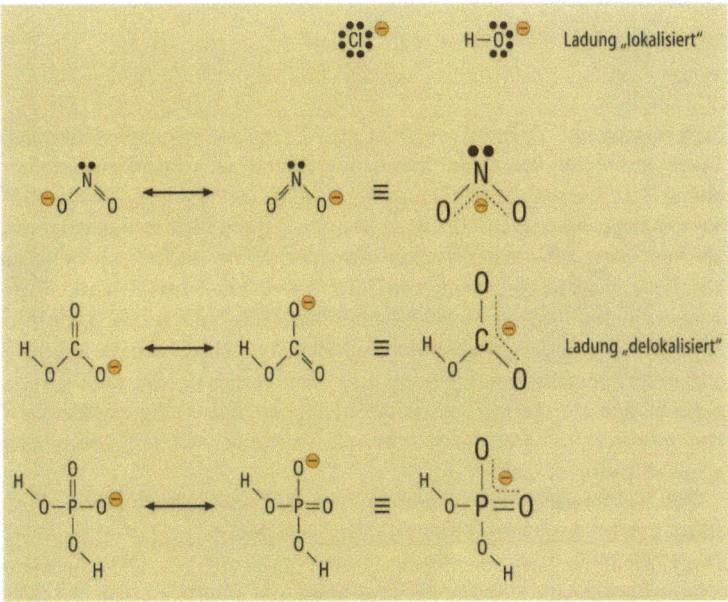

**Abb. 1.27.** Struktur von Anionen (Chlorid, Hydroxid, Nitrit, Hydrogencarbonat, Dihydrogenphosphat)

1.11 Säuren und Basen

**Reaktion von Anionen schwacher Säuren und Kationen schwacher Basen mit Wasser▸** Löst man NaCl in Wasser so dissoziiert die Verbindung vollständig in Na$^+$- und Cl$^-$-Ionen, wobei der pH-Wert der Lösung identisch mit dem des reinen Wassers, nämlich pH = 7.0, ist, da es sich bei HCl um eine starke Säure und bei NaOH um eine starke Base handelt. Anders sieht dies aber bei wässrigen Lösungen von entweder Natriumfluorid (NaF) oder aber Ammoniumchlorid (NH$_4$Cl) aus, da es sich bei HF um eine schwache Säure bzw. bei NH$_3$ um eine schwache Base handelt. Sowohl das Anion einer schwachen Säure (in diesem Fall: F$^-$) wie auch die protonierte Form, d.h. das Kation einer schwachen Base (in diesem Fall: NH$_4^+$) liegen in Wasser im Gleichgewicht mit der jeweiligen schwachen Säure (hier: HF) bzw. der schwachen Base (hier: NH$_3$). Aus diesen Gleichgewichtsreaktionen (Gl. 1.40 u. 1.41) ergibt sich, dass eine wässrige Lösung von NaF *basisch* reagiert, d.h. dass sie einen pH > 7.0 aufweist, und dass eine wässrige Lösung von NH$_4$Cl *sauer* reagiert, d.h. einen pH < 7.0 aufweist.

$$F^- + H_2O \rightleftharpoons HF + HO^-$$
(Gl. 1.40)

$$NH_4^+ + H_2O \rightleftharpoons NH_3 + H_3O^+$$
(Gl. 1.41)

**Pufferlösungen▸** Darunter versteht man Gemische aus einer schwachen Säure und einem Salz dieser Säure, oder aber einer schwachen Base und einem Salz dieser Base. Beiden gemeinsam ist die Tatsache, dass der *pH-Wert* solcher wässrigen Lösungen bei der Zugabe kleiner Mengen einer starken Säure oder einer starken Base *sich kaum ändert*. Als Beispiele können eine wässrige Lösung von Fluorwasserstoffsäure (HF) und Natriumfluorid (NaF) einerseits oder Ammoniak (NH$_3$) und Ammoniumchlorid (NH$_4$Cl) andererseits diskutiert werden. Betrachtet man die Säuredissoziationskonstante von HF (s. Gl. 1.37) und berücksichtigt man nun zusätzlich, dass der Term [F$^-$] aus der Menge an vollständig dissoziiertem NaF resultiert, so berechnet sich der pH-Wert einer solchen Lösung nach Gleichung 1.42.

Für ein Gemisch einer schwachen Base (NH$_3$) und einem Salz der Base (NH$_4$Cl) wird das Ammoniumion (NH$_4^+$) als *„Säure"* und die Base (NH$_3$) als *„konjugierte Base"* bezeichnet. Damit ergibt sich (Gl. 1.43) die so genannte **Henderson-Hasselbalch-Gleichung**, die es erlaubt, den pH-Wert einer Pufferlösung zu berechnen, bzw. die Zusammensetzung eines Puffergemisches zur Festlegung eines bestimmten pH-Wertes zu errechnen.

$$HF + H_2O \rightleftharpoons H_3O^{\oplus} + F^{\ominus}$$

$$K_S = \frac{[H_3O^{\oplus}][F^{\ominus}]}{[HF]} = [H_3O^{\oplus}] \times \frac{[F^{\ominus}]}{[HF]}$$

$$-\log K_S = -\log [H_3O^{\oplus}] - \log \frac{[F^{\ominus}]}{[HF]}$$

$$pK_S = pH - \log \frac{[F^{\ominus}]}{[HF]}$$

$$pH = pK_S + \log \frac{[F^{\ominus}]}{[HF]}$$

oder ganz allgemein: $pH = pK_S + \dfrac{[\text{Anion}^{\ominus}]}{[\text{Säure}]}$

(Gl. 1.42)

$$pH = pK_S + \log \frac{[\text{konjugierte Base}]}{[\text{Säure}]}$$

(Gl. 1.43)

**Pufferbereich, Pufferkapazität▸** Unter Pufferbereich versteht man den pH-Bereich, in dem eine Pufferlösung effizient zugegebene starke Säuren oder Basen neutralisiert. Aus Gleichung 1.43 ist leicht zu erkennen, dass es sich dabei um pH-Werte im Bereich $pK_S \pm 1$, also so, dass das Verhältnis von konjugierter Base/Säure zwischen 0.1 und 10 beträgt. Die Pufferkapazität, also die Menge an starker Säure bzw. Base die zur Pufferlösung *ohne* merkliche pH-Änderung zugegeben werden kann, ist im Allgemeinen am größten, wenn [konjugierte Base] = [Säure], also $pH = pK_S$, gegeben ist.

Ein wesentliches Merkmal des menschlichen Blutes ist sein pH-Wert von 7.4, da viele Enzyme ihre optimale Funktion bei einem genau definierten pH-Wert erreichen. Herzversagen, Diabetes, aber auch physische Überanstrengung führen zu einer Erniedrigung des pH-Wertes des Blutes, der so genannten *Azidose*, während eine Erhöhung des pH-Wertes, die so genannte *Alkalose*, u. a. bei Aufenthalt in großen Höhen auftritt.

Menschliches Blut weist eine hohe Pufferkapazität auf, wobei hier vor allem dem Verhältnis [$HCO_3^-$] zu [$CO_2$] eine wichtige Rolle zukommt.

**Indikatoren zur Bestimmung des pH-Wertes▶** Unter einem *Säure-Base-Indikator* versteht man ein Molekül, dessen Farbe vom pH-Wert der Lösung abhängt. Der Indikator existiert in zwei Formen, und zwar einerseits als schwache Säure (HIn), die in Lösung eine bestimmte Farbe aufweist, und als deren konjugierte Base (In⁻), die in Lösung eine andere Farbe aufweist. Wenn eine kleine Menge des Indikators der zu untersuchenden Lösung beigegeben wird, ändert sich der pH-Wert der Lösung praktisch nicht, dafür wird aber die Dissoziation des Indikators durch die gegebene $H_3O^+$-Ionenkonzentration nach Gleichung 1.44 beeinflusst. Die Lösung nimmt dann die Farbe der überwiegend vorhandenen Spezies an.

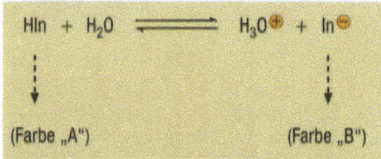

(Gl. 1.44)

Im Allgemeinen nimmt die Lösung die Farbe der „sauren Form" (HIn) an, wenn diese zu etwa 90 % vorliegt, bzw. die Farbe der konjugierten Base, wenn diese zu 90 % vorliegt. Nur wenn gerade beide Formen in etwa gleichen Mengen vorliegen, nimmt die Lösung eine Mischfarbe an. Der Farbumschlag findet in einem Bereich von etwa 2 pH-Einheiten, d.h. pH = $pK_{HI}$ ± 1 statt. So gesehen stellen solche Indikatoren eine nur sehr ungenaue Methode zur Bestimmung des pH-Wertes einer Lösung dar. Auf eine wesentlich präzisere Messmethode, in der die gemessene Spannung direkt in Beziehung zum pH-Wert der Lösung steht, wird in Kapitel 1.12 eingegangen.

**Titrationskurven, Neutralisation▶** Wie schon in Kapitel 1.10 erwähnt, lässt sich die Konzentration eines Ions in einer Lösung durch Zugabe einer kalibrierten Lösung eines geeigneten Gegen-Ions mit Hilfe eines Indikators, der den so genannten *Äquivalenzpunkt* anzeigt, bestimmen. Bei Säure-Basen-Reaktionen handelt es sich bei dem Äquivalenzpunkt um den pH-Wert, bei dem weder ein Überschuss an Säure noch an Base vorliegt. Am einfachsten wird dies bei der Titration einer starken Säure mit einer starken Base verständlich. Dabei wird zu einer Lösung, die einen unbekann-

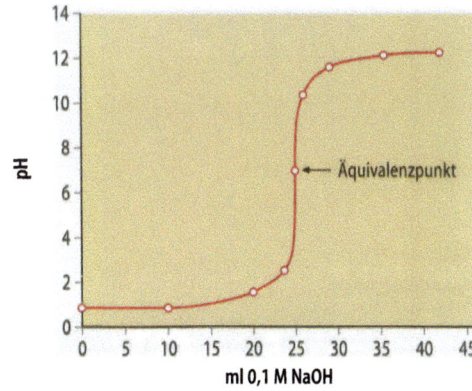

**Abb. 1.28.** Titrationskurve einer starken Säure (25 ml 0.1 M HCl) mit einer starken Base

ten Gehalt an HCl enthält, tropfenweise 0.1 M NaOH zugegeben, wobei gelegentlich der pH-Wert der Lösung gemessen wird. Nach Zugabe einer definierten Menge NaOH wird der Äquivalenzpunkt, in diesem Fall pH = 7.0, erreicht. Die komplette *Titrationskurve* für die Titration von z. B. 25.00 ml 0.1 M HCl mit 0.1 M NaOH ist in Abbildung 1.28 dargestellt.

Etwas anders sieht im Vergleich die Titrationskurve einer schwachen Säure, z. B. HF, mit einer starken Base aus (Abb. 1.29). So ist der anfängliche pH-Wert höher, weil die schwache Säure nur teilweise dissoziiert ist. Über einen längeren Bereich vor dem Äquivalenzpunkt ändert sich der pH-Wert kaum, da ein Puffergemisch vorliegt. Bei Zugabe der Hälfte der berechneten Menge an Base (Halbneutralisationspunkt) ist [HF] = [F$^-$]

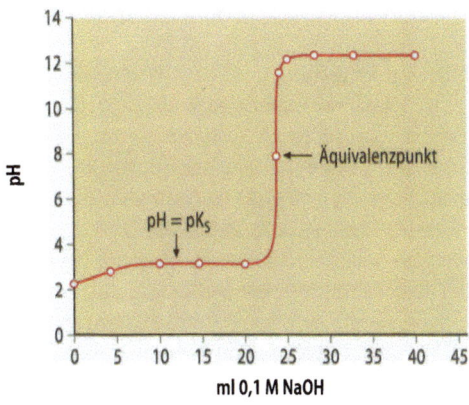

**Abb. 1.29.** Titration von 25 ml 0.1 M HF mit 0.1 M NaOH

**1.11 Säuren und Basen** | **59**

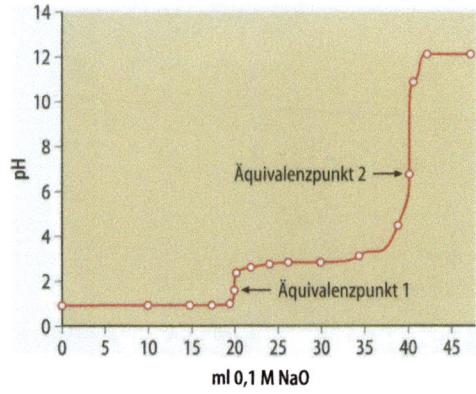

**Abb. 1.30.** Titration von 20.0 ml 0.1 M $H_2SO_4$ mit 0.1 M NaOH

und deshalb pH = $pK_S$. Der pH-Wert beim Äquivalenzpunkt ist größer als 7.0, da das Anion der Säure (die konjugierte Base) mit Wasser unter Bildung von Hydroxid-Ionen reagiert.

Ein eindeutiger Nachweis, dass mehrprotonige Säuren in einzelnen Schritten dissoziieren, ergibt sich aus der Titrationskurve einer solchen Verbindung mit einer starken Base. So findet man bei der Titration von Schwefelsäure mit NaOH das erwartete Bild (Abb. 1.30), dass gleiche Volumina an NaOH benötigt werden, um zuerst die starke Säure ($H_2SO_4$, $pK_S$ < 0) und dann die schwächere Säure ($HSO_4^-$, $pK_S$ = 2) zu neutralisieren.

Dementsprechend beobachtet man bei der Titration von Phosphorsäure ($H_3PO_4$) mit 1.0 M NaOH *drei* Äquivalenzpunkte, und zwar bei pH ≈ 4.5, 9.0 und 13.0. Daraus ergibt sich auch, dass eine 1.0 M wässrige Lösung von $Na_3PO_4$ stark basisch (pH ≈ 13) reagiert.

## Resümee

Nach der Definition von *Brönsted* sind Säuren „Protonendonatoren" und Basen „Protonenakzeptoren". Nach der Definition von *Lewis* handelt es sich bei Säuren um „Elektronenpaarakzeptoren" und bei Basen um „Elektronenpaardonatoren". Während dieses zweite Konzept u. a. bei Reaktionen von kohlenstoffhaltigen Verbindungen eine große Rolle spielt, ist in wässriger Lösung fast ausschließlich das erste Konzept von Bedeutung. Starke Säuren sind in Wasser vollständig, schwache Säuren nur teilweise dissoziiert. Die Konzentration an $H_3O^+$-Ionen wird durch den pH-Wert dargestellt.

Gemische schwacher Säuren und ihrer Salze stellen Pufferlösungen dar, wobei der Pufferbereich vom $pK_S$-Wert der Säure abhängt. Säure-Basen-Indikatoren sind selbst schwache Säuren, deren konjugierte Base eine andere Farbe als die Säure selbst aufweist. Eine Säure-Basen-Titrationskurve ist ein Diagramm, in dem der pH-Wert der Lösung als Funktion der zugegebenen Basenmenge aufgetragen wird.

## 1.12 Elektronentransferreaktionen, Elektrochemie

**Lernziele**

- Oxidationsstufen
- Oxidation und Reduktion (Redoxreaktionen)
- Elektrodenpotential
- EMK (elektromotorische Kraft)
- Standardelektrodenpotential (Spannungsreihe)
- Standardwasserstoffelektrode
- Nernst'sche Gleichung
- Glaselektrode (pH-Meter)

**Oxidationsstufe▶** Unter dem Begriff Oxidationsstufe (oder auch Oxidationszahl) versteht man die Zahl der Elektronen, die ein Atom dazugewinnt, abgibt oder nützt, wenn es sich mit einem anderen Atom (bzw. mehreren Atomen) zu einem Molekül verbindet. So entsteht Natriumchlorid (NaCl) aus den Elementen Natrium und Chlor, wobei das Na-Atom ein Elektron abgibt und das Cl-Atom ein Elektron aufnimmt. Somit liegt Na in NaCl in der Oxidationsstufe + 1 und Cl in der Oxidationsstufe − 1 vor (Gl. 1.45).

$$Na^{\bullet} + :\!\overset{\bullet\bullet}{\underset{\bullet\bullet}{Cl}}\!\bullet \longrightarrow \overset{+1}{Na}\!\oplus\overset{-1}{Cl}\!\ominus$$

(Gl. 1.45)

Im Magnesiumchlorid ($MgCl_2$) überträgt das Mg-Atom je ein Elektron – also insgesamt zwei Elektronen – an jedes Cl-Atom. Somit liegt in $MgCl_2$ das Mg in der Oxidationsstufe + 2, jedes Cl wiederum in der Oxidationsstufe − 1 vor. *Die Summe der Oxidationsstufen aller Atome (Ionen) in einem Molekül beträgt immer = 0.*

In molekularem Chlor ($Cl_2$) sind beide Cl-Atome identisch und müssen daher auch dieselbe Oxidationsstufe aufweisen. Da die Summe der

Oxidationsstufen im Molekül null beträgt, ergibt sich für jedes der beiden Cl-Atome ebenfalls Oxidationsstufe „null".

In Wasser ($H_2O$) wird dem elektropositiveren H-Atom willkürlich die Oxidationsstufe +1 zugewiesen, womit dann das O-Atom in $H_2O$ die Oxidationsstufe −2 aufweist.

Aus diesen wenigen Beispielen wird ersichtlich, dass es für die Zuordnung von Oxidationsstufen notwendig ist, Regeln zu formulieren. Die folgenden fünf Regeln reichen im Allgemeinen für eine eindeutige Zuordnung aus. Wenn sich – was durchaus vorkommt – für gewisse Moleküle zwei dieser Regeln widersprechen, so gilt immer die hier zuerst aufgeführte:

▶ Die Oxidationsstufe von Atomen im Element (Atom/Molekül) ist immer null.
▶ Die Summe der Oxidationsstufen aller Atome in einem Molekül ist null. Für Ionen entspricht die Oxidationsstufe der Gesamtladung des Ions sowohl im Vorzeichen wie in der Größe.
▶ In Verbindungen der Alkalimetalle (Gruppe 1, Li, Na, K, usw.) haben diese die Oxidationsstufe +1, in Verbindungen der Erdalkalimetalle (Gruppe 2, Mg, Ca, usw.) die Oxidationsstufe +2.
▶ Wasserstoff (H) hat in Verbindungen die Oxidationsstufe +1, Fluor (F) −1.
▶ Sauerstoff hat in Verbindungen die Oxidationsstufe −2.

**Redoxreaktionen (Elektronentransferreaktionen)**▶ Hier handelt es sich um Reaktionen, durch die Veränderungen von Oxidationsstufen von Ionen bzw. von Atomen in Molekülen hervorgerufen werden. So entsteht bei der Stahlherstellung (Gl. 1.46) aus Eisenoxid ($Fe_2O_3$) und Kohlenmonoxid (CO) metallisches Eisen (Fe) und Kohlendioxid ($CO_2$). Dabei verändert sich die Oxidationsstufe des Fe von +3 auf null und die von C von +2 auf +4. Die Verringerung der Oxidationsstufe wird als *reduktiver Prozess*, die Erhöhung als *oxidativer Prozess* bezeichnet.

$$\overset{+3}{Fe_2O_3} + \overset{+2}{3CO} \longrightarrow \overset{0}{2Fe} + \overset{+4}{3CO_2}$$

(alle O-Atome: Oxidationsstufe = −2)

(Gl. 1.46)

Bei Zugabe von (metallischem) Zink (Zn) zu einer Lösung von Kupfersulfat ($CuSO_4$) bildet sich metallisches Kupfer (Cu) und Zinksulfat ($ZnSO_4$). Die Gesamtreaktion (Gl. 1.47) kann in zwei einzelnen Teilschritten, der *Oxidation* von metallischem Zink zu $Zn^{2+}$, und der *Reduktion* von $Cu^{2+}$ zu metallischem Cu, betrachtet werden. Bei der *Oxidation* werden *Elektronen abgegeben* (sie stehen auf der *rechten* Seite der Reaktionsgleichung) und bei der *Reduktion* werden *Elektronen aufgenommen* (sie stehen auf der *linken* Seite der Reaktionsgleichung).

$$Zn \longrightarrow Zn^{2+} + 2e^- \quad \text{(Oxidation)}$$
$$Cu^{2+} + 2e^- \longrightarrow Cu \quad \text{(Reduktion)}$$
$$\overline{Zn + Cu^{2+} \longrightarrow Zn^{2+} + Cu} \quad \text{Redox-Reaktion}$$

(Gl. 1.47)

Die Oxidationsstufe des Zinks verändert sich dabei von 0 auf +2, die des Kupfers von +2 nach 0. Die Gesamtzahl der Elektronen einer solchen Redoxreaktion muss für jeden der beiden Teilschritte (im obigen Beispiel sind es je 2) *gleich* sein.

**Oxidations- und Reduktionsmittel ▶** Viele Elemente können, je nach der Verbindung in der sie vorliegen, in verschiedenen Oxidationsstufen auftreten, so z. B. Stickstoff (N), dem in der Salpetersäure ($HNO_3$) die Oxidationsstufe +5, im Ammoniak ($NH_3$) hingegen die Oxidationsstufe −3 zukommt, oder Kohlenstoff (C), der in Kohlendioxid die Oxidationsstufe +4, in Methan ($CH_4$) hingegen die Oxidationsstufe −4 aufweist. Ganz allgemein bezeichnet man Verbindungen, in denen ein solches Element in seiner höchstmöglichen Oxidationsstufe vorliegt, als *Oxidationsmittel*, solche, in denen es in seiner tiefstmöglichen Oxidationsstufe vorliegt, als *Reduktionsmittel*. Von biologischer Relevanz ist die *Photosynthese* (s. Kap. 3.5), bei der mit Hilfe von Sonnenlicht Kohlendioxid ($CO_2$) zu komplexeren kohlenstoffhaltigen Verbindungen reduziert, und gleichzeitig Wasser zu molekularem Sauerstoff ($O_2$) oxidiert wird. Im Folgenden sollen Überlegungen angestellt werden, warum z. B. metallisches Zink Kupfer-Ionen *reduziert*, aber die umgekehrte Reaktion, nämlich dass metallisches Kupfer Zink-Ionen reduziert, *nicht* stattfindet.

**Elektrodenpotential ▶** Unter einer *Halbzelle* versteht man eine Lösung, die Metall-Ionen (Metall $^{n+}$) enthält und in die gleichzeitig ein Streifen desselben Metalls (Metall $^0$) eingetaucht wird. Dabei stellt sich (Gl. 1.48) ein Redoxgleichgewicht ein.

$$\text{Metall}^0 \underset{\text{Reduktion}}{\overset{\text{Oxidation}}{\rightleftarrows}} \text{Metall}^{n+} + ne^-$$

(Gl. 1.48)

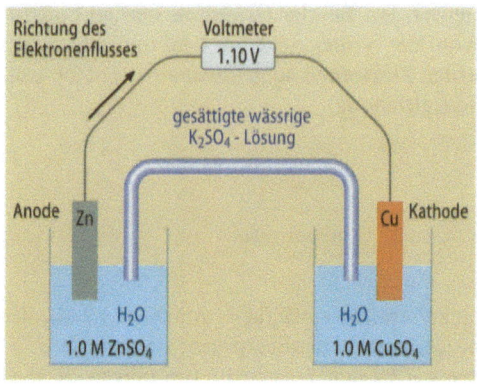

**Abb. 1.31.** Eine elektrochemische Zelle bestehend aus je einer Zn/Zn$^{2+}$- und einer Cu/Cu$^{2+}$-Halbzelle

Eine quantitative Aussage über *ein* solches Redoxgleichgewicht, dem *Elektrodenpotential*, ist *nicht* möglich, allerdings kann man zwei verschiedene solche Halbzellen zu einer elektrochemischen Zelle verbinden, indem die Metallstreifen mit einem (leitenden) Draht und die Lösungen mit einer „Salzbrücke" verbunden werden. Auf diesem Weg ist es möglich, *Potentialdifferenzen* zu bestimmen. Dazu wird der Elektronenfluss zwischen den Metallstreifen mit einem Voltmeter gemessen (👁 Abb. 1.31), wobei die *Anode* die Elektrode ist, an der der Oxidationsprozess, die *Kathode* diejenige, an der der Reduktionsprozess stattfindet (Gl. 1.49).

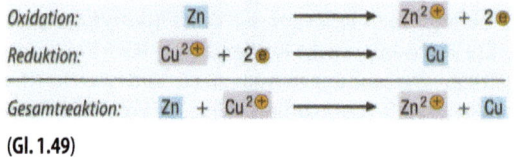

(Gl. 1.49)

Die mittels des Voltmeters abgelesene Spannung, in diesem Fall 1.1 V, entspricht der Potentialdifferenz zwischen den beiden Halbzellen. Man bezeichnet diese Potentialdifferenz auch als EMK *(elektromotorische Kraft)* der Zelle.

**Standardelektrodenpotential▶** Wie gerade besprochen, ist es zwar nicht möglich, einzelne Elektrodenpotentiale zu bestimmen, wohl aber Potentialdifferenzen zwischen zwei Halbzellen zu messen. Um dennoch eine Kalibrierung einzelner Halbzellen vor jeder Messung zu vermeiden, definiert man willkürlich ein bestimmtes Elektrodenpotential als = 0 V und setzt alle anderen Elektrodenpotentiale in Bezug zu dieser *Referenzelektrode*. Dabei handelt es sich um die *Standardwasserstoffelektrode* (SHE), die ein Gleichgewicht zwischen einer 1 M Lösung von $H_3O^+$-Ionen und Wasserstoffgas ($H_2$) bei 1 Atm Druck auf einer Platinoberfläche (Pt) angibt (Gl. 1.50).

$$2H^+ + 2e^- \underset{}{\overset{auf\ Pt}{\rightleftharpoons}} H_2 \qquad E_0 = 0.0\ V$$

(Gl. 1.50)

Das *Standardelektrodenpotential* (E°) gibt die Tendenz für einen *Reduktionsprozess* in Vergleich zur SHE an. So beobachtet man bei der Verknüpfung einer Cu/Cu$^{2+}$-Halbzelle mit einer SHE, wie in ● Abbildung 1.31, dass die Elektronen von $H_2$ zu Cu fließen, wobei das Voltmeter eine Spannung von 0.337 V anzeigt. Kupfer ist also *leichter* reduzierbar als Wasserstoff (Gl. 1.51) und deshalb wird das Standardelektrodenpotential für die Reduktion von Kupfer-Ionen mit einem *positiven* Wert, $E°_{Cu^{2+}/Cu}$ = + 0.337 V, angegeben.

$$H_2 + Cu^{2+} \longrightarrow 2H^+ + Cu$$

(Gl. 1.51)

Führt man einen analogen Versuch durch, wobei man eine Zn/Zn$^{2+}$-Halbzelle mit einer SHE verbindet, dann beobachtet man, dass der Elektronenfluss umgekehrt, also von Zn zu $H_2$ stattfindet und dass das Voltmeter eine Spannung von 0.763 V anzeigt. Zink ist also *schwerer* zu reduzieren als Wasserstoff (Gl. 1.52) und deshalb wird das Standardelektrodenpotential für die Reduktion von Zink-Ionen mit einem *negativen* Wert, $E°_{Zn^{2+}/Zn}$ = −0.763 V, angegeben.

$$Zn + 2H^+ \longrightarrow Zn^{2+} + H_2$$

(Gl. 1.52)

Diese beiden Beobachtungen bestätigen das Ergebnis aus Gleichung 1.49, dass nämlich Kupfer-Ionen durch metallisches Zink *reduziert* werden, und dass das Standardzellenpotential ($E°_{Zelle}$) der Cu/Zn-Zelle der Differenz der Standardpotentiale, also 0.337 − (−0.763) = 1.10 V entspricht. In Tabelle 1.10 sind einige ausgewählte Standardelektrodenpotentiale für Reduktionen angegeben. Dabei handelt es sich bei den Elementen mit (hohen) positiven E°-Werten um *starke Oxidationsmittel*, bei denen mit (hohen) negativen E°-Werten um *starke Reduktionsmittel*.

**Tabelle 1.10.** Ausgewählte Standardelektrodenpotentiale bei 25° („Spannungsreihe" der Elemente)

| | E° (in V) |
|---|---|
| $F_2 + 2e \longrightarrow 2F^{\ominus}$ | +2.866 |
| $O_3 + 2H^{\oplus} + 2e \longrightarrow O_2 + H_2O$ | +2.075 |
| $Cl_2 + 2e \longrightarrow 2Cl^{\ominus}$ | +1.455 |
| $Ag^{\oplus} + e \longrightarrow Ag$ | +0.800 |
| $Fe^{3\oplus} + e \longrightarrow Fe^{2\oplus}$ | +0.771 |
| $Cu^{2\oplus} + 2e \longrightarrow Cu$ | +0.337 |
| $2H^{\oplus} + 2e \longrightarrow H_2$ | 0.000 |
| $Zn^{2\oplus} + 2e \longrightarrow Zn$ | −0.763 |
| $Na^{\oplus} + e \longrightarrow Na$ | −2.713 |

**Spontane Veränderungen in Redoxreaktionen▶** Bei der Diskussion von chemischen Gleichgewichten (s. Kap. 1.8) wurde festgestellt, dass das wesentliche Kriterium für eine *spontan* ablaufende Reaktion ein negativer Wert der *Gibbs'schen freien Energie*, also $\Delta G < 0$, ist. Für Elektronentransferreaktionen muss demnach ein Zusammenhang zwischen dieser Größe und dem Elektrodenpotential definiert werden. Wenn eine Reaktion in einer elektrochemischen Zelle abläuft, wird Arbeit, und zwar der Transfer von elektrischer Ladung, geleistet. Die Gesamtarbeit (Gl. 1.53) hängt dabei ab von

▶ der EMK (Spannung) der Zelle,
▶ der Zahl (n) der Elektronen/Mol, die transferiert werden und
▶ der elektrischen Ladung pro Mol Elektronen, die auch *Faraday'sche Konstante* (F = 96 485 Coulomb/Mol) genannt wird.

$$\Delta G^0 = -nFE^0_{Zelle}$$

(Gl. 1.53)

Somit ergibt sich, dass nur für eine Zelle worin E > 0 ist, die Reaktion freiwillig, d. h. spontan, ablaufen kann. Das wiederum bedeutet u. a., dass nur Metalle, die in der Spannungsreihe (Tabelle 1.10) ein negatives Standardreduktionspotential aufweisen, mit **Brönsted-Säuren**, wie z. B. wässriger HCl, unter Bildung der entsprechenden Metallsalze und Wasserstoff (Gl. 1.54) reagieren.

Rein qualitativ unterscheidet man einerseits „unedle" Metalle, so z. B. Zn, die Alkali- und Erdalkalimetalle, und andererseits „edle" Metalle, d. h. solche mit einem *positiven Standardreduktionspotential*, wie z. B. Gold, Silber oder Kupfer. Diese „edlen" Metalle lösen sich in Salzsäure *nicht*.

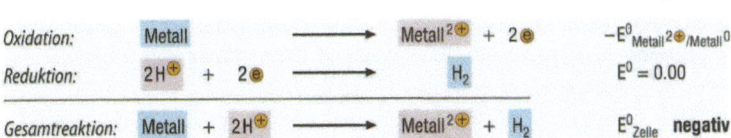

| | | | | | $E^0$ |
|---|---|---|---|---|---|
| Oxidation: | Metall | ⟶ | Metall²⊕ + 2⊖ | | $-E^0_{Metall^{2+}/Metall^0}$ |
| Reduktion: | 2H⊕ + 2⊖ | ⟶ | H₂ | | $E^0 = 0.00$ |
| Gesamtreaktion: | Metall + 2H⊕ | ⟶ | Metall²⊕ + H₂ | | $E^0_{Zelle}$ **negativ** |

(Gl. 1.54. Die spontane Reaktion eines „unedlen" Metalls mit einer wässrigen Säure)

**Nernst'sche Gleichung; Konzentrationszellen ▶** Das Standardreduktionspotential einer elektrochemischen Zelle korreliert nicht nur mit Gibbs' freier Standardenergie ($\Delta G°$), sondern entsprechend (s. Gl. 1.17) auch mit der Gleichgewichtskonstanten (K) für die entsprechende Reaktion (Gl. 1.55).

$$\Delta G° = -RT \ln K = nFE^0_{Zelle}$$

$$E^0_{Zelle} = \frac{RT}{nF} \ln K$$

bei 25 °C (298 K): $\quad E^0_{Zelle} = \dfrac{0.0592}{n} \log K$

(Gl. 1.55)

Standardreduktionspotentiale ($E°_{Metall^{2+}/Metall}$) sind für Halbzellen definiert, in denen die Konzentration des Metall-Ions genau 1.0 M beträgt. Kombiniert man zwei Halbzellen, die entweder höhere oder auch geringere Konzentrationen an einem oder an beiden Metall-Ionen aufweisen, so beobachtet man eine Abweichung der gemessenen Potentialdifferenz ($E_{Zelle}$) von der Standardpotentialdifferenz ($E°_{Zelle}$). Wie aus 👁 Abbil-

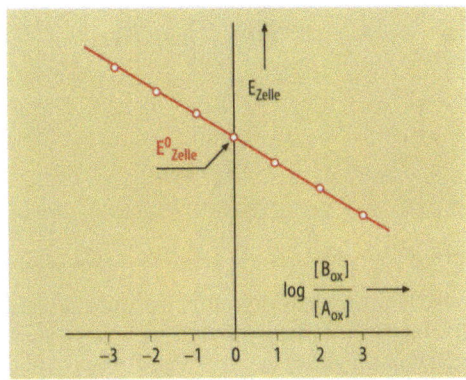

**Abb. 1.32.** Variation von $E_{Zelle}$ mit der Ionenkonzentration

**1.12 Elektronentransferreaktionen, Elektrochemie**

dung 1.32 zu ersehen, besteht eine lineare Abhängigkeit zwischen der gemessenen Spannung ($E_{Zelle}$) und dem Logarithmus des Konzentrationsverhältnisses $[B_{ox}]/[A_{ox}]$ nach Gleichung 1.56 *(Nernst'sche Gleichung)*.

$$A_{ox} + B_{red} \longrightarrow A_{red} + B_{ox}$$

$$K = \frac{[A_{red}][B_{ox}]}{[A_{ox}][B_{red}]}$$

wenn $B_{red}$ und $A_{red}$ jeweils ein Metall (Oxidationsstufe = 0)

darstellen und: $\quad K = \dfrac{[B_{ox}]}{[A_{ox}]}$

$$E_{Zelle} = E^0_{Zelle} - \frac{0.0592}{n} \log \frac{[B_{ox}]}{[A_{ox}]}$$

(Gl. 1.56)

**Konzentrationszellen▶** Kombiniert man zwei Halbzellen desselben Elementes/Ions miteinander, die sich nur in der Ionenkonzentration unterscheiden, so resultiert daraus wiederum eine Zelle, deren Potentialdifferenz ($E_{Zelle}$) nach Gleichung 1.57 nun ausschließlich vom Ionenkonzentrationsverhältnis abhängt, da die Standardpotentialdifferenz ($E^0_{Zelle}$) gleich null ist. Als Beispiel wird dies an einer Zelle diskutiert, die aus zwei Wasserstoffelektroden besteht, von denen es sich bei der einen um eine SHE (Standardwasserstoffelektrode) handelt.

| *Oxidation:* | $H_2$ (Pt) | $\longrightarrow$ | $2H^+$ (xM) $+ 2e^-$ | |
|---|---|---|---|---|
| *Reduktion* | $2H^+$ (1 M) $+ 2e^-$ | $\longrightarrow$ | $H_2$ (Pt) | (SHE) |
| *Gesamtreaktion:* | $2H^+$ (1 M) | $\longrightarrow$ | $2H^+$ (xM) | |

$$E_{Zelle} = (E^0_{Zelle} = 0) - \frac{0.0592}{2} \log \frac{[x]^2}{[1]^2} = -0.0592 \log [x]$$

(Gl. 1.57)

Da nun aber der Wert [x] der $H^+$-Ionenkonzentration der unbekannten Lösung entspricht und weil $-\log [H^+] = pH$, vereinfacht sich das gemessene Zellenpotential nach Gleichung 1.58 zu:

$$E_{Zelle} = 0.0592\, pH$$

(Gl. 1.58)

Aus Gleichung 1.58 wird ersichtlich, dass es möglich ist, durch Messung des Zellenpotentials solcher Wasserstoffkonzentrationszellen *direkt* den pH-Wert einer Lösung zu bestimmen. Da die Handhabung einer SHE nicht einfach ist (der $H_2$-Druck, muss dabei genau 1 Atm betragen), wird in Geräten zur pH-Wert-Bestimmung *(pH-Meter)* als Referenzelektrode eine *Glaselektrode* verwendet. Diese besteht aus einer dünnen Glasmembran, die eine Ag/AgCl-Elektrode enthält, welche in eine wässrige HCl-Lösung eintaucht. Das gemessene Zellenpotential – dieses resultiert aus der Wanderung von $H^+$-Ionen durch die Membran – ist dann nur von der $H^+$-Ionenkonzentration der (unbekannten) Lösung abhängig.

## Resümee

Bei Redoxreaktionen (Elektronentransferreaktionen) tritt eine Veränderung der Oxidationsstufe von Atomen in Molekülen auf. Eine Zunahme der Oxidationsstufe wird als Oxidation, eine Abnahme als Reduktion bezeichnet.

Eine elektrochemische Zelle besteht aus zwei Halbzellen. Die Reaktion in einer solchen Zelle beinhaltet Oxidation (an der Anode) und Reduktion (an der Kathode). Die sich ergebende Potentialdifferenz entspricht der Spannung der Zelle ($E_{Zelle}$). Für $E_{Zelle} > 0$ läuft die Reaktion spontan ab. Standardelektrodenpotentiale werden auf die SHE (Standardwasserstoffelektrode, $E° = 0.0$ Volt) bezogen. Die *Nernst'sche Gleichung* setzt die Zellenspannung mit den Standardelektrodenpotentialen, der Anzahl der übertragenen Elektronen und der Konzentration der jeweiligen Ionen in Beziehung.

## 1.13 Koordinationsverbindungen

### Lernziele

- Metallkomplexe
- Gesamtladung
- Koordinationszahl
- Liganden
- Chelatkomplexe
- Stabilität von Metallkomplexen
- Ligandenaustauschreaktionen
- Kryptate

Unter einem *Komplex-Ion* versteht man ein aus mehreren Atomen bestehendes Ion (Kation oder Anion), welches aus einem Zentral-Ion besteht, an das andere Gruppen (Moleküle oder Ionen) gebunden sind. Verbindungen, die solche Komplex-Ionen enthalten, bezeichnet man als *Koordinationsverbindungen*. Die folgenden drei Formeln (● Abb. 1.33) beschreiben eine Reihe von drei Koordinationsverbindungen, die aus Kobalt(III)chlorid ($CoCl_3$) und Ammoniak zusammengesetzt sind. Der formale „Aufbau" einer Koordinationsverbindung ergibt sich aus dem Schema. Die Zahl der (einzelnen) Liganden, die das Zentral-Ion an sich binden kann, bezeichnet man als *Koordinationszahl*. Die Zahl n gibt die Gesamtladungszahl des Ions an. Sie beträgt für den ersten Komplex „+3", für den zweiten „+2" und für den dritten „+1".

Alle drei angegebenen Verbindungen reagieren mit $Ag^+$-Ionen unter Bildung von schwer löslichem Silberchlorid (AgCl), allerdings erhält man aus der ersten Verbindung *drei* Mol AgCl/Mol Komplex, aus der zweiten

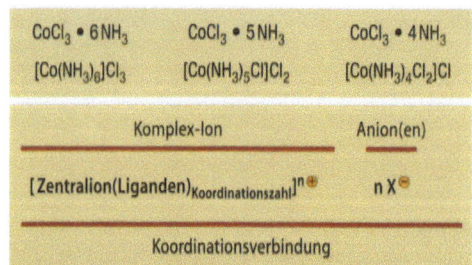

**Abb. 1.33.** Beispiele und Beschreibung von Koordinationsverbindungen

*zwei* und aus der dritten nur *ein* Mol AgCl pro Mol Ausgangsverbindung. Dies erklärt sich durch die Tatsache, dass in der ersten Verbindung das Kobalt-Ion *(Zentral-Ion)* von sechs Ammoniakmolekülen *(Liganden)*, in der zweiten von fünf Ammoniakmolekülen und einem Chlorid-Ion und in der dritten von vier Ammoniakmolekülen und zwei Chlorid-Ionen umgeben ist, so dass nur die „freien Chlorid-Ionen" (drei, zwei bzw. eins) mit $Ag^+$-Ionen reagieren.

Wie in Kapitel 1.9 diskutiert, ist Silberchlorid in Wasser sehr schlecht löslich, weil es ein entsprechend geringes *Löslichkeitsprodukt* ($K_{LP}$ = $1.8 \times 10^{-10}$) aufweist. Wenn zu einem solchen Niederschlag von AgCl eine wässrige Ammoniaklösung zugegeben wird, löst sich das AgCl unter Bildung einer Koordinationsverbindung (Gl. 1.59) auf.

$$AgCl + 2NH_3 \longrightarrow [Ag(NH_3)_2]^{\oplus} Cl^{\ominus}$$

(Gl. 1.59)

Die Bildung des Komplex-Ions $[Ag(NH_3)_2]^+$ beinhaltet zwei gekoppelte Gleichgewichtsreaktionen; die Stabilität des Komplexes wird dabei durch die Komplexbildungskonstante ($K_{KB}$), d. h. der Assoziation des freien Ions an den Liganden, dargestellt (Gl. 1.60).

$$AgCl \rightleftharpoons Ag^{\oplus} + Cl^{\ominus}$$
$$Ag^{\oplus} + 2NH_3 \rightleftharpoons [Ag(NH_3)_2]^{\oplus}$$

$$K_{KB} = \frac{[[Ag(NH_3)_2]^{\oplus}]}{[Ag^{\oplus}][NH_3]^2} = 1{,}6 \times 10^7$$

(Gl. 1.60)

Stabile Komplexe sind durch entsprechend große Werte von $K_{KB}$ gekennzeichnet; so entspricht der Bildung von $[Co(NH_3)_6]^{3+}$ aus $Co^{3+}$ + 6 $NH_3$ die Komplexbildungskonstante $K_{KB} = 4.5 \times 10^{33}$, der von $[Zn(NH_3)_4]^{2+}$ aus $Zn^{2+}$ + 4 $NH_3$ hingegen $K_{KB} = 4.1 \times 10^8$.

**Struktur von Komplex-Ionen▶** Typische Koordinationszahlen für einige ausgewählte Metall-Ionen sind: 2 für $Ag^+$ und $Cu^+$; 4 für $Zn^{2+}$, $Ni^{2+}$ und $Cu^{2+}$; 6 für $Co^{3+}$, $Fe^{2+}$ und $Fe^{3+}$. Die räumliche Anordnung der Liganden um das Zentral-Ion folgt den allgemeinen Prinzipien, die in Kapitel 1.5 für mehratomige Moleküle vorgestellt wurden. So sind alle Komplexe mit Koordinationszahl 2 *linear* angeordnet, solche mit der Koordinationszahl

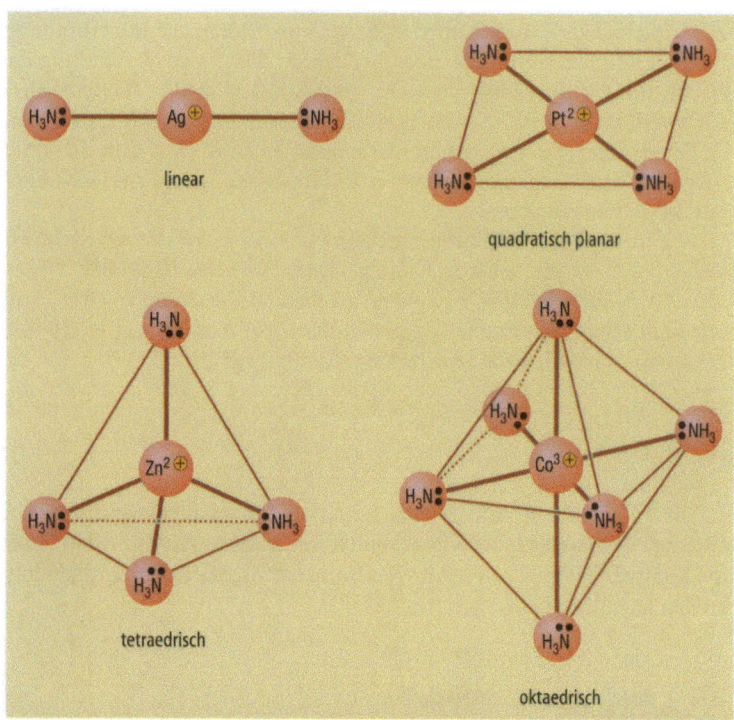

**Abb. 1.34.** Struktur von Koordinationsverbindungen mit Komplex-Ionen der Koordinationszahl 2, 4 und 6

4 meistens *tetraedrisch* angeordnet (in wenigen Fällen weisen solche Komplex-Ionen einen *quadratisch-planaren Bau* auf), während in Komplex-Ionen mit der Koordinationszahl 6 die Liganden *oktaedrisch* angeordnet sind ( Abb. 1.34).

**Liganden▶** Darunter versteht man ein Molekül oder Anion, das in der Lage ist, ein Elektronenpaar an das zentrale Metall-Ion abzugeben, also nach Kapitel 1.11 eine *Lewis-Base*. Dementsprechend handelt es sich bei dem Metall-Ion um eine *Lewis-Säure*, da es einen Elektronenpaarakzeptor darstellt. Liganden, die nur ein freies Elektronenpaar zur Verfügung stellen können, nennt man *einzähnige Liganden*. Beispiele hierfür sind in Tabelle 1.11 zusammengefasst. Das $[Co(NH_3)_6]^{3+}$-Ion wird demnach Hexaamminkobalt(III)-Ion genannt.

**Tabelle 1.11.** Einige häufig vorkommende einzähnige Liganden

| Neutrale Moleküle | | Anionen | |
|---|---|---|---|
| Formel | Name als Ligand | Formel | Name als Ligand |
| $H_2O$ | aqua | $Cl^-$ | chloro |
| $NH_3$ | ammin | $HO^-$ | hydroxo |
| $CO$ | carbonyl | $CN^-$ | cyano |

Es gibt auch Liganden, die über mehrere Atome im Molekül – und dementsprechend auch über mehrere freie Elektronenpaare – an das Zentral-Ion koordinieren können. Diese werden *zweizähnige* oder auch *mehrzähnige Liganden*, die mit dem Metall-Ion daraus resultierende Verbindung *Chelatkomplex* genannt. Beispiele für solche mehrzähnigen Liganden sind in Abbildung 1.35 aufgeführt. Erwähnenswert ist, dass die Komplexbildungskonstanten ($K_{KB}$) von Metall-Ionen mit mehrzähnigen Liganden erheblich höhere Werte aufweisen, als solche mit einzähnigen Liganden. Für die Koordination von sechs Ammoniakmolekülen an $Ni^{2+}$ ist $K_{KB} = 5.3 \times 10^8$, für die Koordination von drei Ethylendiaminmolekülen an dasselbe Kation ist $K_{KB} = 1.1 \times 10^{18}$ und für die Koordinierung eines Moleküls EDTA schließlich ist $K_{KB} = 4.2 \times 10^{18}$.

Ein wichtiger Mg-Porphyrinkomplex ist das *Chlorophyll*, eine in Blättern vorkommende, grüne Verbindung, die bei der Photosynthese, d. h. der durch Sonnenlicht induzierten mehrstufigen Redoxreaktion, bei der

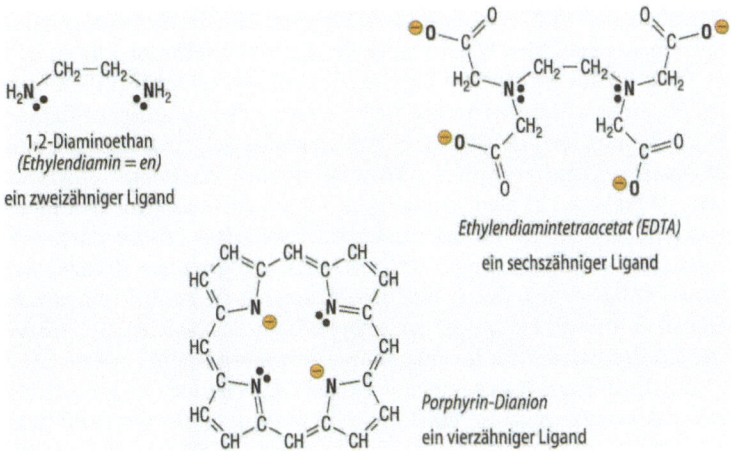

**Abb. 1.35.** Typische mehrzähnige Liganden, die mit Metall-Ionen Chelatkomplexe bilden

**1.13 Koordinationsverbindungen**

$CO_2$ zu höhermolekularen C-Verbindungen reduziert, und $H_2O$ zu $O_2$ oxidiert wird, eine essentielle Rolle spielt.

**Ligandenaustauschreaktionen**▸ Wenn zu einer wässrigen Lösung von Kupfersulfat ($CuSO_4$) Ammoniak hinzugegeben wird, beobachtet man eine Farbveränderung von leicht hellblau zu einem intensiven tiefblau. Diese Veränderung resultiert aus dem Austausch der and das $Cu^{2+}$-Ion koordinierten Wassermoleküle durch Ammoniakmoleküle (Gl. 1.61).

$$[Cu(H_2O)_4]^{2+} + 4NH_3 \longrightarrow [Cu(NH_3)_4]^{2+} + 4H_2O$$
**(Gl. 1.61)**

Die Reaktion läuft in der angegebenen Richtung ab, weil die Komplexbildungskonstante ($K_{KB}$) für die Koordinierung der (stärkeren) *Lewis-Base* $NH_3$ an $Cu^{2+}$ einen höheren Wert aufweist, als die der (schwächeren) Lewis-Base $H_2O$ an dasselbe Ion. Dies gilt für alle Ligandenaustauschreaktionen. Demzufolge verdrängen im Allgemeinen mehrzähnige Liganden, wie z. B. Ethylendiamin, einzähnige Liganden, wie z. B. Ammoniak. Die erhöhte Stabilisierung von Metall-Ionen durch solche mehrkernigen Liganden bezeichnet man auch als den *Chelat-Effekt*.

**Kryptate**▸ Alkalimetall-Ionen wie $Na^+$ oder $K^+$ liegen in wässriger Lösung erwartungsgemäß „hydratisiert" vor, d. h. z. B., dass jedes Kation von mehreren Lösungsmittelmolekülen (der *Solvathülle*) umgeben ist. Man unterscheidet dabei zum einen die innerste Hydrathülle, die für beide genannten Ionen genau vier Wassermoleküle (Koordinationszahl = 4) enthält. Darüber hinaus wirken aber die elektrostatischen Kräfte über diese erste Sphäre hinaus, so dass sich zusätzliche Wassermoleküle anlagern können. Diese Hydratation bewirkt aber gleichzeitig, dass sich diese Kationen zwar in Wasser sehr gut, in unpolaren Lösungsmitteln wie in einem Kohlenwasserstoff (s. Kap. 2.2) aber kaum lösen (im Organismus stellt sich dieses Problem bei dem Ionentransport aus einer wässrigen Lösung durch eine Fettschicht). Cyclische Polyether (s. Kap. 2.6), so genannte *Kronenether*, können Alkali-Ionen durch Wechselwirkung der freien Elektronenpaare an den O-Atomen besonders gut komplexieren. Solche (freien) Liganden werden *Kryptanden*, die Ionenkomplexe *Kryptate* genannt (👁 Abb. 1.36).

Im Organismus übernehmen cyclische Oligopeptide (s. Kap. 3.4), wie z. B. das Valinomycin, die Rolle des Kryptanden; dieses aus zwölf Aminosäuren zusammengesetzte Molekül transportiert $K^+$-Ionen (aber nicht $Na^+$-Ionen) durch Zellmembranen. Durch die variable Ringgröße des

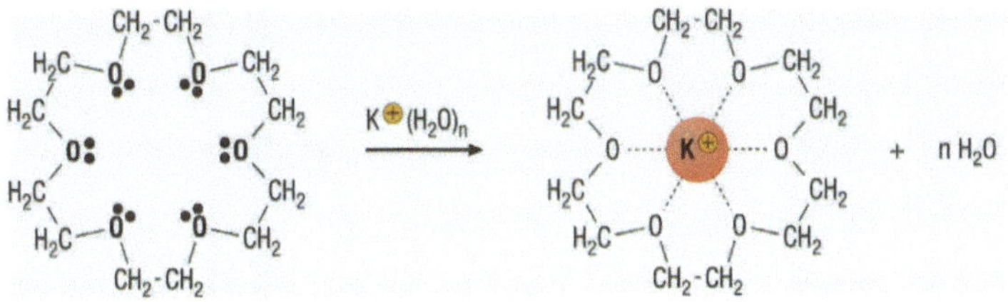

1,4,7,10,13,16-Hexaoxacyclooctadecan
*18-Krone-6*

(ein Kryptand)   (ein Kryptat)

**Abb. 1.36.** Komplexierung von K$^+$ durch einen Kronenether

Kryptanden ergibt sich somit eine Ionenselektivität, d. h. kleinere Kryptanden komplexieren Kationen mit kleinem Ionenradius, während solche mit mehr Atomen im Ring Ionen mit größerem Ionenradius komplexieren.

### Resümee

Viele Metall-Ionen bilden mit Elektronenpaardonatoren (Liganden) Komplex-Ionen.

Mehrzähnige Liganden können mit mehreren Zentren an ein Metall-Ion unter Bildung eines Chelatkomplexes koordinieren. Die räumliche Struktur solcher Komplex-Ionen hängt von der Koordinationszahl des Metall-Ions ab; demzufolge bilden sich lineare, tetraedrische oder auch oktaedrische Strukturen aus. Der Wert der Bildungskonstanten eines Komplex-Ions ($K_{KB}$) spiegelt die Stabilität desselben wider. Die Bildung von Komplex-Ionen erlaubt die Stabilisierung ungewöhnlicher Oxidationsstufen (z. B. Co$^{3+}$), die Auflösung schwer löslicher Verbindungen (z. B. AgCl durch Zugabe von NH$_3$) oder aber den Transport von Kationen (K$^+$) durch Zellmembranen.

# Chemie der Kohlenstoffverbindungen

## 2.1 Warum Kohlenstoff?

Der Beginn der menschlichen Evolution erinnert an einen Wettbewerb, für den einige wenige *monomolekulare Bauteile* für eine nicht zu große Zahl unterschiedlicher *Makromoleküle* entwickelt werden sollen, wobei die Verknüpfungen (= chemische Bindungen) der Bauteile untereinander gegen Wasser und gegen Luftsauerstoff stabil sein müssen. Diese Makromoleküle sind als Vorstufen für *Zellen* vorgesehen, die wiederum Untereinheiten eines Systems, das man als *Organismus* bezeichnen kann, darstellen. Der – aus heutiger Sicht – prämiierte Entwurf gestaltete sich wie folgt:

▶ Es werden Moleküle eingesetzt, deren Gerüst aus einem *„Trägeratom"* aufgebaut ist, das möglichst viele, stabile kovalente Bindungen mit sowohl Atomen desselben Elements, auch als mit solchen anderer weniger Elemente eingehen kann. Dafür eignen sich am ehesten die ersten zwei Elemente der Gruppe 14 des Periodensystems (vierte Hauptgruppe), d.h. Kohlenstoff und Silizium. Was die Verfügbarkeit betrifft, ist Silizium geeigneter, da dessen Häufigkeit (Vorkommen der Elemente in Massenprozent auf der Erdoberfläche) etwa 26 % ausmacht, während der entsprechende Anteil an Kohlenstoff (< 0,01 %) deutlich geringer ausfällt. Ein Vergleich der Bindungsenergien spricht hingegen eindeutig für Kohlenstoff. Zum einen ist die Si-Si-Bindung (226 kJ/mol) deutlich schwächer als die C-C-Bindung (347 kJ/mol), was dazu führt, dass es Verbindungen mit mehr als 100 verknüpften C-Atomen gibt, dass aber Moleküle mit mehr als sechs aneinander geknüpften Si-Atomen unbeständig sind. Zum anderen sind zwar Si-H-Bindungen (318 kJ/mol) schwächer als C-H-Bindungen (414 kJ/mol), dafür aber Si-O-Bindungen (464 kJ/mol) erheblich stärker als C-O-Bindungen (360 kJ/mol), was dazu führt, dass Verbindungen mit Si-H-Bindungen spontan, d.h. explosiv, mit Sauerstoff reagieren, während

dieser Prozess für Kohlenwasserstoffe merklich langsamer abläuft.
▶ Bei den eingesetzten kohlenstoffhaltigen Verbindungen soll es sich um *bifunktionelle Moleküle* handeln, und zwar derart, dass eine Reaktion der funktionellen Gruppe „X" des einen Moleküls mit der Funktionalität „Y" des zweiten Moleküls zu einer neuen funktionellen Gruppe „Z" führt (Gl. 2.1), die möglichst stabil gegen Wasser bzw. Sauerstoff ist. Da es sich bei dem Reaktionsprodukt wiederum um ein formal ähnliches bifunktionelles Molekül handelt, kann eine Reaktion mit einem dritten Startmolekül stattfinden, bzw. kann sich dieser Prozess beliebig oft wiederholen, womit der Aufbau von Makromolekülen gewährleistet ist. Eine wichtige Voraussetzung hierbei ist, dass eine *intramolekulare Wechselwirkung* (d. h. innerhalb desselben Moleküls) der beiden Funktionalitäten „X" und „Y" unterbleibt, bzw. nur sehr langsam verläuft (s. Kap. 2.18).

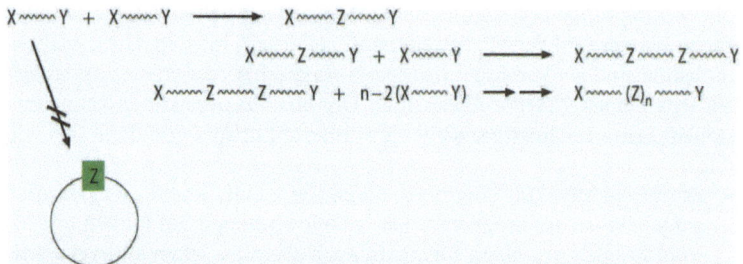

(Gl. 2.1. Intermolekulare Reaktionen von bifunktionellen Molekülen unter jeweiliger Bildung einer neuen – verknüpfenden – Funktionalität)

Es kann heute (noch) nicht schlüssig nachvollzogen werden, wie diese *monomolekularen Bauteile* ursprünglich entstanden sind, u. a. auch deshalb, weil die heutige Verteilung von Kohlenstoff auf der Erdoberfläche/Luft (Tabelle 2.1) nicht unbedingt der vor 1 Mio Jahre entspricht.

Tabelle 2.1. Verteilung des Kohlenstoffs auf der Erde (umgerechnet in $CO_2$)

| | |
|---|---|
| Carbonatgestein (Kalk, Dolomit) | 91 % |
| Kohle, Erdöl (Kohlenwasserstoffe) | 8 % |
| C-Verbindungen im Meerwasser | 0.6 % |
| $CO_2$ im Meerwasser | 0.3 % |
| $CO_2$ in der Lufthülle der Erde | 0.01 % |
| Pflanzendecke der Erde | 0.005 % |
| Humusdecke der Erde | 0.005 % |

Man kann aber davon ausgehen, dass Methan ($CH_4$), Kohlendioxid ($CO_2$) und Cyanwasserstoff (HCN) wohl die wichtigsten kohlenstoffhaltigen Ausgangmoleküle gewesen sind.

In den folgenden Kapiteln wird die *Funktionalisierung* von Kohlenwasserstoffen, d. h. die Umwandlung von Verbindungen, die ausschließlich Kohlenstoff und Wasserstoff enthalten, in Moleküle mit C-O- oder C-N-Bindungen, u. a. auch in die oben erwähnten monomolekularen Bauteile, und zwar nach dem heutigen Kenntnisstand über den Ablauf solcher Reaktionen vorgestellt. Die Eigenschaften dieser Letzteren sowie deren Verknüpfung zu *biorelevanten Makromolekülen* wird in den Kapiteln 3.3–3.6 diskutiert.

## 2.2 Kohlenwasserstoffe – Struktur, Nomenklatur

**Lernziele**

- Kohlenwasserstoffe
- Formeln
- Bindungen
- Nomenklatur
- Isomerie
- Konstitution
- Konformation
- Reaktionszwischenstufen

Als *Kohlenwasserstoffe* bezeichnet man Verbindungen, die ausschließlich aus den Elementen C (Kohlenstoff) und H (Wasserstoff) aufgebaut sind. Sie kommen hauptsächlich im Erdöl vor, sind aber daneben als Pflanzeninhaltstoffe (s. Kap. 3.3; Isoprenoide, Terpene) verbreitet. Der einfachste Kohlenwasserstoff, das *Methan* ($CH_4$, s. Kap. 1.4) entsteht auch als Stoffwechselprodukt mancher Mikroorganismen, was wiederum zur Erzeugung von Biogas genutzt wird.

**Alkane▶** Verbindungen des Typs $AX_4$, wie z. B. Methan, weisen einen tetraedrischen Molekülbau (s. Kap. 1.5) auf, worin die Bindungen des Zentralatoms zu den vier anderen Atomen (bzw. Atomgruppen) in die Richtung der Ecken eines Tetraeders gerichtet sind. Für ein Kohlenstoffatom mit vier Valenzelektronen (Elektronenkonfiguration: $2s^2, 2p_x, 2p_y$) bedeutet dies eine Umorientierung dieser vier Elektronen in vier gleiche Orbitale. Eine solche Vermischung von Orbitalen wurde schon (s. Kap. 1.5) unter dem Bergriff *Hybridisierung* vorgestellt und ein solches tetraedrisches C-Atom wird auch als „sp$^3$-hybridisiertes" C-Atom bezeichnet. Ersetzt man formal eines der H-Atome im Methan durch ein weiteres solches tetraedrisches C-Atom, also durch eine *Methylgruppe* (CH$_3$), so resultiert das *Ethan* (C$_2$H$_6$); macht man dies zweimal, oder aber ersetzt man ein H-Atom im Ethan durch eine Methylgruppe, so resultiert das *Propan* (C$_3$H$_8$). Die Zahl der C-Atome in derartigen unverzweigten Verbindungen kann beliebig groß werden. Als Beispiele seien noch das *Butan* (C$_4$H$_{10}$) und das *Pentan* (C$_5$H$_{12}$) aufgeführt. Beim Ersatz von drei H-Atomen des Methans durch Methylgruppen resultiert das *2-Methylpropan* (C$_4$H$_{10}$) und beim Austausch aller vier H-Atome durch Methylgruppen das *2,2-Dimethylpropan* (C$_5$H$_{12}$), welche – wie auch das *2-Methylbutan* (C$_5$H$_{12}$) – Verzweigungen in der C-Kette aufweisen. Alle solchen offenkettigen (nichtcyclischen) Kohlenwasserstoffe, die ausschließlich solche tetraedrischen C-Atome enthalten, werden *Alkane* (👁 Abb. 2.1) genannt.

Zum einen wird schon an diesen wenigen Beispielen eine ganz allgemeine Tatsache offenbar, nämlich dass für eine gegebene Summenformel mehrere verschiedene Molekülarten existieren können. Dieses Phänomen wird *Isomerie* genannt, bzw. man spricht von zwei (oder mehreren) sol-

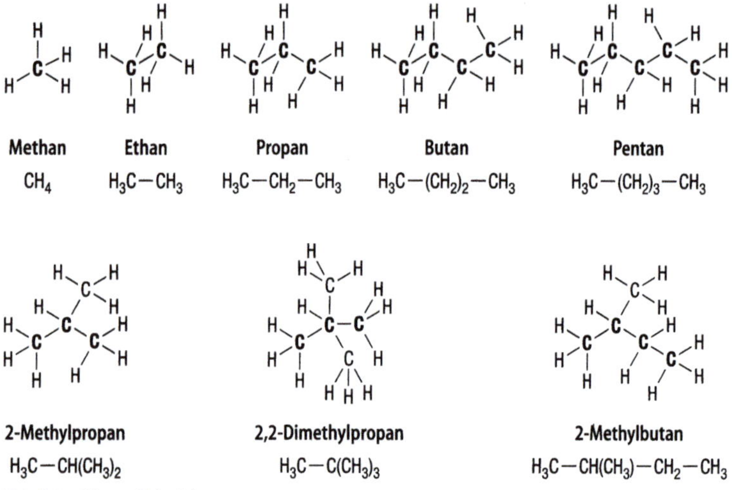

**Methan**
CH$_4$

**Ethan**
H$_3$C—CH$_3$

**Propan**
H$_3$C—CH$_2$—CH$_3$

**Butan**
H$_3$C—(CH$_2$)$_2$—CH$_3$

**Pentan**
H$_3$C—(CH$_2$)$_3$—CH$_3$

**2-Methylpropan**
H$_3$C—CH(CH$_3$)$_2$

**2,2-Dimethylpropan**
H$_3$C—C(CH$_3$)$_3$

**2-Methylbutan**
H$_3$C—CH(CH$_3$)—CH$_2$—CH$_3$

**Abb. 2.1.** Alkane, Beispiele

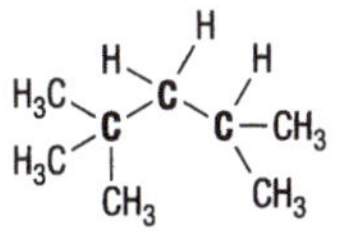

**2,2,4-Trimethylpentan**

$H_3C-C(CH_3)_2-CH_2-CH(CH_3)_2$

**Abb. 2.2.** Alkane, Nomenklatur

chen Verbindungen als *Isomere*. Im speziellen Fall, wenn sich die Moleküle, wie z. B. die beiden Alkane mit Summenformel $C_4H_{10}$ oder die drei mit Summenformel $C_5H_{12}$, in ihrer Struktur, also in der Sequenz von Atomen im Molekülbau, unterscheiden, dann nennt man sie *Konstitutionsisomere*. Sie unterscheiden sich fast immer in ihren physikalischen Daten, wie z. B. Schmelz- oder Siedepunkt, obwohl sie das gleiche Molekulargewicht aufweisen. Zum anderen ergibt sich aus diesen wenigen Beispielen – und nicht zuletzt auch weil heute schon mehr als 7 Millionen verschiedene Verbindungen, die C-Atome enthalten, bekannt sind – das Gebot der Minimisierung des Gebrauchs von Trivialnamen, also solchen, die keinen logischen Zusammenhang zwischen Namen und Struktur einer Verbindung erlauben, und damit gekoppelt, die Notwendigkeit einer systematischen Nomenklatur für solche Moleküle. Nach den *IUPAC-Regeln* (International Union of Pure and Applied Chemistry) wird die Stoffklasse durch eine Endung (Suffix) charakterisiert, für Alkane ist das die Endung *an*. Die längste Kette wird durchnummeriert und durch einen Präfix (ab der C-Zahl Fünf ist das der griechische Zahlennamme, also *penta, hexa, hepta*, usw.) charakterisiert; ebenso wird jede Verzweigung in dieser Kette gesondert benannt und die Verzweigungsstelle mit einer möglichst kleinen Zahl gekennzeichnet (folgerichtig heisst der in ◉ Abbildung 2.2 abgebildete, als hochklopffester Treibstoff verwendete Kohlenwasserstoff *2,2,4-Trimethylpentan* und nicht *2,4,4-Trimethylpentan*).

**Cycloalkane▸** Eine Aneinanderreihung von Kohlenstoffatomen kann auch zu cyclischen Molekülen führen. Solche Kohlenwasserstoffe, deren Ringgerüst wiederum ausschließlich aus tetraedrischen C-Atomen besteht, werden Cycloalkane genannt. Einfache Vertreter dieser Verbindungsklasse (◉Abb. 2.3) sind *Cyclopropan* ($C_3H_6$), *Cyclobutan* ($C_4H_8$), *Cyclopentan* ($C_5H_{10}$) und *Cyclohexan* ($C_6H_{12}$). Während die beiden letzteren sich in ihren Reaktionen genauso wie Alkane verhalten (s. Kap. 2.4), ist die Reaktionstendenz der beiden ersten Verbindungen deutlich ausge-

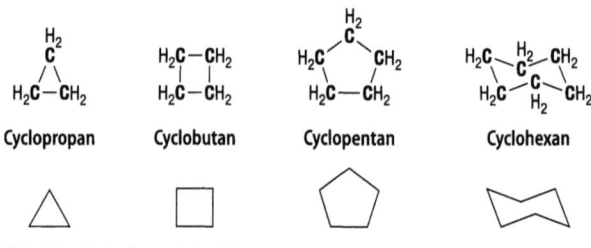

**Abb. 2.3.** Cycloalkane, Beispiele

prägter. Dies erklärt sich durch die Tatsache, dass solche Drei- oder Vierringverbindungen – auch „kleine Ringe" genannt – stark gespannt sind und zwar deshalb, weil die Bindungswinkel der Ringatome gegenüber dem „normalen" tetraedrischen Bindungswinkel von 109° stark verringert (Cyclopropan: = 60°, Cyclobutan 90°) sind. Bei Ringbildungsreaktionen (s. Kap. 2.15) soll auf dieses Detail nochmals eingegangen werden.

Während im Allgemeinen die Rotation um eine Einfachbindung, wie z. B. im Ethan mit nur sehr geringem Energieaufwand erfolgt (freie Drehbarkeit, s. Kap. 1.5), so ist diese in cyclischen Verbindungen zwangsweise eingeschränkt. Dies führt z. B. dazu, dass eine Methylgruppe als Ersatz eines H-Atoms im Cyclohexan sowohl eine *equatoriale* wie auch eine *axiale Position* (👁Abb. 2.4) einnehmen kann. Als *equatoriale Substituenten* am Cyclohexanring werden die sechs Gruppen bezeichnet, die mehr oder weniger in der Ebene des „Sessels" liegen, als *axiale Substituenten* die sechs anderen, die senkrecht zu dieser Ebene stehen.

Weiterhin folgt daraus, dass bei dem Ersatz von 2 H-Atomen an z. B. zwei benachbarten C-Atomen des Ringes – z. B. durch Methylgruppen – zwei mögliche 1,2-Dimethylcycloalkane resultieren und zwar ein Mo-

**Abb. 2.4.** Konformationsänderung durch Rotation um C-C-Einfachbindungen

**Abb. 2.5.** Cis- und trans-Stereoisomere

cis-1,2-Dimethylcyclobutan    trans-1,2-Dimethylcyclobutan

lekül, in dem die beiden Methylgruppen formal auf derselben Ringseite – und ein zweites, wo eine Methylgruppe auf der einen Ringseite, die zweite auf der anderen Ringseite, lokalisiert sind. Solche Isomere, die sich nicht in der Struktur, d.h. in der Sequenz der Atome, sondern nur in räumlichen Aspekten unterscheiden, nennt man ganz allgemein *Stereoisomere* (s. Kap. 2.19). Die in ☞Abbildung 2.4 gezeigten Methylcyclohexane sind Beispiele für **Konformationsisomere**, die in ☞Abbildung 2.5 gezeigten 1,2-Dimethylcyclobutane stellen Beispiele für so genannte *cis-* bzw. *trans-Isomere* dar, wobei das *cis-Isomere* jenes ist, in dem die beiden Gruppen auf der selben Ringseite lokalisiert sind.

**Bindungsspaltung▶** Die formale Spaltung einer Einfachbindung zwischen zwei Atomen (s. Kap. 1.4) kann – wie schon beschrieben – auf zwei Wegen erfolgen, und zwar zum einen so, dass je ein Bindungselektron zu jeweils einem Atom zugeordnet bleibt *(homolytischer Bindungsbruch)* und zum anderen so, dass beide Bindungselektronen einem der beiden (dem elektronegativeren) Bindungspartner zugeordnet bleiben *(heterolytischer Bindungsbruch)*. Überträgt man dieses Prinzip auf das Molekül Ethan, so bedeutet dies, dass bei der Spaltung der C-C-Bindung die folgenden (Gl. 2.2) *reaktiven Zwischenstufen* entstehen.

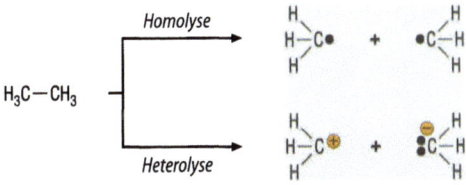

(**Gl. 2.2.** Homolytischer bzw. heterolytischer Bruch einer C-C-Bindung)

Hier ist zu beachten, dass die drei möglichen $CH_3$-Zwischenstufen, und zwar das *Methyl-Carbeniumion*, das *Methyl-Radikal* und das *Methyl-Carbanion*, sich jeweils nur in der Zahl der Elektronen am C-Atom (sechs, sieben bzw. acht Aussenelektronen), und damit wiederum im räumlichen Aufbau unterscheiden (Gl. 2.3). Während das C-Atom in den beiden letzteren Zwischenstufen weiterhin tetraedrisch angeordnet ist, liegt es im Carbeniumion trigonal-planar vor (ein solches C-Atom wird auch als „sp²-hybridisiertes" C-Atom bezeichnet).

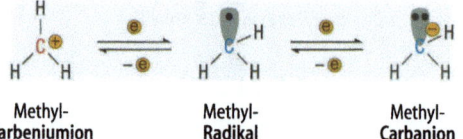

| Methyl- | Methyl- | Methyl- |
| Carbeniumion | Radikal | Carbanion |

(**Gl. 2.3.** Umwandlung von C-Zwischenstufen durch Elektronentransfer (= Redoxreaktion))

**Alkene▶** Solche trigonal-planare C-Atome können paarweise – als Bauelemente von C-C-Doppelbindungen (s. Kap. 1.4) – ebenfalls in Kohlenwasserstoffen auftreten. Man nennt solche Verbindungen Alkene. Einfache Vertreter hierfür sind *Ethen* ($C_2H_4$) und *Propen* ($C_3H_6$); ist eine solche Doppelbindung Bestandteil eines cyclischen Kohlenwasserstoffes, wie z. B. beim *Cyclopenten* ($C_5H_8$), dann spricht man von *Cycloalkenen* (◉Abb. 2.6).

Hier sei nochmals am Beispiel des Ethens daran erinnert, wie es zum formalen Aufbau einer solchen C-C-Doppelbindung kommt (◉Abb. 2.7). Die sechs Atome liegen in einer Ebene, der Bindungswinkel HCC (oder HCH) beträgt 120°. Drei der vier Valenzelektronen jedes C-Atoms besetzen ein solches – räumlich umorientiertes – Orbital und bilden durch Überlappung mit den s-Elektronen der H-Atome die C-H-Bindungen und durch gegenseitige Überlappung die so genannte C-C-σ-Bindung. Senkrecht zu der Molekülebene befinden sich noch an jedem

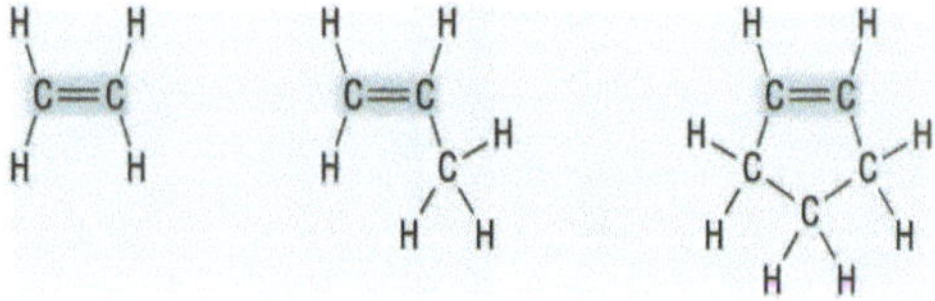

**Abb. 2.6.** Alkene und Cycloalkene, Beispiele

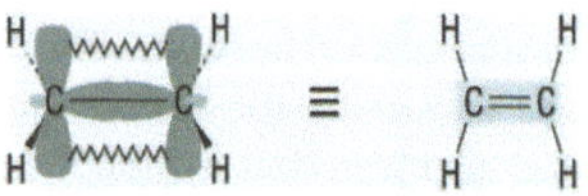

Ethen  Propen  Cyclopenten

**Abb. 2.7.** Sigma- und Pi-Bindung in einem Alken

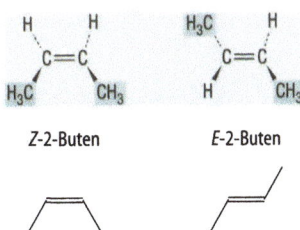

Z-2-Buten     E-2-Buten

**Abb. 2.8.** Z- und E-Stereoisomere

der beiden C-Atome je ein Elektron in einem p-Orbital. Die – im Vergleich – schwächere Überlappung dieser beiden Atomorbitale führt zur Bildung der so genannten π-Bindung. Die Summe dieser beiden Überlappungen (Sigma- und Pi-Bindungen) ergibt eine so genannte Doppelbindung.

Im Gegensatz zu einer Einfachbindung ist um eine Doppelbindung die freie Drehbarkeit nicht möglich, bzw. deutlich erschwert (eine Rotation um die C-C-Bindung im Ethen würde zu einer Entkopplung der Überlappung der Elektronen in den p-Orbitalen, also zu einem Bruch der π-Bindung führen). Ersetzt man im Ethen an beiden C-Atomen je ein H-Atom durch eine Methylgruppe so resultieren – ähnlich wie bei Ringverbindungen – zwei stereoisomere Alkene mit der Summenformel $C_4H_8$ (●Abb. 2.8). Die beiden gezeigten *But-2-ene* stellen ein Beispiel für sogenante *Z-* bzw. *E-Isomere* dar, wobei das *Z-Isomere* jenes ist, in dem die beiden Gruppen auf der selben Doppelbindungsseite lokalisiert sind.

In einem Kohlenwasserstoff können auch mehrere C-C-Doppelbindungen auftreten. Man spricht bei dem Vorhandensein von zwei Doppelbindungen von einem *Dien*. Beispiele hierfür sind das *2-Methylbuta-1,3-dien* ($C_5H_8$, „Isopren", s. Kap. 3.3), das *1,3-Cyclopentadien* ($C_5H_6$) oder das *1,4-Pentadien* ($C_5H_8$). Während die letzte Verbindung ein Beispiel für ein Molekül mit zwei isolierten, also unabhängigen Doppelbindungen repräsentiert, weisen die ersten beiden eine Aneinanderkettung von (in diesem Fall: je vier) trigonal-planaren C-Atomen auf. Hier spricht man von *konjugierten Doppelbindungen* und zwar deshalb, weil die p-Elektronen an diesen C-Atomen mit denen an den jeweils benachbarten C-Atomen in Wechselwirkung treten können. Diese Wechselwirkung macht sich u. a. auch in einem verkürzten Bindungsabstand bemerkbar: Während der Bindungsabstand der beiden C-Atome im Ethan 154 pm beträgt, liegt der entsprechende Wert für die C(2)-C(3)-Bindung in einem 1,3-Dien bei 147 pm (●Abb. 2.9).

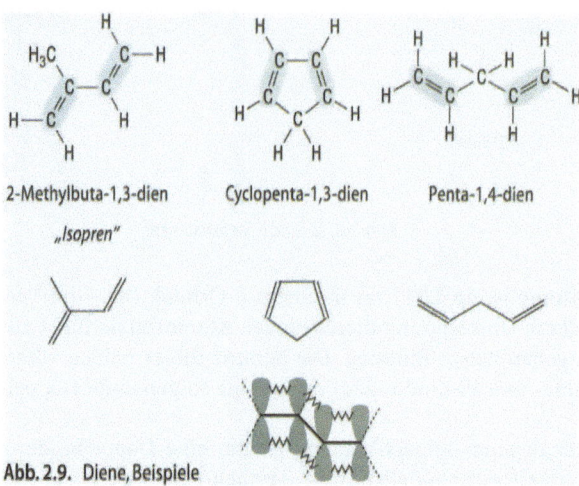

**Abb. 2.9.** Diene, Beispiele

**Arene▶** Diese Wechselwirkung von benachbarten p-Elektronen an trigonal-planaren C-Atomen kommt bei den Arenen (s. Kap. 2.16) besonders zur Geltung. Es handelt sich hier um cyclische Kohlenwasserstoffe, deren Ringgerüst aus, z. B. sechs solchen C-Atomen besteht. Im einfachsten Vertreter, dem *Benzen* ($C_6H_6$), findet eine vollständige Delokalisierung der sechs p-Elektronen über die Ringatome statt, was graphisch durch einen Kreis (👁 Abb. 2.10) angegeben wird. Erwartungsgemäß sind dann auch die C-C-Bindungsabstände im Benzen alle gleich, und betragen 139 pm, was einem Wert zwischen dem einer C-C-Einfachbindung (154 pm) und dem einer C-C-Doppelbindung (Ethen: 134 pm) entspricht.

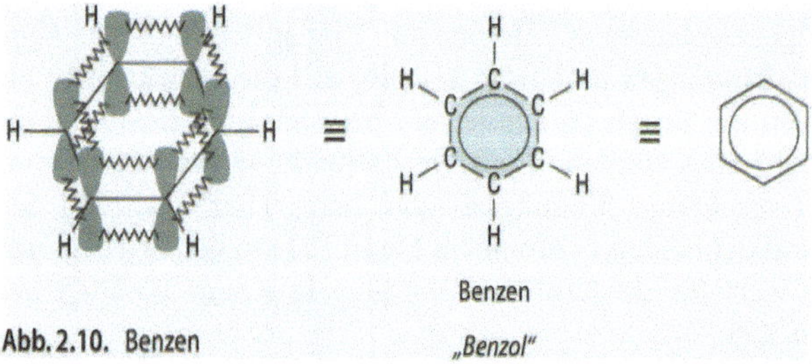

**Abb. 2.10.** Benzen

Benzen
„Benzol"

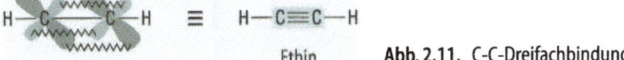

Abb. 2.11. C-C-Dreifachbindung

**Alkine▶** Schließlich sei erwähnt, dass auch C-C-Dreifachbindungen (s. Kap. 1.4) in Kohlenwasserstoffen auftreten können. Der einfachste Vertreter solcher Verbindungen, die Alkine genannt werden, ist das *Ethin* ($C_2H_2$). Die Bindungen, die von den entsprechenden („sp-hybridisierten") C-Atomen ausgehen sind linear angeordnet. Zwei der vier Valenzelektronen des C-Atoms bilden durch Überlappung mit dem s-Elektron des H-Atoms und mit einem analog orientierten Elektron des zweiten C-Atoms das lineare HCCH-Gerüst. Somit verbleiben an jedem der beiden C-Atome je zwei Elektronen in orthogonalen (senkrecht aufeinander stehenden) p-Orbitalen, wobei dann deren jeweilige Überlappung zur Ausbildung von zwei zusätzlichen $\pi$-Bindungen führt (●Abb. 2.11). Der Bindungsabstand in einer solchen Bindung ist mit 121 pm wiederum kürzer, als der einer C-C-Doppelbindung (134 pm). Ebenfalls erwartungsgemäß nehmen die Werte der Bindungsenergien, also der formale Energiebedarf für die Spaltung des Moleküls in zwei C-Bruchstücke, vom Ethan über das Ethen zum Ethin zu. Die Reaktionen dieser Kohlenwasserstoffe werden in den Folgekapiteln diskutiert.

> **Infobox**
>
> Abschließend ein Kommentar zur Frage „Wie zeichnet man am besten die Strukturformeln von Molekülen, die C-Atome enthalten?" Wie in ●Abbildung 2.1–2.5 zu ersehen, gibt es dafür mehrere Möglichkeiten. Im Allgemeinen ist es nicht notwendig, alle Atome und Bindungen einzeln zu kennzeichnen; Alkylgruppen bzw. Kohlenwasserstoffketten können vereinfacht durch Striche symbolisiert werden, wobei *Methyl* ($CH_3$) -Gruppen als Eckpunkte symbolisiert werden. Ähnliches gilt für Alkene und Arene, worin nun jeder Eckpunkt einer trigonalen $CH_2$- bzw. CH-Gruppe entspricht. In den folgenden Kapiteln wird eine „Mischschreibweise" gewählt, worin zum einen die in den jeweiligen Reaktionen beteiligten Teile der Moleküle deutlich hervorgehoben werden, der (nicht involvierte) Rest aber möglichst einfach dargestellt wird.

## Resümee

Kohlenwasserstoffe, d. h. Verbindungen die nur die Elemente Kohlenstoff und Wasserstoff enthalten, stellen die Basis aller Kohlenstoffverbindungen dar, da der Ersatz von H-Atomen in Alkanen einerseits und die zusätzliche Knüpfung von Bindungen an C-Atome in Alkenen, Arenen und Alkinen andererseits den Zugang zur Vielfalt dieser Verbindungen ermöglicht.

Isomere sind Moleküle mit jeweils identischer Summenformel.

Unterscheiden die Moleküle sich in ihrer Struktur, spricht man von Konstitutionsisomeren; unterscheiden sie sich nur in räumlichen Details, so spricht man von Stereoisomeren. Eine systematische Namensgebung von C-enthaltenden Verbindungen erlaubt es, einen direkten Zusammenhang zwischen dem Namen und der Struktur zu verknüpfen. Diesbezüglich sollte die Anwendung von Trivialnamen auf ein unumgängliches Minimum reduziert werden.

## 2.3 Reaktionen von Kohlenstoffverbindungen

### Lernziele

- Reaktionsablauf
- Nucleophile (= Lewis-Basen)
- Elektrophile (= Lewis-Säuren)

Kohlenstoff geht als Element der Gruppe 14 (vierte Hauptgruppe) des Periodensystems mit einer Vielzahl anderer Elemente stabile kovalente Bindungen ein. Solche *kovalente Bindungen* zu anderen C- und H-Atomen zeichnen sich dadurch aus, dass die Elektronendichte zwischen den beiden Atomen gleichmäßig verteilt ist, da sich die Bindungspartner in ihren Elektronegativitäten (s. Kap. 1.4) nicht unterscheiden. Die Bindungen zu elektropositiveren Elementen (solcher geringerer Elektronegativität), wie z. B. Li, Mg, B, Al zum einen, und solche zu elektronegativeren Elementen, wie z. B. N, O, S, F, Cl zum anderen, werden *polarisierte* kovalente Bindungen genannt, da hier die Elektronendichte zum jeweils elektronegativeren Bindungspartner verlagert ist. Diese Ladungsverschiebung zwischen zwei Bindungspartnern wird graphisch durch die Zuordnung von Teilladungen (Partialladungen) $\delta^+/\delta^-$ symbolisiert, wobei es sich hier um eine *nicht*

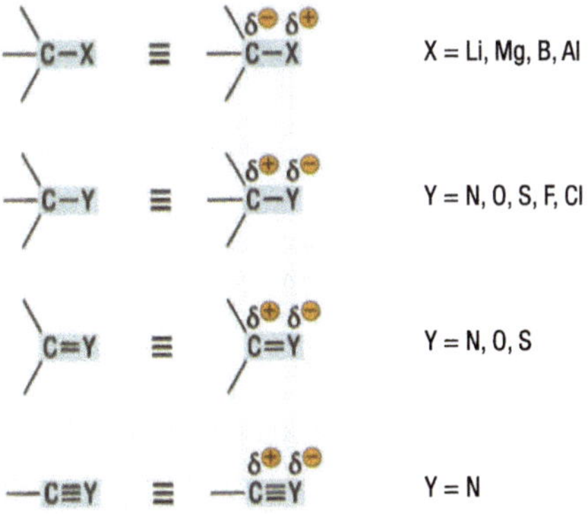

$$\begin{aligned}
&\overset{}{\underset{}{>}}\!\!C\!-\!X \equiv \overset{}{\underset{}{>}}\!\!\overset{\delta\ominus\ \delta\oplus}{C\!-\!X} \qquad X = Li, Mg, B, Al\\[4pt]
&\overset{}{\underset{}{>}}\!\!C\!-\!Y \equiv \overset{}{\underset{}{>}}\!\!\overset{\delta\oplus\ \delta\ominus}{C\!-\!Y} \qquad Y = N, O, S, F, Cl\\[4pt]
&\overset{}{\underset{}{>}}\!\!C\!=\!Y \equiv \overset{}{\underset{}{>}}\!\!\overset{\delta\oplus\ \delta\ominus}{C\!=\!Y} \qquad Y = N, O, S\\[4pt]
&{-}C\!\equiv\!Y \equiv \overset{\delta\oplus\ \delta\ominus}{-C\!\equiv\!Y} \qquad Y = N
\end{aligned}$$

Elektronegativität:  X < C < Y

**Abb. 2.12.** Polarisierung der Bindung zwischen Kohlenstoff und anderen Elementen

quantitative Beschreibung handelt, worin $\delta^{\ominus}$ stets den elektronegativeren Bindungspartner kennzeichnet (Abb. 2.12).

> **Infobox**
>
> Die Symbolik in graphischen Formeln von *„Bindungen ohne Bindungspartner"*, wie z. B. in Abbildung 2.12, bedeutet, dass es für die Diskussion des Strukturelements bzw. dessen chemische Veränderung *irrelevant* ist, ob es sich bei dem Bindungspartner um ein H-Atom oder aber um ein (oder mehrere) C-Atom(e) handelt. Für ein besseres Verständnis kann man sich im einfachsten Fall immer ein H-Atom als Bindungspartner vorstellen.

Nucleophile und elektrophile C-Atome, die eine positive oder negative Teilladung aufweisen, können auf Grund elektrostatischer Anziehung mit anderen Molekülen oder Ionen, die entweder einen Überschuss oder ein Defizit an Elektronen(dichte) aufweisen, in Wechselwirkung treten. Im speziellen Fall von Reaktionen mit Kohlenstoffverbindungen werden solche Reaktionskomponenten als *Nucleophile* bzw. *Elektrophile* bezeichnet. Beispiele hierfür sind in Abbildung 2.13 zusammengefasst. Bei der Reaktion zwischen zwei solchen Komponenten resultiert eine neue (chemische) Bindung, wobei *beide* Elektronen vom Nucleophil zur Verfügung gestellt werden.

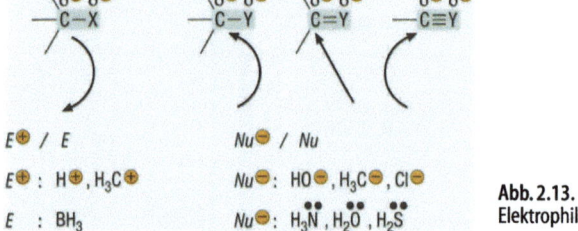

$E^{\oplus} / E$

$E^{\oplus}$: $H^{\oplus}$, $H_3C^{\oplus}$

$E$ : $BH_3$

$Nu^{\ominus} / Nu$

$Nu^{\ominus}$: $HO^{\ominus}$, $H_3C^{\ominus}$, $Cl^{\ominus}$

$Nu^{\ominus}$: $H_3\ddot{N}$, $H_2\ddot{O}$, $H_2\ddot{S}$

**Abb. 2.13.** Nucleophile und Elektrophile

Wie an den angegebenen Beispielen leicht zu erkennen ist, handelt es sich bei Nucleophilen um Anionen oder um neutrale Verbindungen, die ein Atom mit einem freien Elektronenpaar enthalten. Da diese jeweils ein Elektronenpaar zur Bindung an das C-Atom zur Verfügung stellen, handelt es sich bei diesen Komponenten definitionsgemäß um *Lewis-Basen* (s. Kap. 1.11). In erster Näherung korreliert die Reaktivität von Nucleophilen mit deren Basizität, d.h. der Fähigkeit, das freie Elektronenpaar zur Verfügung zu stellen, also auch die Protonen aufzunehmen. Ebenso handelt es sich bei Elektrophilen um Kationen oder um neutrale Verbindungen, an die das C-Atom durch Bereitstellung eines Elektronenpaares binden kann, d.h. es sind Elektronenpaarakzeptoren, also wiederum definitionsgemäß *Lewis-Säuren* (s. Kap. 1.11). Erwartungsgemäß können Alkane, die ausschließlich C-C- und C-H-Bindungen – also *nichtpolarisierte* kovalente Bindungen – enthalten, weder mit Nucleophilen noch mit Elektrophilen in Wechselwirkung treten. Alternative Reaktionsmöglichkeiten für Alkane werden im Kapitel 2.4 diskutiert.

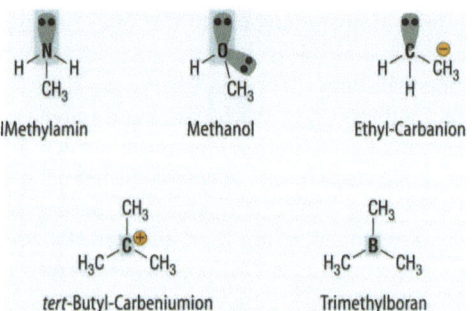

**Abb. 2.14.** Nucleophile und Elektrophile, Beispiele

Es darf schon hier verallgemeinert werden, dass der Ersatz von H-Atomen durch Alkylgruppen (z. B. CH$_3$) an Zentren, die entweder ein freies Elektronenpaar tragen oder aber ein Elektronensextett aufweisen, keinen wesentlichen Einfluss auf deren Eigenschaft als Nucleophile bzw. Elektrophile bewirken. Folglich handelt es sich bei den in 👁 Abbildung 2.14 dargestellten Molekülen bzw. Ionen gleichfalls um Lewis-Basen bzw. Lewis-Säuren.

Es darf hier auch schon vorweggenommen werden, dass ein Paar von p-Elektronen an zwei benachbarten C-Atomen, wie z. B. in einer C-C-Doppelbindung, ebenfalls als „freies Elektronenpaar" fungieren kann, dass somit z. B. Alkene ebenfalls als Lewis-Basen mit Elektrophilen reagieren können (s. Kap. 2.5).

**Einelektronentransfer ▶** Weiterhin soll noch kurz darauf hingewiesen werden, dass Kohlenstoffverbindungen auch Redoxreaktionen – also Elektronentransferreaktionen – eingehen können. Die in Gleichung 2.3 beschriebene Reduktion des Methyl-Carbeniumions in ein Methyl-Radikal und dessen Weiterreduktion zum Methyl-Carbanion (bzw. die entsprechende Rückoxidation) lässt sich sinngemäß auf jedes beliebig-substituierte Carbeniumion/Alkyl-Radikal/Carbanion-System (Gl. 2.4) übertragen. Solche Reaktionen werden in Kapitel 2.7 vorgestellt.

**Carbenium**  **C-Radikal**  **Carbanion**

(Gl. 2.4. Reduktion eines Carbeniumions über ein Radikal zu einem Carbanion, bzw. Oxidation eines Carbanions über ein Radikal zu einem Carbeniumion)

In Reaktionen mit Kohlenstoffverbindungen werden *Lewis-Säuren* bzw. *Lewis-Basen* als „Elektrophile" bzw. „Nucleophile" bezeichnet.

## 2.4 | Alkane, Cycloalkane – Reaktionen, Radikale

### Lernziele

- Radikale und deren Reaktionsverhalten
- Funktionalisierung von Alkanen
- Dehydrierung

Wie schon in Kapitel 2.2 erwähnt, handelt es sich bei Alkanen und Cycloalkanen um Kohlenwasserstoffe, die ausschließlich tetraedrische (vierbindige) C-Atome enthalten. Alkane werden durch Destillation aus dem Erdöl gewonnen, werden als Treibstoffe und als Ausgangsstoffe zur großtechnischen Herstellung von Cycloalkanen und von Alkenen verwendet, und dienen im kleineren Maßstab zur Gewinnung von Fettsäuren (s. Kap. 3.2) durch Luftoxidation. Die systematische Namensgebung beinhaltet die Endung *an* hinter dem für die Kettenlänge oder die Ringgröße typischen Präfix (s. Kap. 2.2).

**Funktionalisierung von Alkanen▶** Die C-H-Bindung in Alkanen ist dadurch charakterisiert (s. Kap. 2.3), dass die Elektronenladung gleichmäßig zwischen den beiden Bindungspartnern verteilt ist. Da somit *keine* polarisierte kovalente Bindung vorliegt, ist auch keine Wechselwirkung, weder mit nucleophilen noch mit elektrophilen Komponenten zu erwarten. Die Funktionalisierung (d.h. der Ersatz eines H-Atoms durch ein anderes Atom oder eine Atomgruppe) von Alkanen ist daher nur über einen radikalischen Weg möglich, d.h. einem solchen, in dem als erster Reaktionsschritt eine Homolyse dieser C-H-Bindung mit Hilfe eines geeigneten Radikals gelingt.

**Reaktionen von Radikalen▶** Ganz allgemein (Gl. 2.5) besteht immer eine Wechselwirkung zwischen einem Radikal (X·) und einem Einfachbindungssystem (A-Y), wobei ein Übergangszustand (s. Kap. 1.8, Kinetik) erreicht wird, der nun in ein neues Molekül, z. B. X-A, und ein neues Radikal (Y·) zerfällt. Im Prinzip wird dieser Übergangszustand ebenso durch Wechselwirkung des Radikals Y· mit dem Bindungssystem X-A erreicht. Das *entscheidende Kriterium* für die Richtung, in der der Zerfall dieses Übergangszustandes beobachtet wird, liegt in den unterschiedlichen Bindungsenergien der zu spaltenden und der neu zu bildenden Bindungen, wobei aus energetischen Gründen solche Reaktionen immer so ablaufen, dass die Bindung mit höherer Bindungsenergie gebildet wird (und somit die schwächere Bindung gespalten wird). Im hier aufgeführten, allgemeinen Beispiel, muss die Bindung X-A einen höheren Bindungsenergiegehalt als die Bindung A-Y aufweisen.

$$X\bullet + A-Y \longrightarrow [X\cdots A\cdots Y]^\bullet \rightleftarrows X-A + Y\bullet$$

(Gl. 2.5. Die Reaktion eines Radikals mit einem Molekül führt zum homolytischen Bruch einer Einfachbindung)

Überträgt man dieses Schema auf C-H-Bindungen in Alkanen bzw. Cycloalkanen, so kann man leicht erkennen, dass für eine H-Atomabstraktion aus einer C-H-Bindung nur Radikale in Betracht kommen, die mit dem H-Atom eine stärkere Bindung als die C-H-Bindung bilden.

Dies trifft u. a. für Halogenatome, wie z. B. Cl· zu, die durch Lichtanregung von Chlormolekülen leicht zugänglich sind (Gl. 2.6, Teilschritte *1* u. *2*). Das so resultierende Alkylradikal reagiert nach demselben Prinzip mit einem weiteren Chlormolekül, wobei die (schwächere) Cl-Cl-Bindung gespalten und die (stärkere) C-Cl-Bindung gebildet wird (Gl. 2.6, Teilschritt *3*). Die Sequenz dieser beiden Teilschritte *(2)* und *(3)* wiederholt sich (Kettenreaktion) nun so lange, bis entweder der Kohlenwasserstoff oder das $Cl_2$ verbraucht sind.

$$Cl-Cl \xrightarrow{h\nu} Cl\bullet + Cl\bullet \quad (1)$$

$$\overset{\diagdown}{\underset{\diagup}{C}}-H + Cl\bullet \longrightarrow H-Cl + \overset{\diagdown}{\underset{\diagup}{\overset{\bullet}{C}}} \quad (2)$$

$$\overset{\diagdown}{\underset{\diagup}{\overset{\bullet}{C}}} + Cl-Cl \longrightarrow \overset{\diagdown}{\underset{\diagup}{C}}-Cl + Cl\bullet \quad (3)$$

(Gl. 2.6. Teilschritte der radikalischen Chlorierung eines Alkans)

Ein einfaches Beispiel einer solchen radikalischen Chlorierung eines Kohlenwasserstoffs stellt die Reaktion von Ethan mit Chlor zu Chlorethan (und HCl) in Gleichung 2.7 dar. Das Reaktionsprodukt ist ein *Halogenkohlenwasserstoff*, eine Stoffklasse, die in Kapitel 2.6 besprochen wird.

Die Reaktion von Alkanen mit $F_2$ unter Bildung von Molekülen, die C-F-Bindungen enthalten, läuft nach demselben Muster ab.

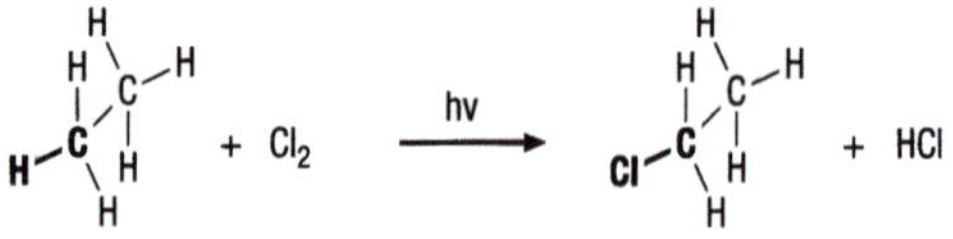

**Ethan** → **Chlorethan**

(Gl. 2.7. Radikalische Chlorierung von Ethan zu Chlorethan)

Molekularer Sauerstoff ($O_2$) weist im elektronischen Grundzustand zwei ungepaarte Elektronen, je eins an jedem der O-Atome auf und ist somit ein *Biradikal* (s. Kap. 1.4). Als solches reagiert es mit Alkanen nach einem ähnlichen Muster wie ein Radikal (Gl. 2.8), indem im ersten Teilschritt die (schwächere) C-H-Bindung gespalten wird und eine stärkere O-H-Bindung gebildet wird. Hier läuft im Gegensatz zur Chlorierung nun keine Kettenreaktion an, da die *beiden* gebildeten Radikale zum Endprodukt, einem *Alkylhydroperoxid*, kombinieren (Gl. 2.8, Teilschritt 2).

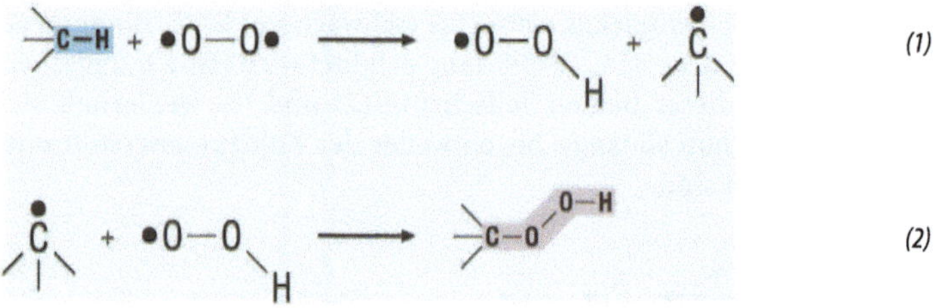

(1)

(2)

(Gl. 2.8. Bildung von Alkylhydroperoxiden aus Alkanen und molekularem Sauerstoff)

Zum einen wird eine solche Reaktionssequenz bei der Darstellung von Phenol (s. Kap. 2.16) angewandt, zum anderen stellt sie ganz allgemein den ersten Schritt der „Verbrennung" von Kohlenwasserstoffen mit molekularem Sauerstoff zu $CO_2$, wie für Methan in Gleichung 2.9 angegeben, dar.

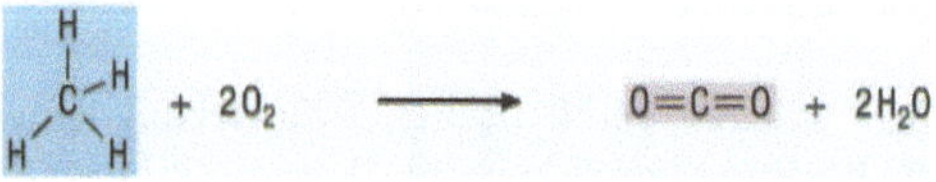

**Methan** → **Kohlendioxid**

(Gl. 2.9. Umsetzung von Methan mit Sauerstoff zu Kohlendioxid)

**Dehydrierung▶** Die Dehydrierung (formale Abspaltung von 2 H-Atomen aus zwei benachbarten C-H-Bindungen) von Alkanen zu Alkenen (Gl. 2.10) verläuft im Allgemeinen nur bei sehr hohen Temperaturen, u. a. in Gegenwart von Metalloxiden, wobei es sich hier um eine komplexe, mehrstufige Reaktionssequenz (Elektronentransfer an das Metalloxid und Deprotonierung) handelt.

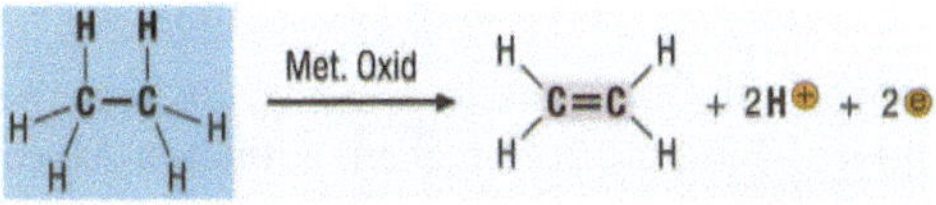

(Gl. 2.10. Dehydrierung eines Alkans zu einem Alken)

Im Organismus aber gehören solche Dehydrierungen – allerdings *nicht* die von einfachen Alkanen – zu den wichtigen Reaktionen des Energiestoffwechsels. So wird im *Citratcyclus*, der Drehscheibe des Intermediärstoffwechsels (s. *Löffler*), Succinat zu Fumarat dehydriert, wobei das Enzym *Succinatdehydrogenase* als Katalysator, und FAD als H-Acceptor fungieren (Gl. 2.11).

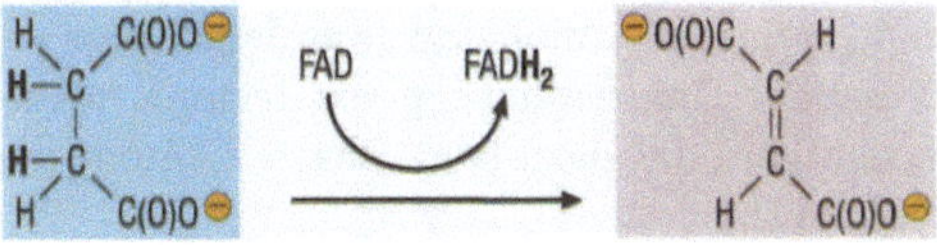

(Gl. 2.11. Enzymatische Dehydrierung von Bernsteinsäure zu Fumarsäure)

## Resümee

Alkane und Cycloalkane reagieren mit Radikalen bzw. mit Biradikalen unter (homolytischer) Spaltung der C-H-Bindung und nachfolgender Reaktion des so gebildeten Alkylradikals. Auf diesem Weg ist es möglich, Verbindungen, die C-Halogen Bindungen und solche die C-O-Bindungen enthalten, herzustellen.

## 2.5 Alkene – Reaktionen, Carbeniumionen

### Lernziele

- Additionsreaktionen von C-C-Mehrfachbindungen

**Funktionalisierung von Alkenen**▸ Im Gegensatz zu Alkanen, die keine Reaktionen über die C-C(einfach)-Bindungen eingehen, enthalten Alkene definitionsgemäß mindestens zwei trigonal-planare C-Atome, die jeweils ein p-Elektron für den Aufbau einer π-Bindung zur Verfügung stellen. Diese beiden p-Elektronen können formal wie ein freies Elektronenpaar an einem N- oder O-Atom betrachtet werden, d.h. Alkene verhalten sich gegenüber Elektrophilen ($E^⊕$) als Lewis-Basen, d.h. die C-C-Doppelbindung stellt selbst ein nucleophiles Zentrum im Molekül dar. Während aber bei der Reaktion von z. B. Wasser oder Ammoniak mit Elektrophilen wie $H^+$, einem Carbeniumion oder $BH_3$ keine räumliche Umorientierung der Orbitale am bindenden O- bzw. N-Atom erfolgt, entsteht bei der analogen Reaktion von Alkenen ein Carbeniumion und zwar derart, dass das bindende C-Atom eine räumliche Umorientierung von trigonal-planar nach tetraedrisch erfährt, und dass das dazu benachbarte C-Atom nun die positive Ladung trägt (Gl. 2.12).

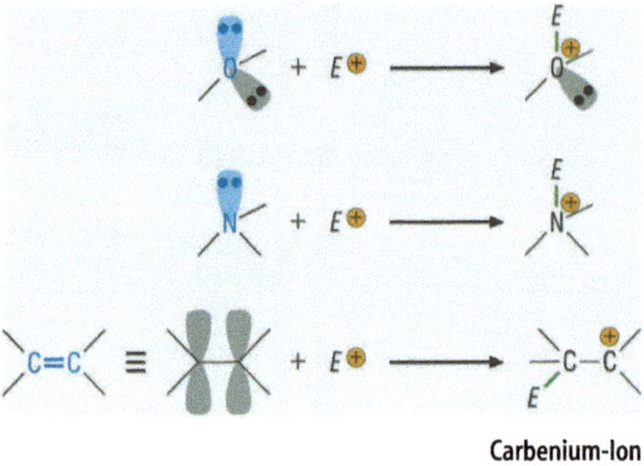

Carbenium-Ion

(**Gl. 2.12.** Ausbildung neuer Bindungen zwischen Zentren, die über ein Elektronenpaar verfügen und einem kationischen Elektrophil)

Die Reaktion von Ethen mit **Brönsted-Säuren** (Protonendonatoren) führt im ersten Schritt zur Bildung des Ethyl-Carbeniumions (Gl. 2.13).

$$\text{H}_2\text{C}=\text{CH}_2 + \text{H}^{\oplus}\text{X}^{\ominus} \longrightarrow \text{H}_3\text{C}-\overset{\oplus}{\text{C}}\text{H}_2 + \text{X}^{\ominus}$$

**Ethyl-Carbenium**

(Gl. 2.13. Bildung eines Carbeniumions aus Ethen und einem Protonendonator)

In der Folge reagiert das so gebildete Carbeniumion als Lewis-Säure mit einer geeigneten Lewis-Base weiter, wobei nun dieser zweite Reaktionsschritt sowohl von dem Anion der Säure (X$^-$), wie auch von den Reaktionsbedingungen (Lösungsmittel) abhängt. In wässriger Lösung kann einerseits das Anion X$^-$ – als reaktives Nucleophil, wie z. B. Cl$^-$ – dieser Reaktionspartner sein. Andererseits stellen Anionen wie $H_2PO_4^{2-}$, $HSO_4^-$ oder $NO_3^-$, also solche, in denen die (negative) Ladung über mehrere Atome delokalisiert auftritt (vgl. Abb. 1.27 in 1.11), recht unreaktive Nucleophile dar, so dass das Carbeniumion von dem – hier – reaktiveren Nucleophil $H_2O$ abgefangen wird. Das so gebildete (Ethyl)-*Oxoniumion* ist eine sehr starke Brönsted-Säure und überträgt daher im letzten Reaktionsschritt ein Proton an das Anion der eingesetzten Säure. Das erste Reaktionsprodukt ist der Halogenkohlenwasserstoff *Chlorethan* ($C_2H_5Cl$), dessen Bildung aus Ethan und Chlor in Gegenwart von Licht im Kapitel 2.4

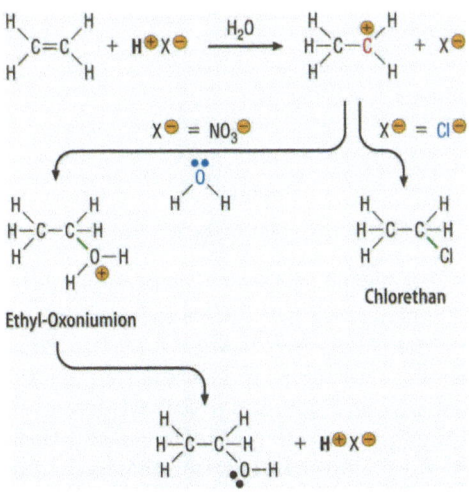

(Gl. 2.14. Folgereaktionen von Carbeniumionen mit Lewis-Basen (Nucleophilen))

**2.5 Alkene – Reaktionen, Carbeniumionen**

vorgestellt wurde. Das Reaktionsprodukt der *„säurekatalysierten Wasseraddition"* an Ethen ist der Alkohol ***Ethanol*** ($C_2H_6O$; Gl. 2.14).

**Säure-induzierte Dimerisierung von Alkenen▶** In Abwesenheit von Wasser kann das Ethyl-Carbeniumion mit einem weiteren Molekül *Ethen* reagieren, wobei nun das Butyl-Carbeniumion entsteht. Diese Spezies kann nun – in Abwesenheit weiterer nucleophiler Komponenten – selbst als Brönsted-Säure fungieren, indem wiederum ein Proton an das Anion der eingesetzten Säure übertragen wird. Das Reaktionsprodukt wäre dann das Alken ***1-Buten***. In Gegenwart eines großen Überschusses an *Ethen* hingegen kann sich die Reaktion zwischen Ethen und dem jeweils neu gebildeten Carbeniumion so lange wiederholen, dass Kohlenwasserstoffketten mit hohem Molekulargewicht (10 000–100 000) entstehen. Einen solchen Reaktionsvorgang bezeichnet man als *„kationisch-induzierte Polymerisation"* von Ethen zum Kunststoff *„Polyethylen"* (Gl. 2.15).

$(C_2H_4)_n$

$-H^{\oplus}$

n = 300–4000

$H_3C(C_2H_4)_nCH_3$

„Polyethylen"        1-Buten

**(Gl. 2.15.** Reaktion von Alkenen mit Carbeniumionen unter Ausbildung einer neuen C-C-Bindung)

**Reaktionen von Nucleophilen mit Carbeniumionen▶** So wie Wasser als Lewis-Base mit einem Carbeniumion reagiert, verhalten sich auch $H_2S$ sowie die in Kapitel 2.3 aufgeführten Molekültypen, wie z. B. Methanol oder Methanthiol, d. h. sie binden das Carbeniumion über das freie Elektronenpaar am O- bzw. S-Atom, wobei im ersten Fall wiederum ein Oxoniumion, bei Schwefel hingegen ein analoges *Sulfoniumion* entsteht. Alle diese Kationen stellen wiederum starke Brönsted-Säuren dar, und übertragen wiederum ein Proton an das Anion der eingesetzten Säure (Gl. 2.16). Die so dargestellten neuen Verbindungstypen werden in den Kapiteln 2.6 und 2.7 ausführlich diskutiert.

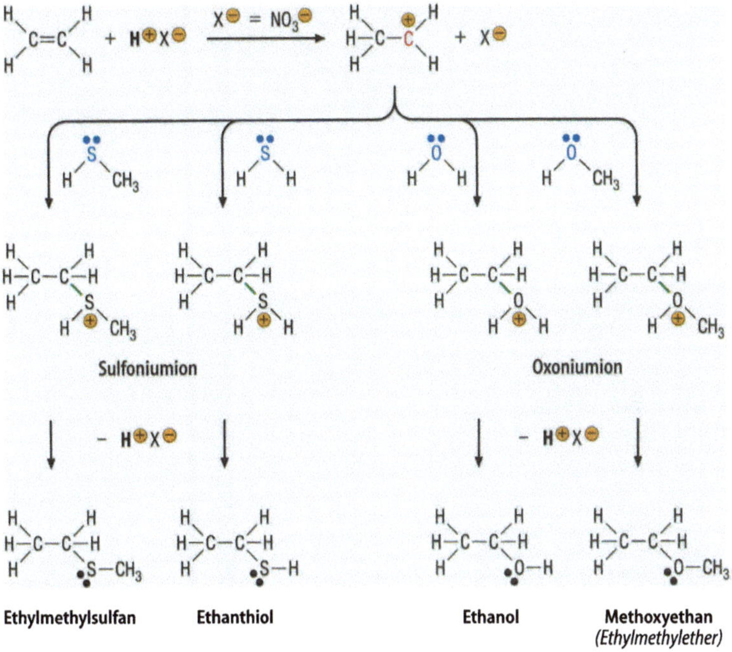

(Gl. 2.16. Reaktionen von Carbeniumionen mit Nucleophilen (Lewis-Basen))

**Additionsreaktionen von Dienen▶** Auch 1,3-Diene, wie z. B. das 2-Methylbuta-1,3-dien *„Isopren"*, reagieren mit Protonendonatoren zu einem Carbeniumion, in dem jetzt allerdings die positive Ladung mitsamt den restlichen 2 p-Elektronen über drei C-Atome delokalisiert ist. Reagiert ein weiteres Molekül „Isopren" mit diesem Carbeniumion, so entsteht ein neues, delokalisiertes Carbeniumion, welches nach Protonenabgabe ein Trien mit der Summenformel $C_{10}H_{16}$ ergibt (Gl. 2.17). In Kapitel 3.3 werden solche Kohlenwasserstoffe, die *Terpene* genannt werden, näher besprochen.

**Additionsreaktionen von Alkinen▶** Alkine, also Kohlenwasserstoffe mit einer C-C-Dreifachbindung, verhalten sich auf Grund der 2 π-Bindungen (d. h. 4 p-Elektronen) ebenso reaktiv gegenüber Elektrophilen wie Alkene; erwartungsgemäß reagieren sie mit Protonendonatoren zu Carbeniumionen, die dann ähnliche Folgereaktionen mit Lewis-Basen, wie in Gleichung 2.14–2.16 dieses Kapitels beschrieben, eingehen. In Kapitel 2.10 wird auf die Folgereaktion des in Gleichung 2.18 dargestellten

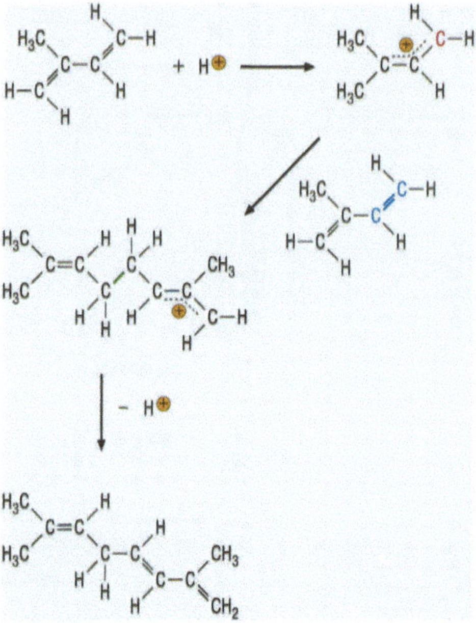

**2,7-Dimethylocta-1,3,6-trien**
*(ein Terpen)*

(Gl. 2.17. Reaktionen von Dienen mit Carbeniumionen unter C-C-Bindungsbildung)

Ethinyl-Carbeniumions mit Wasser näher eingegangen werden. Chlorethen *(Vinylchlorid)* ist Ausgangsmaterial für den Kunststoff PVC *(Polyvinylchlorid)*.

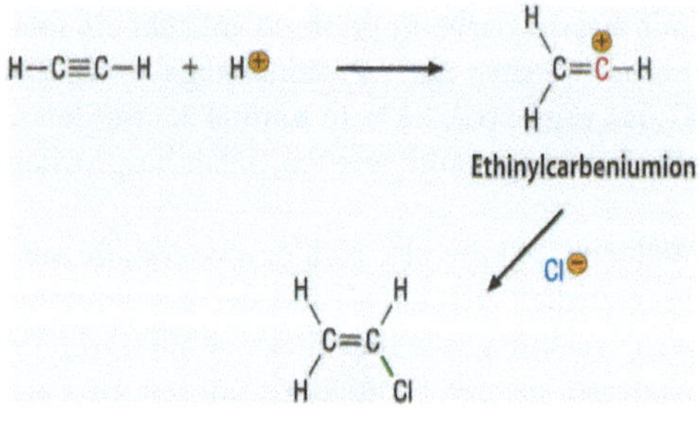

**Ethinylcarbeniumion**

**Chlorethen**
*(Vinylchlorid)*

(Gl. 2.18. Darstellung von Chlorethen aus Ethin durch eine Additionsreaktion)

**Additionseliminierungsreaktionen von Arenen**▶ In diesem Zusammenhang sei erwähnt, dass die Reaktion von Arenen, z. B. **Benzen**, mit Protonendonatoren zu einem ebenfalls delokalisierten Cyclohexadienylkation führt, in dem die positive Ladung und 4 p-Elektronen über die 5 restlichen Ring-C-Atome verteilt sind. Wie in Kapitel 2.16 näher diskutiert, handelt es sich hierbei um Carbeniumionen, die zum einen sehr unreaktive Lewis-Säuren sind, d. h. sie gehen *keine* Folgereaktionen mit Nucleophilen ein, zum anderen handelt es sich um starke Brönsted-Säuren, so dass sehr leicht eine Protonenabspaltung von dem betreffenden tetraedrischen C-Atom – unter Rückbildung des Arensystems – erfolgt (Gl. 2.19).

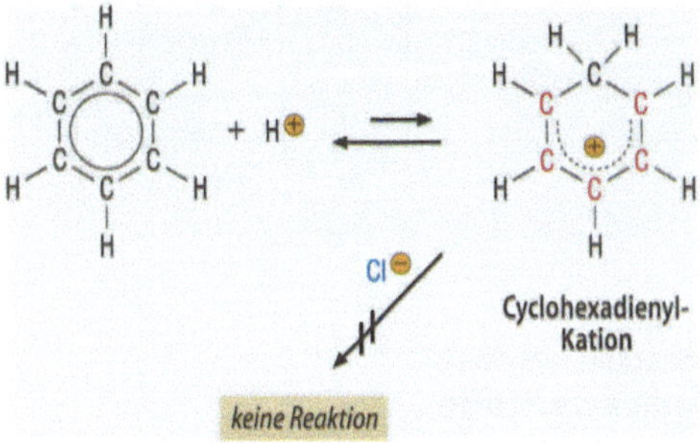

(Gl. 2.19. Die aus Arenen resultierenden Carbeniumionen reagieren – wenn überhaupt – nur sehr langsam mit Nucleophilen)

**Hydrierung von Alkenen**▶ Neben diesen charakteristischen Reaktionen, die auf der Wechselwirkung von zwei p-Elektronen eines Alkens (bzw. Alkins oder Arens) mit Elektrophilen beruhen, können Alkene sowohl Additionen mit Oxidantien wie auch mit Reduktionsmitteln eingehen. Als

1,2-Dibromethan

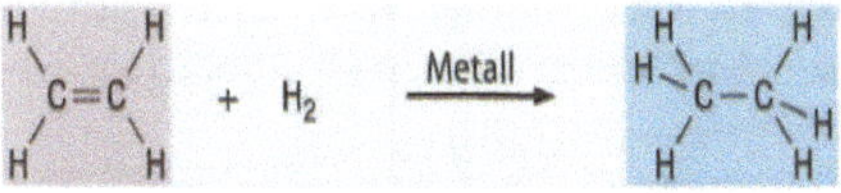

Ethan

(Gl. 2.20. Andere typische Reaktionen von Alkenen)

2.5 Alkene – Reaktionen, Carbeniumionen

Beispiele hierfür können zum einen die Reaktion von Ethen mit molekularem Brom zum Halogenkohlenwasserstoff **1,2-Dibromethan** ($C_2H_4Br_2$) und zum anderen die Hydrierung (Reaktion mit $H_2$) von Ethen zu Ethan an einer geeigneten Metalloberfläche aufgeführt werden. Diese letztere Reaktion stellt die Umkehr der in Gleichung 2.10 erwähnten Dehydrierung von Alkanen zu Alkenen dar (Gl. 2.20).

## Resümee

Alkene, Cycloalkene, Diene und Alkine reagieren als Elektronenpaardonatoren *(Lewis-Basen)* mit Elektrophilen, wie z. B. $H^+$, unter Bildung von Carbeniumionen. Diese Zwischenstufen, die nun selbst *Lewis-Säuren* sind, können in einem zweiten Schritt mit verschiedenen Nucleophilen zu Verbindungen mit C-Halogen-, C-O-, C-S-Bindungen umgewandelt werden, oder aber mit einem weiteren C-C-Doppelbindungssystem unter C-C-Verknüpfung weiterreagieren.

## 2.6 | Halogenkohlenwasserstoffe

### Lernziele

- nucleophile Substitution
- Erzeugung neuer funktioneller Gruppen

Verbindungen, die neben Kohlenstoff und Wasserstoff noch Halogene enthalten werden als Halogenkohlenwasserstoffe bezeichnet. Die Darstellung dieser Verbindungen aus Alkanen oder Alkenen wurde am Beispiel des Chlorethans in den Kapiteln 2.4 bzw. 2.5 vorgestellt.

Neben den Fluorchlorkohlenwasserstoffen (FCKW), die als Kältemittel für Kühlschränke oder Treibgase für Aerosole großtechnischen Einsatz gefunden hatten, sind auch das Tetrafluorethen (als Ausgangsmaterial für den Kunststoff „*Teflon*") oder das als Narkosemittel verwendete 1-Brom-1-chlor-2,2-trifluorethan *(„Halothan")* zu erwähnen (●Abb. 2.15).

**Nucleophile Substitution**▸ Von Bedeutung sind Halogenkohlenwasserstoffe aber auch für die Herstellung neuer Verbindungsklassen. Entscheidend hierfür ist die Tatsache, dass die C-Halogen-Bindung (hier soll das

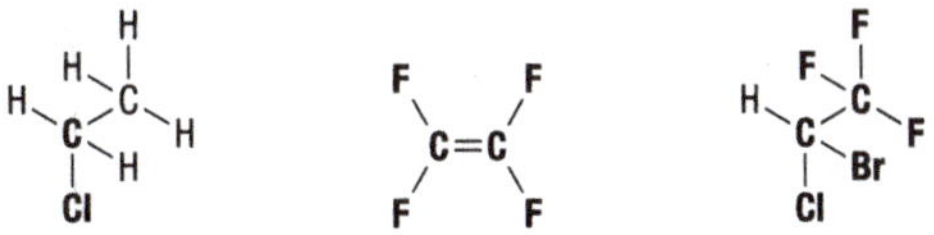

Chlorethan   Tetrafluorethen   „Halothan"

**Abb. 2.15.** Halogenkohlenwasserstoffe, Beispiele

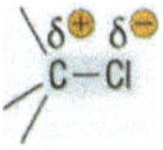

**Abb. 2.16.** Polarisierung der C-Cl-Bindung

jeweils am Beispiel von C-Cl-Bindungen erörtert werden) – im Gegensatz zu C-H- bzw. C-C-Bindungen – eine *polarisierte* kovalente Bindung ist (Abb. 2.16).

Wie schon in Kapitel 2.3 erwähnt, stellt ein C-Atom, das eine positive Teilladung aufweist, ein reaktives Zentrum gegenüber Komponenten, die als Nucleophile bezeichnet werden, dar. Diese Letztere nähert sich dem C-Atom von der Rückseite der C-Cl-Bindung, wobei zum einen die Wechselwirkung zwischen Nucleophil und dem C-Atom zunimmt, zum anderen aber die Bindung zwischen Kohlenstoff und Chlor schwächer wird. Es kommt dann schließlich zur Ausbildung einer (neuen) Bindung zwischen dem Nucleophil – welches das Elektronenpaar für die Bindung bereitstellt – und dem C-Atom, wobei gleichzeitig das Cl mit beiden Bindungselektronen – also ein Chlorid-Ion (Cl$^-$) – abgespalten wird. Diese Reaktionssequenz wird (bimolekulare) *„nucleophile Substitution"* an einem tetraedrischen C-Atom genannt und – im speziellen Fall – das Chloratom als „Abgangsgruppe" bezeichnet (Gl. 2.21).

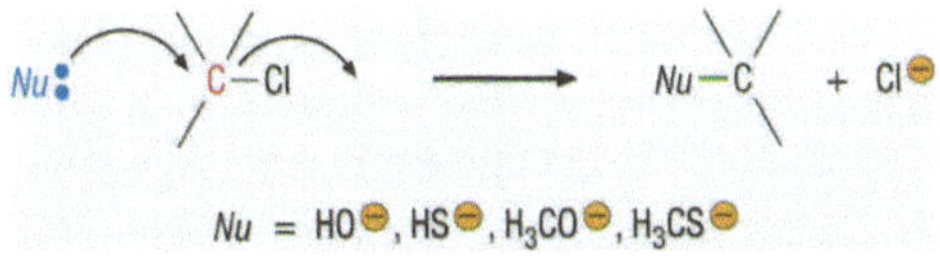

$Nu = HO^{\ominus}, HS^{\ominus}, H_3CO^{\ominus}, H_3CS^{\ominus}$

(Gl. 2.21. Allgemeines Reaktionsschema für die nucleophile Substitutionsreaktion zwischen einem Halogenkohlenwasserstoff und einem Nucleophil)

Was die nucleophile Komponente betrifft, so korreliert in erster Näherung deren Reaktivität mit ihrer Basenstärke. Somit ist es verständlich, dass das Hydroxyd-Anion ein reaktiveres Nucleophil als Wasser darstellt.

Dasselbe gilt für die Anionen von Schwefelwasserstoff, eines Alkohols oder eines Thiols, jeweils im Vergleich zu den neutralen Verbindungen. Als Reaktionsprodukte (Gl. 2.22) entstehen dabei solche Verbindungen, die auch schon bei der Umsetzung von Alkenen – über ein Carbeniumion (s. Kap. 2.5) – mit denselben (neutralen) Lewis-Basen erhalten werden. Alkohole und Thiole werden in Kapitel 2.7 ausführlich diskutiert. Verbindungen, in denen ein O-Atom zwei Alkylgruppen formal überbrückt, werden auch als *„Ether"* bezeichnet, solche in denen ein S-Atom zwei Alkylgruppen verknüpft, nennt man *„Sulfane"*.

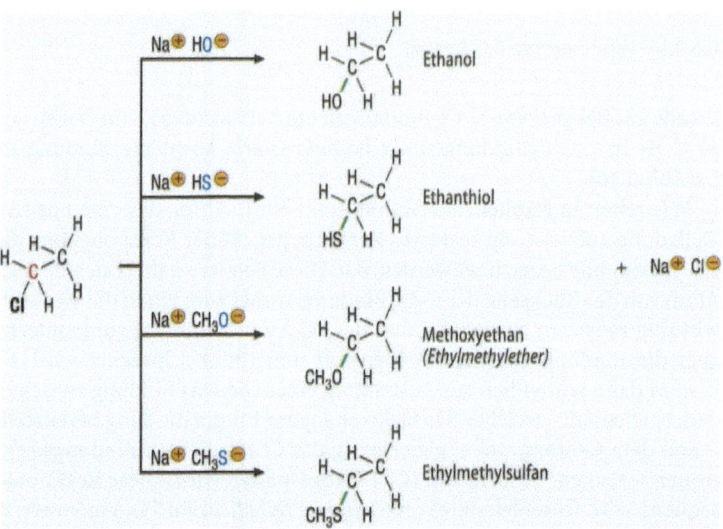

(Gl. 2.22. Beispiele für die Umwandlung eines Halogenkohlenwasserstoffs durch nucleophile Substitution)

Ammoniak (bzw. Amine, s. Kap. 2.8) sind als neutrale Nucleophile reaktiv genug, um direkt mit Halogenkohlenwasserstoffen umgesetzt zu werden. Der Ersatz des Chloratoms durch die $NH_3$-Gruppe ergibt ein Alkylammoniumsalz (Gl. 2.23).

**Lewis-Säuren-, Lewis-Basen-Reaktionen▶** Das in der C-Cl-Bindung teilweise negativ geladene Chloratom kann mit Elektrophilen, wie z. B. $AlCl_3$ oder $Ag^+$-Ionen, in Wechselwirkung treten, wobei dann die C-Cl-Bindung – heterolytisch – unter Bildung eines Carbeniumions gespalten wird (Gl. 2.24). Die Reaktion mit $AlCl_3$ wird in Kapitel 2.16 näher erörtert.

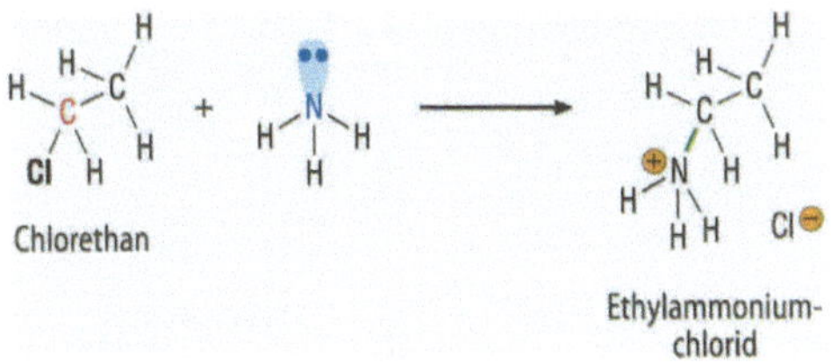

**Chlorethan**

**Ethylammoniumchlorid**

(**Gl. 2.23.** Nucleophile Substitutionsreaktion zwischen Ammoniak und Chlorethan)

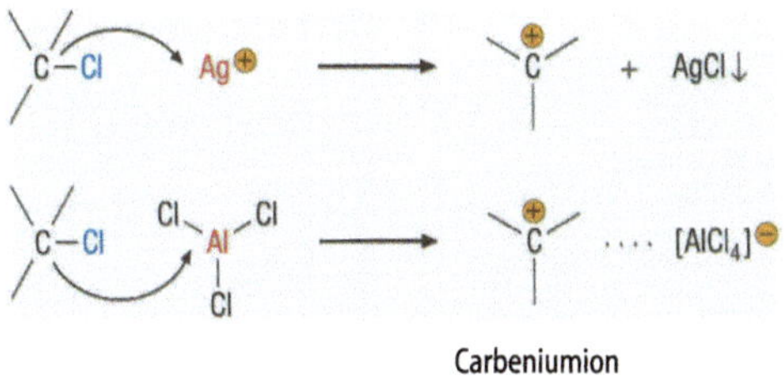

Carbeniumion

(**Gl. 2.24.** Heterolytische Spaltung einer C-Cl-Bindung mit Hilfe von Lewis-Säuren)

## Resümee

Halogenalkane lassen sich durch *nucleophile Substitution am (tetraedrischen) C-Atom* in eine Vielzahl verschiedener Verbindungsklassen (Alkohole, Thiole, Ether, Sulfane, Amine) umwandeln.

## 2.7 Alkohole, Thiole – Redoxreaktionen bei Kohlenstoffverbindungen

### Lernziele

- formale Oxidationsstufe des Kohlenstoffatoms in C-haltigen Verbindungen

**Alkohole▶** Als Alkohole (Alkanole) werden diejenigen Kohlenstoffverbindungen bezeichnet, in denen an einem tetraedrischen C-Atom *eine* OH-Gruppe gebunden vorliegt. Die Darstellung solcher Verbindungen, wie z. B. Ethanol, aus Alkenen (s. Kap. 2.5) bzw. aus Halogenalkanen (s. Kap. 2.6) ist in den betreffenden Kapiteln erörtert worden. Die Benen-

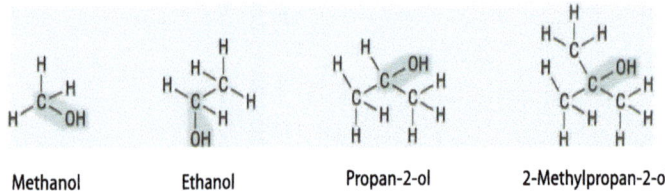

Methanol   Ethanol   Propan-2-ol   2-Methylpropan-2-ol

**Abb. 2.17.** Alkohole, Beispiele

1,2-Ethandiol  „Ethylenglycol"

1,2,3-Propantriol  „Glycerin"

**Abb. 2.18.** Di- und Trihydroxyverbindungen

nung erfolgt durch die Endung *ol* hinter dem jeweiligen Kohlenwasserstoffpräfix. In ●Abbildung 2.17 sind einfache Vertreter dieser Verbindungsklasse aufgeführt.

**Di- und Triole▶** Es können in einem Molekül auch zwei oder mehrere OH-Gruppen an verschiedene C-Atome gebunden vorliegen. Im Falle von zwei OH-Gruppen an benachbarten C-Atomen spricht man auch von einem *„Glycol"*. Beispiele hierfür sind das *„Ethylenglycol"* bzw. das *„Glycerin = Glycerol"* (●Abb. 2.18). Dieses Letztere ist ein wesentlicher Bestandteil von *Fetten* (s. Kap. 3.2).

*Thiole* sind analoge Verbindungen in denen das O-Atom formal durch ein S-Atom ersetzt wurde. Sie werden durch Umsetzung von Alkenen mit Schwefelwasserstoff (s. Kap. 2.5), bzw. durch Reaktion von Halogenalkanen mit Alkalisalzen von $H_2S$ (s. Kap. 2.6) gebildet. Einfache Vertreter sind in ●Abbildung 2.19 aufgeführt. *Methanthiol* ($CH_4S$) dient als Ausgangsstoff bei der Herstellung der Aminosäure *„Methionin"* (s. Kap. 3.4).

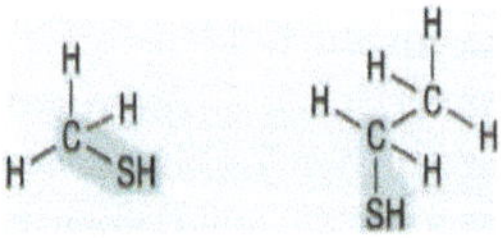

Methanthiol   Ethanthiol   **Abb. 2.19.** Thiole, Beispiele

**Tabelle 2.2.** Vergleichende Siedepunkte von Molekülen gleicher Summenformel

| Verbindung | Name | Summenformel | Siedepunkt (°c) |
|---|---|---|---|
| $CH_3CH_2OH$ | Ethanol | $C_2H_6O$ | 78° |
| $CH_3OCH_3$ | Methoxymethan | | −25° |
| $CH_3CH_2CH_2CH_2OH$ | Butan-1-ol | $C_4H_{10}O$ | 117° |
| $CH_3CH_2OCH_2CH_3$ | Ethoxyethan (Diethylether) | | 34° |

**Wasserstoffbrückenbindung▶** Alkohole assoziieren in flüssiger Phase – ähnlich wie Wasser – über Wasserstoffbrückenbindungen (s. Kap. 1.6); dies führt dazu, dass Alkohole deutlich höhere Siedepunkte aufweisen als andere Verbindungen mit ähnlicher Summenformel bzw. Zusammensetzung (Tabelle 2.2).

**Säure-Basen-Eigenschaften▶** Alkohole verhalten sich ähnlich wie Wasser, indem sie als schwache Brönsted-Säuren in der Lage sind, aus der OH-Gruppe das Proton an eine Base (:B) zu übertragen, wobei ein *Alkoholat-Ion* entsteht. Zum anderen sind sie als Lewis-Basen in der Lage, Elektrophile, wie z.B. Carbeniumionen (s. Kap. 2.5), über das freie Elektronenpaar am O-Atom zu binden (Gl. 2.25).

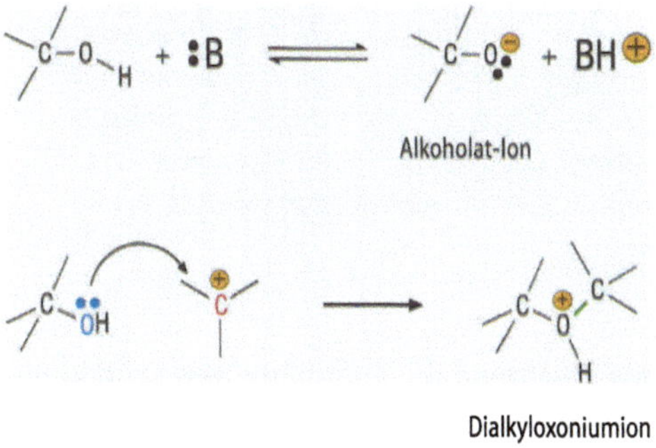

Alkoholat-Ion

Dialkyloxoniumion

(**Gl. 2.25.** Alkohole können sowohl als Brönsted-Säuren wie auch als Lewis-Basen reagieren)

Je nach dem Substitutionsmuster am C-Atom, das die OH-Gruppe bindet, unterscheidet man *primäre, sekundäre* und *tertiäre Alkohole*. Bei den tertiären Alkoholen bindet dieses C-Atom ausschließlich an weitere C-Atome, bei den sekundären an genau ein H-Atom und zwei weitere C-Atome, und bei den primären an mindestens zwei H-Atome und einem C-Atom,

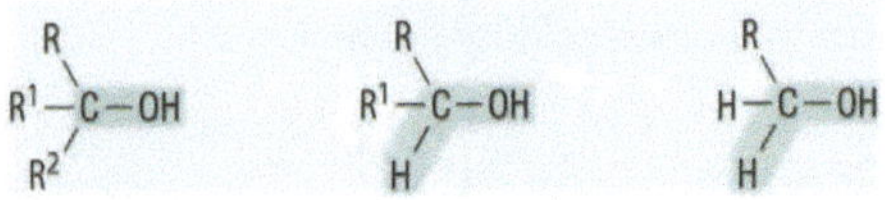

tertiärer Alkohol | sekundärer Alkohol | primärer Alkohol

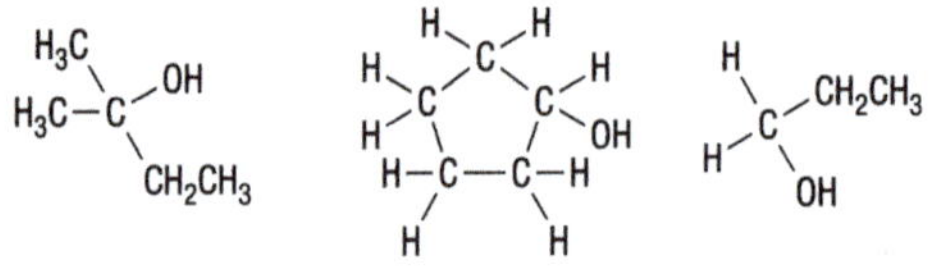

2-Methylbutan-2-ol | Cyclopentanol | 1-Propanol

**Abb. 2.20.** Primäre, sekundäre und tertiäre Alkohole

bzw. im speziellen Fall von ***Methanol***, an drei H-Atome (Abb. 2.20). Wie wir in der Folge sehen werden, ergibt sich diese (Begriffs-) Differenzierung auf Grund des unterschiedlichen Verhaltens solcher Alkohole gegenüber Oxidationsmitteln.

**Infobox** Kohlenwasserstoffreste, d. h. z. B. Alkylgruppen, werden häufig durch den Buchstaben *„R"* symbolisiert. Die Verwendung dieser Abkürzung in chemischen Formeln beinhaltet mehrere Aussagen, u. a. dass das diskutierte Strukturelement *(„funktionelle Gruppe")* in der entsprechenden Formel, oder aber die chemische Umwandlung des angegebenen Moleküls *unabhängig* von der Qualität dieses Restes ist, wie z. B. in den in Abbildung 2.20 präsentierten allgemeinen Beispielen für Alkohole. Die Symbole „$R^1$", „$R^2$", usw. sagen dabei aus, dass die jeweiligen Kohlenwasserstoffreste verschieden sein *können*, aber nicht verschieden sein *müssen*.

**Oxidationsstufe des C-Atoms▸** Während die Zuordnung von Oxidationsstufen bei Metall-Ionen einfach ist, da diese eine direkte Aussage über die Zahl der abgegebenen oder aufgenommenen Elektronen liefert (z. B. die Oxidation von Zn zu $Zn^{2+}$ oder die Reduktion von $Cu^{2+}$ zu $Cu^{+}$), ist eine solche Anwendung bei Kohlenstoffverbindungen etwas problematischer, allein schon deshalb, weil diese Verbindungen nicht als Ionen vorliegen. Wenn man allerdings an die (Luft-) Oxidation von Methan zu Kohlendioxid (s. Gl. 2.9) denkt, so liegt hier ja eindeutig ein Elektronenentzug vom Kohlenwasserstoff vor, da der molekulare Sauerstoff teilweise zu Wasser reduziert wird. Wenn man von den Grundregeln (s. Kap. 1.12) ausgeht, dass

- Elemente die Oxidationszahl „Null" haben,
- die Oxidationszahl des Wasserstoffs in Verbindung mit (dem leicht elektronegativeren) Kohlenstoff gleich „+1" und
- die des Sauerstoffs gleich „–2" ist,

so kann man C-Atomen in kohlenstoffhaltigen Verbindungen *„formale"* Oxidationsstufen zuordnen, wobei die Zahlen selbst nicht unbedingt relevant sind, wohl aber, wie gezeigt werden soll, die **Differenz** *zwischen* solchen Zahlen, da diese eine direkte Anzeige der Zahl der in diese Umwandlung involvierten Elektronen ergibt (●Abb. 2.21).

Somit sollten z. B. bei der Umwandlung von Methan in Methanol oder aber bei der Umwandlung von Methanol zu Methanal *(Formaldehyd)* dem

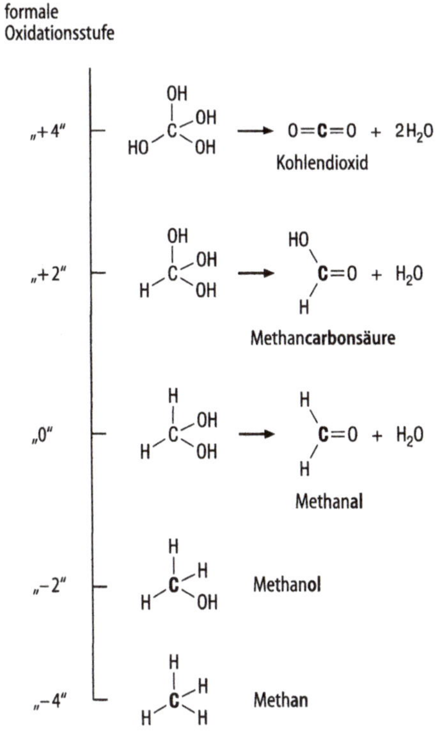

**formale Oxidationsstufe**

„+4"  $HO-C(OH)(OH)(OH) \longrightarrow O=C=O + 2H_2O$  Kohlendioxid

„+2"  $H-C(OH)(OH)(OH) \longrightarrow HO-C(H)=O + H_2O$  Methancarbonsäure

„0"  $H-C(H)(OH)(OH) \longrightarrow H-C(H)=O + H_2O$  Methanal

„–2"  $H-C(H)(H)(OH)$  Methanol

„–4"  $H-C(H)(H)(H)$  Methan

**Abb. 2.21.** Formale Oxidationsstufen von C-Verbindungen

jeweiligen Molekül, das oxidiert wird, *genau* zwei Elektronen entzogen werden, da bei einem solchen Schritt ein halbes Sauerstoffmolekül (= ein Sauerstoffatom) eine Reduktion von der Oxidationsstufe „Null" in die Oxidationsstufe „–2" erfährt. Dass dies tatsächlich zutrifft soll an der (reversiblen) Redoxumwandlung eines primären oder sekundären Alkohols in eine *Carbonylverbindung* (s. auch Kap. 2.8) detailliert diskutiert werden.

**Oxidation von Alkoholen an einer Anode▶** Redoxreaktionen, d.h. Elektronentransferreaktionen (s. Kap. 1.12) beinhalten im Allgemeinen die Wechselwirkung von zwei Reaktanden, dem Reduktionsmittel (das oxidiert wird) und dem Oxidationsmittel (welches reduziert wird), stellen also insgesamt ein Vierkomponentensystem dar. Ist man, wie z. B. bei der Oxidation von Kohlenstoffverbindungen, nur an dieser und an dem entsprechenden (Oxidations-) Produkt interessiert, so ist es sinnvoll, ein „inertes" Oxidationsmittel, am besten eine Anode (positive Elektrode, die Elektronen aufnimmt, s. Kap. 1.12) zu verwenden (bei der entsprechenden Reduktion würde eine Kathode eingesetzt werden). In Gleichung 2.26

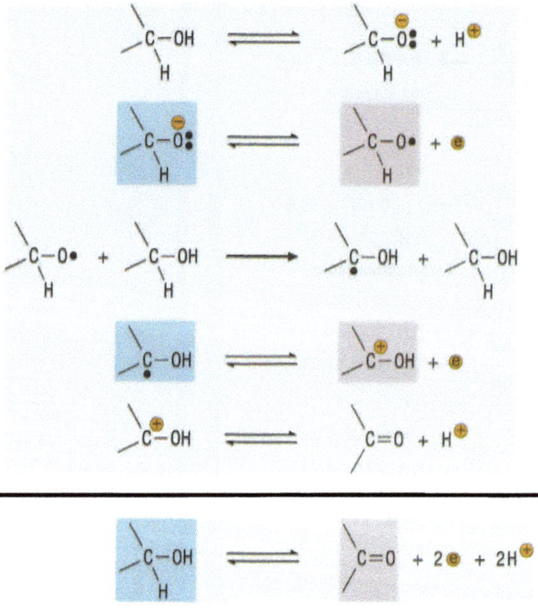

(Gl. 2.26. Teilschritte und Gesamtbilanz für die (reversible) Oxidation eines Alkohols zu einer Carbonylverbindung)

sind die einzelnen Schritte für die Oxidation eines Alkohols, der in diesem Beispiel *primär* oder *sekundär* sein soll (d. h. an dem C-Atom, an dem die OH-Gruppe gebunden ist, ist gleichzeitig noch **mindestens ein H-Atom** gebunden), dargestellt. Der erste Schritt beinhaltet die Säuredissoziation des Alkohols in ein Alkoholat-Ion (und ein Proton). Dieses Alkoholat-Ion wandert als Anion zur Anode und wird dort oxidiert, d. h. es erfährt eine Elektronenabgabe, zu einem sauerstoffzentrierten Radikal (analog der Oxidation eines Carbanions zu einem Alkylradikal, s. Gl. 2.4). Dieses Oxi-Radikal verhält sich wie ein Cl-Atom oder ein $O_2$-Molekül (s. Gl. 2.6 u. 2.8), d. h. es reagiert mit einem weiteren Alkoholmolekül, unter H-Abstraktion aus der C-H-Bindung, an der die OH-Gruppe gebunden ist, wobei nun wieder ein Alkoholmolekül und ein kohlenstoffzentriertes Radikal, also ein Alkylradikal, entsteht. Dieses wird nun in einem weiteren Schritt (s. Gl. 2.4) zu einem Carbeniumion oxidiert, welches schließlich als Brönsted-Säure ein Proton abgibt (die Rückreaktion dieses letzten Teilschrittes entspricht der Protonierung einer Carbonylverbindung, s. Kap. 2.9). Die **Gesamtbilanz** dieser fünf Teilschritte zeigt an, dass ein primärer bzw. sekundärer Alkohol unter Abgabe von *zwei* Elektronen und zwei Protonen zu einer Carbonylverbindung *oxidiert* werden kann und ebenfalls, dass eine Carbonylverbindung in Gegenwart von Säure (= Protonen) unter Aufnahme von *zwei* Elektronen zu einem primären bzw. sekundären Alkohol *reduziert* werden kann.

Wenn man nun die analoge Oxidation eines tertiären Alkohols oder aber die eines beliebigen Thiols diskutiert, so ist es leicht zu verstehen, dass die ersten zwei Teilschritte (Deprotonierung und Elektronenabgabe) auch für solche Verbindungen stattfinden können.

Entscheidend ist aber, dass der dritte Teilschritt in Gleichung 2.26 deshalb spontan abläuft, weil unter Homolyse der (schwächeren) C-H-Bindung die (stärkere) O-H-Bindung gebildet wird. Da nun zum einen ein tertiärer Alkohol keine entsprechende C-H-Bindung enthält, und zum anderen die Bindungsenergie einer S-H-Bindung deutlich geringer als die der C-H-Bindung ist, können die hier gebildeten Radikale nur andere Reaktionen, z. B. eine Dimerisierung, eingehen. Bei tertiären Alkoholen (Gl. 2.27) entstehen somit **Dialkylperoxide** (das sind C-Derivate des Wasserstoffperoxyds $H_2O_2$).

**Redoxsystem Thiol/Sulfan▶** Das entsprechende Reaktionsprodukt eines Thiols (Gl. 2.28) nennt man ein **Disulfan**. Eine solche oxidative S-S-Bindungsbildung findet bei der Umwandlung der Aminosäure (s. Kap. 3.4) „*Cystein*" in die Aminosäure „*Cystin*" statt.

(**Gl. 2.27.** Bildung eines Dialkylperoxids durch Oxidation eines tertiären Alkohols)

(**Gl. 2.28.** Teilschritte und Gesamtbilanz für die (reversible) Oxidation eines Thiols zu einem Disulfan)

> **Resümee**
>
> Alkohole sind Moleküle, in denen eine OH-Gruppe an ein tetraedrisches C-Atom gebunden ist. In flüssiger Phase assoziieren sie über H-Brücken. Die reversible Umwandlung von primären bzw. sekundären Alkoholen zu Carbonylverbindungen sowie die von einem Thiol zu einem Disulfan sind Beispiele für Redoxreaktionen von Kohlenstoffverbindungen.

## 2.8 Amine

> **Lernziele**
>
> - Verbindungen mit einer C-N-Bindung
> - Basizität

Bei der Reaktion von Halogenalkanen mit Nucleophilen (der so genannten *nucleophilen Substitution an einem tetraedrischen C-Atom*, s. Kap. 2.6) wurde auch die Reaktion mit Ammoniak (s. Gl. 2.23) erwähnt, bei der ein Alkylammoniumsalz gebildet wird. Führt man dieselbe Reaktion in Gegenwart eines Überschusses an $NH_3$ durch, so wird das Alkylammoniumsalz in einer nachfolgenden Säure-Basen-Reaktion in ein primäres Amin umgewandelt (Gl. 2.29). In ●Abbildung 2.14 wurde ein solches Molekül schon vorgestellt.

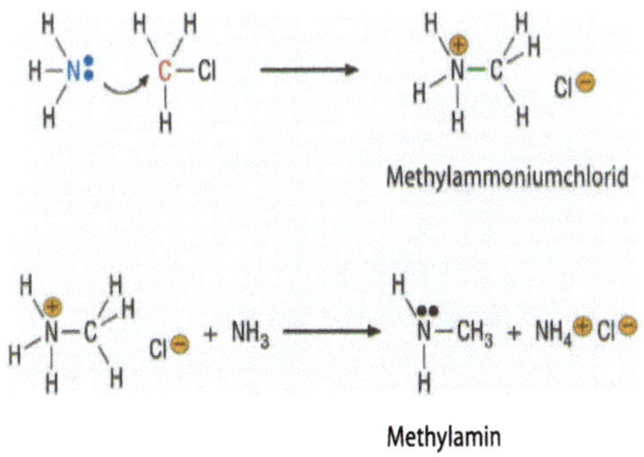

(Gl. 2.29. Darstellung von Methylamin aus Chlormethan und Ammoniak)

| CH₃NH₂ | C₂H₅NH₂ | H₂N(CH₂)₄NH₂ | H₂N(CH₂)₅NH₂ |
|---|---|---|---|
| Methylamin | Ethylamin | 1,4-Diaminobutan (Putrescin) | 1,5-Diaminopentan (Cadaverin) |

**Abb. 2.22.** Primäre Amine, Beispiele

**Primäre Amine▶** Primäre Amine sind also Verbindungen, in denen ein – im Allgemeinen tetraedrisches – C-Atom an eine $NH_2$-Gruppe gebunden ist. Beispiele für solche Verbindungen sind in ⬤Abbildung 2.22 zusammengefasst. Die beiden *Diamine* entstehen bei der Fäulnis von Eiweißstoffen.

Als *biogene Amine* bezeichnet man dabei solche Verbindungen, die durch Decarboxylierung (Abspaltung von $CO_2$, Gl. 2.30) aus natürlich vorkommenden α-Aminosäuren (s. Kap. 3.4) gebildet werden.

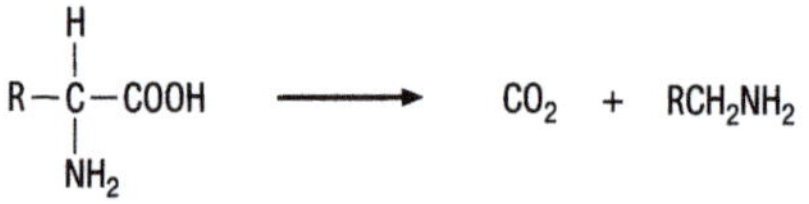

$$R-\underset{\underset{NH_2}{|}}{\overset{\overset{H}{|}}{C}}-COOH \longrightarrow CO_2 + RCH_2NH_2$$

(**Gl. 2.30.** Decarboxylierung einer α-Aminosäure zu einem primären Amin)

Da es sich bei primären Aminen – genauso wie bei Ammoniak – um nucleophile Reagenzien handelt, kann ein solches Molekül mit einem Halogenkohlenwasserstoff eine weitere nucleophile Substitution eingehen. Über ein Dialkylammoniumsalz entsteht dann ein sekundäres Amin (Gl. 2.31).

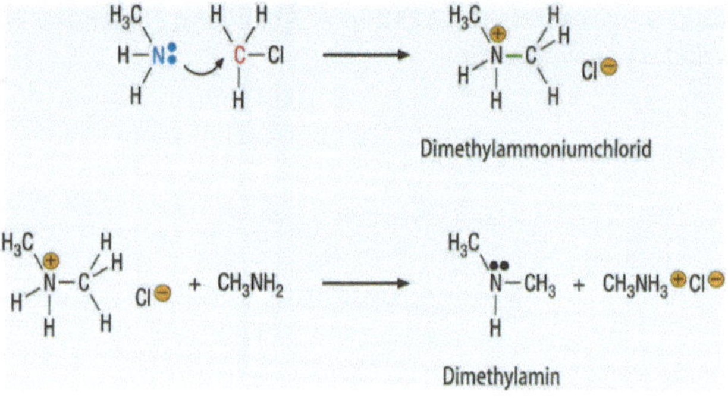

(**Gl. 2.31.** Darstellung von Dimethylamin aus Chlormethan und Methylamin)

**Sekundäre Amine▶** Sekundäre Amine reagieren mit salpetriger Säure ($HNO_2$) zu so genannten Nitrosaminen; die mit dem Amin in Reaktion tretende elektrophile Komponente ist dabei das Nitrosylkation ($NO^+$). Bei dem Dimethylnitrosamin handelt es sich um eine stark toxische, cancerogene Verbindungen (Gl. 2.32).

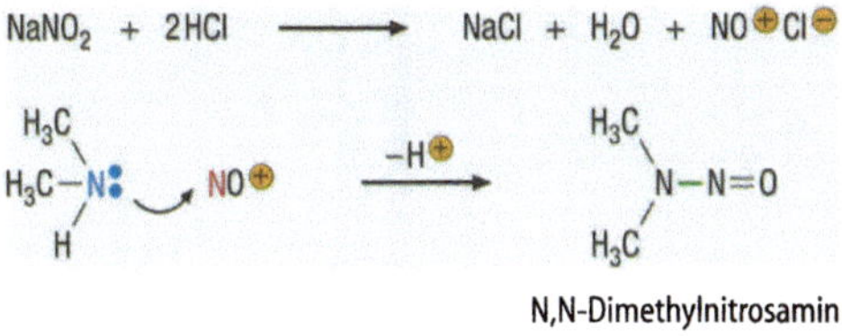

$$NaNO_2 + 2\,HCl \longrightarrow NaCl + H_2O + NO^{\oplus}Cl^{\ominus}$$

N,N-Dimethylnitrosamin

(**Gl. 2.32.** Darstellung eines Nitrosamins aus einem sekundären Amin)

Auch sekundäre Amine können wiederum mit einem Halogenalkan reagieren, wobei über ein Trialkylammoniumsalz ein tertiäres Amin entsteht. Dieses kann schließlich als Nucleophil mit einem Halogenkohlenwasserstoff zu einem quartären Ammoniumsalz abreagieren (Gl. 2.33).

Tetraalkylammoniumionen zeichnen sich durch Löslichkeit sowohl in wässriger Phase wie auch in organischen Lösungsmitteln aus und werden daher als Phasentransferkatalysatoren verwendet.

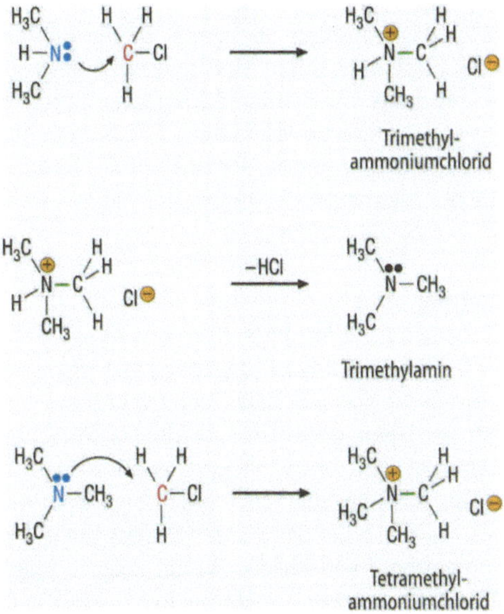

Trimethylammoniumchlorid

Trimethylamin

Tetramethylammoniumchlorid

(**Gl. 2.33.** Umwandlung von sekundären Aminen in tertiäre Amine und dann in quartäre Ammoniumsalze)

## Resümee

Amine können als formale C-Substitutionsprodukte des Ammoniaks (Ersatz von H-Atomen am Stickstoff durch Alkylgruppen) betrachtet werden. Sie sind durch das freie Elektronenpaar am N-Atom, genauso wie Ammoniak, gleichzeitig *Brönsted-* und *Lewis-Basen*, da sie sowohl Protonen binden, als auch wie Nucleophile reagieren können.

### 2.9 Carbonylverbindungen (I)

## Lernziele

▶ Additionsreaktionen an das C-Atom einer C-O-Doppelbindung

Als Carbonylverbindungen bezeichnet man Kohlenstoffverbindungen, die eine C-O-Doppelbindung (eine so genannte Carbonylgruppe) enthalten. Wie in Gleichung 2.26 gezeigt, werden sie durch Oxidation von primären bzw. sekundären Alkoholen erhalten. Man unterscheidet zwischen *Aldehyden* (Oxidationsprodukte von primären Alkoholen) und *Ketonen* (Oxidationsprodukte von sekundären Alkoholen). Die Benennung erfolgt für Aldehyde durch die Endung *al* und für Ketone mit der Endung *on*, wobei als Präfix der Name des Alkans mit der gleichen C-Zahl verwendet wird (●Abb. 2.23).

**Additionsreaktionen▶** Carbonylverbindungen können – ähnlich wie Alkene – Additionsreaktionen eingehen. Allerdings unterscheidet sich die C-O-Doppelbindung in Carbonylverbindungen prinzipiell von der C-C-Doppelbindung in Alkenen durch die Tatsache, dass hier zwei Atome verschiedener Elektronegativität vorliegen, dass also eine Ladungsverschiebung der Bindungselektronen vom elektropositiveren C-Atom zum elektronegativeren O-Atom (●Abb. 2.12) gegeben ist. Demzufolge stellt das teilweise positiv geladenen C-Atom ein Zentrum dar, mit dem Lewis-Basen, also nucleophile Komponenten, in Wechselwirkung treten können (●Abb. 2.13). Das partiell negativ geladene O-Atom kann wiederum selbst mit elektrophilen Komponenten unter Bildung eines Oxa-Carbeniumions reagieren (Gl. 2.34). Bindet ein Nucleophil an das Carbonyl-C-

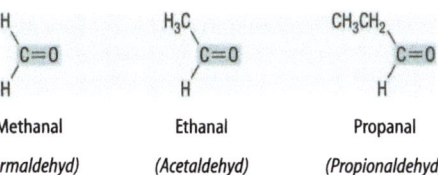

| Methanal | Ethanal | Propanal |
| --- | --- | --- |
| (Formaldehyd) | (Acetaldehyd) | (Propionaldehyd) |

| Propanon | Butanon | Pentan-2-on | Pentan-3-on |
| --- | --- | --- | --- |
| (Aceton) | (Ethylmethylketon) | (Methylpropylketon) | (Diethylketon) |

**Abb. 2.23.** Aldehyde und Ketone, Beispiele

Atom, so erfährt dieses erwartungsgemäß eine räumliche Umorientierung von einem trigonal-planaren zu einem tetraedrischen (vierbindigen) C-Atom (Gl. 2.35).

(**Gl. 2.34.** Addition des Carbonyl-O-Atoms an ein Elektrophil)

(**Gl. 2.35.** Addition eines Nucleophils an das Carbonyl-C-Atom)

Wie schon in Kapitel 2.5 erläutert, korreliert die Reaktivität von nucleophilen Reagenzien in etwa mit deren Brönsted-Basenstärke, also in der Reihenfolge [HO$^-$, RO$^-$] > [NH$_3$, RNH$_2$ R$_2$NH] > [HOH, ROH]. Da aber, wie in Kapitel 2.10 näher erklärt wird, Carbonylverbindungen in Gegenwart von starken Basen eine Deprotonierungsreaktion eingehen, können Hydroxyd- bzw. Alkoholat-Ionen im Allgemeinen *nicht*, Ammoniak und primäre bzw. sekundäre Amine aber durchaus, als Partner für nucleophile Additionen an Carbonylverbindungen eingesetzt werden. Das Reaktionsprodukt, das nach Ladungsausgleich durch Protonierung am (negativ geladenen) O-Atom und Deprotonierung am (positiv geladenen) N-Atom gebildet wird, bezeichnet man als ein N, O-Halbacetal (Gl. 2.36).

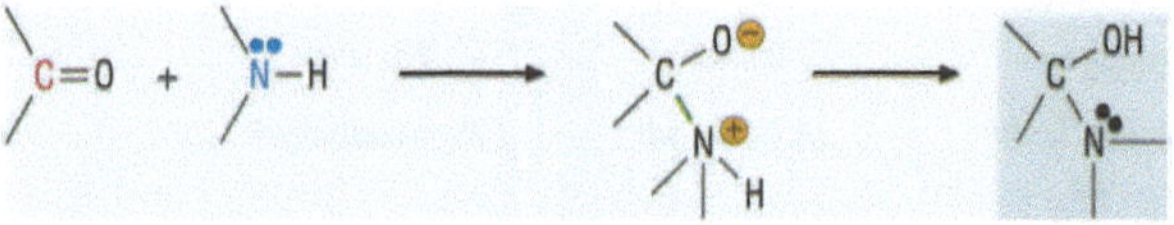

(Gl. 2.36. Addition eines N-Nucleophils an das Carbonyl-C-Atom)

Alkohole und Wasser sind deutlich weniger reaktive nucleophile Komponenten; dementsprechend verläuft deren Umsetzung mit Carbonylverbindungen nur sehr langsam. Eine Beschleunigung erreicht man, indem man durch Zugabe einer Brönsted-Säure die Carbonylverbindung zuerst am O-Atom protoniert. Das so gebildete Carbeniumion (s. Gl. 2.34) kann nun von Wasser bzw. einem Alkohol als Lewis-Base abgefangen werden. Die Reaktion mit Wasser ergibt – nach Protonenabgabe an ein geeignetes Akzeptormolekül – ein so genanntes *Carbonylhydrat* (Gl. 2.37), während die Umsetzung mit einem Alkohol zu einem *Halbacetal* führt (Gl. 2.38). Wird der Begriff „Halbacetal" ohne Vorangabe von Atomen verwendet, so ist damit immer ein O, O-Halbacetal gemeint.

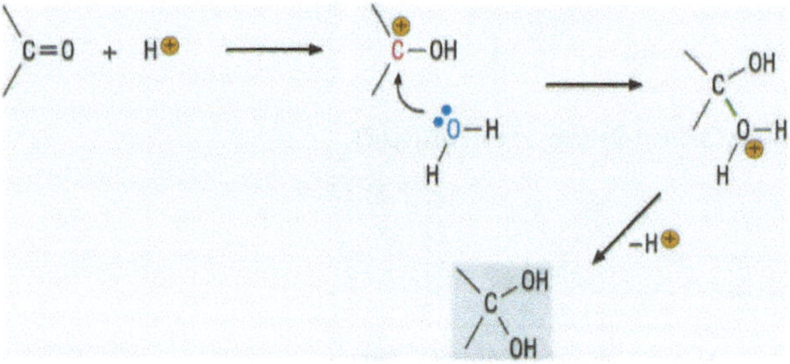

ein Carbonylhydrat

(Gl. 2.37. Bildung eines Carbonylhydrats unter Säurekatalyse)

**Säurekatalysierte Reaktion▶** Die hier in Spuren eingesetzte Säure wirkt als so genannter „Katalysator": Sie beschleunigt die Gleichgewichtseinstellung, d. h. sowohl die Hin- wie die Rückreaktion, und geht in die Gesamt(massen)bilanz der Reaktion *nicht* ein (vgl. 1.8, Abb. 1.23). Aus den Gleichungen 2.37 und 2.38 wird auch ersichtlich, dass nicht unbedingt dasselbe $H^+$-Teilchen, das im ersten Reaktionsschritt eingesetzt wird, auch im letzten Reaktionsschritt wieder abgespalten wird.

ein Halbacetal

(Gl. 2.38. Bildung eines Halbacetals unter Säurekatalyse)

Ein ähnlicher, säurekatalysierter Additionsschritt wurde schon in Gleichung 2.13 bei der Wasseraddition an Alkene über ein Carbeniumion vorgestellt.

**Hin- und Rückreaktion▶** Für typische Carbonylverbindungen, wie sie in ◉Abbildung 2.23 zusammengefasst sind, liegt das Gleichgewicht für solche Reaktionen überwiegend auf der Seite der Edukte, also der Carbonylverbindungen. Das heißt aber, dass solche Carbonylhydrate und Halbacetale, in Gegenwart von Brönsted-Säuren in wässriger Lösung, spontan zu den Carbonylverbindungen zurückreagieren. Eine Beschleunigung des Additionsschrittes – und damit eine Stabilisierung der Wasser- bzw. Alkoholaddukte – findet bei Carbonylverbindungen statt, in denen am zum Carbonyl-C-Atom benachbarten C-Atom ein oder mehrere H-Atome durch deutlich elektronegativere Atome, wie z. B. F, Cl oder O, ersetzt sind. Solche Atome bzw. Atomgruppen bewirken durch den stärkeren Elektronenzug (im Vergleich zu Wasserstoff) eine Herabsetzung der Ladungsdichte am Carbonyl-C-Atom und damit gekoppelt, eine Erhöhung seiner Elektrophilie. Dieses Phänomen wird auch als *„induktiver Effekt"* von Substituenten (s. auch Kap. 2.12, Carbonsäuren) bezeichnet.

Beispiele für solche Moleküle sind z. B. das *Chloral* (Trichlorethanal), das 1,1,1-Trifluoraceton oder der *Glycolaldehyd* (2-Hydroxyethanal), die alle stabile Hydrate bilden.

Das *Chloralhydrat* (2,2,2-Trichlorethan-1,1-diol) wird als Schlaf- bzw. Beruhigungsmittel verwendet (◉Abb. 2.24). Diese – im Gegensatz zu Gleichung 2.38 ohne Säurekatalyse – verlaufende Additionsreaktion von neutralen O-Nucleophilen an Carbonyl-C-Atome ist auch für das Ver-

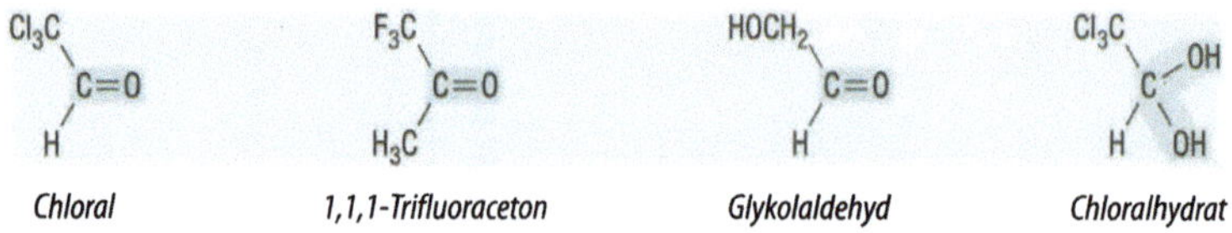

**Chloral**     **1,1,1-Trifluoraceton**     **Glykolaldehyd**     **Chloralhydrat**

**Abb. 2.24.** Carbonylverbindungen und Carbonylhydrate

ständnis von einfachen Kohlehydratbausteinen, den Sacchariden (s. Kap. 3.5), von Bedeutung.

**Carbonylhydrate▸** Hydrate bzw. Halbacetale stehen mit den jeweiligen Carbonylverbindungen im Gleichgewicht, wobei die Lage dieses Gleichgewichtes auch durch Folgereaktionen beeinflusst werden kann. So sind Aldehyd-Hydrate bei der Oxidation von Aldehyden in wässriger Lösung Zwischenstufen, die in Analogie zu primären bzw. sekundären Alkoholen (s. Gl. 2.26) eine Spaltung der C-H-Bindung eingehen können (Ketonhydrate verhalten sich hier wie tertiäre Alkohole, da sie keine entsprechende C-H-Bindung aufweisen). Somit können Aldehyde in wässriger Lösung leicht zu so genannten Carbonsäuren (s. Kap. 2.12) weiteroxidiert werden, während Ketone unter diesen selben Reaktionsbedingungen stabil sind (Gl. 2.39).

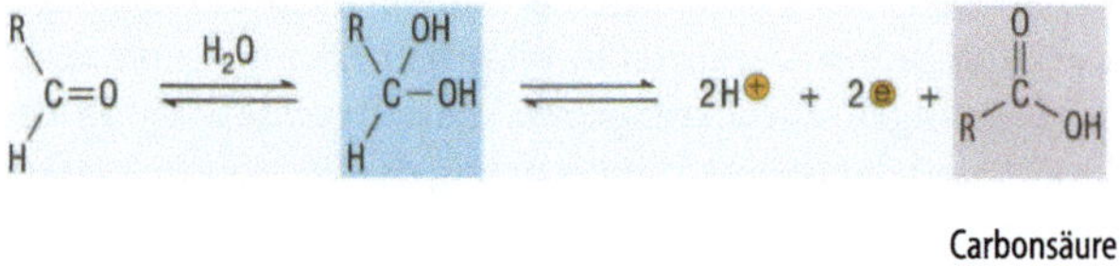

Carbonsäure

**(Gl. 2.39.** Reversible Oxidation eines Aldehyds zu einer Carbonsäure)

## Resümee

Carbonylverbindungen enthalten eine C-O-Doppelbindung; weitere Substituenten am trigonalen C-Atom sind Kohlenstoffreste (ein Keton) oder mindestens ein H-Atom (ein Aldehyd). Auf Grund der Polarisierung der C-O-Bindung können nucleophile Reagenzien an das (elektrophile) C-Atom binden. So reagieren z. B. Alkohole – meistens in Gegenwart katalytischer Mengen einer *Brönsted-Säure* – mit Carbonylverbindungen zu Halbacetalen. Aldehyde können unter milden Bedingungen zu Carbonsäuren weiteroxidiert werden, während Ketone gegenüber den hier eingesetzten Oxidationsreagenzien stabil sind

## 2.10 Carbonylverbindungen (II)

**Lernziele**
- Keto-Enol-Tautomerie
- Aldolreaktion
- Ausbildung von C-C-Bindungen

In Kapitel 2.9 wurden Carbonylverbindungen im Allgemeinen vorgestellt sowie deren Reaktionen mit N- bzw. O-Nucleophilen besprochen. Additionsreaktionen erlauben es somit, neue Bindungen zu knüpfen. Bei der Diskussion von kohlenstoffhaltigen Verbindungen ist es naheliegend, ein besonderes Augenmerk auf die Verknüpfung von Kohlenstoffatomen miteinander, also die Ausbildung von C-C-Bindungen, zu werfen, erlaubt doch dieser Reaktionsschritt die Synthese größerer Moleküle aus kleineren Bausteinen. In ◉Abbildung 2.13 wurde schon auf die prinzipielle Möglichkeit der Ausbildung einer C-C-Bindung durch Addition eines C-Nucleophils an ein (elektrophiles) trigonales C-Atom aufmerksam gemacht. In diesem Kapitel sollen nun konkret Reaktionen von Carbanionen mit Carbonylverbindungen diskutiert werden (Gl. 2.40).

(Gl. 2.40. Addition eines Carbanions an das Carbonyl-C-Atom)

**Carbanionen ▶** Alkylcarbanionen sind schon als potentielle Heterolyseprodukte von C-C-bindungshaltigen Verbindungen (s. Gl. 2.2) sowie als Reduktionsprodukte von Carbeniumionen bzw. Alkylradikalen (s. Gl. 2.4) vorgestellt worden. Dieser zweite Bildungstyp (Gl. 2.41) soll nun etwas ausführlicher diskutiert werden, und zwar am Beispiel der „C-Umpolung" durch Umwandlung einer Verbindung mit einem partiell positiv-polarisierten, tetraedrischen C-Atom in eine solche, mit einem partiell negativ-polarisierten C-Atom, wie sie in ◉Abbildung 2.12 auftreten.

(Gl. 2.41. „Umpolung" eines Kohlenstoffatoms)

Als konkretes Beispiel betrachten wir die Umsetzung eines Halogenkohlenwasserstoffes, im speziellen Fall Chlormethan, mit einem Alkalimetall, hier Lithium, als Reduktionsmittel. In einem ersten Schritt erfolgt Elektronenübertragung von einem Lithiumatom an das Chlormethan, gefolgt von einer (reduktiven) Spaltung der C-Cl-Bindung zu einem Methylradikal und einem Chlorid-Ion. In einem zweiten Schritt reagiert ein zweites Lithiumatom mit dem Methylradikal zu Methyllithium, einer so genannten *metallorganischen Verbindung* (Gl. 2.42). Formal erfährt dabei das C-Atom eine Aufnahme von zwei Elektronen, wie es auch aus Gleichung 2.4 zu erwarten ist.

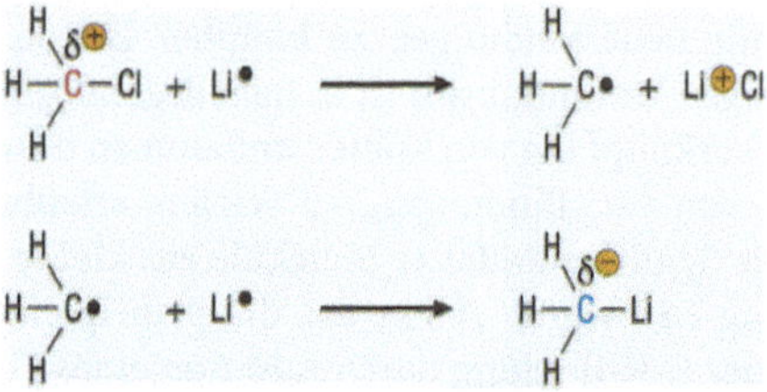

(Gl. 2.42. Reduktion von Chlormethan zu Methyllithium)

Solche Verbindungen, die ein stark negativ-polarisiertes C-Atom enthalten, verhalten sich zum einen als sehr starke Basen, zum anderen sind sie sehr oxidationsempfindlich (d. h. Carbanionen werden z. B. durch Luftsauerstoff leicht zu Alkylradikalen oxidiert).

Dementsprechend muss bei Reaktionen von solchen Verbindungen auf den Ausschluss, sowohl von $O_2$ wie auch von Wasser, sorgfältig geachtet werden. Unter Beachtung dieser Maßnahmen können sie aber problemlos als Reagenzien eingesetzt werden. Als Beispiel sei hier die Reaktion von Methyllithium mit einer Carbonylverbindung zu einem Alkoholat (Gl. 2.43) aufgeführt. Wässrige Aufarbeitung ergibt in einem zweiten Schritt den entsprechenden Alkohol.

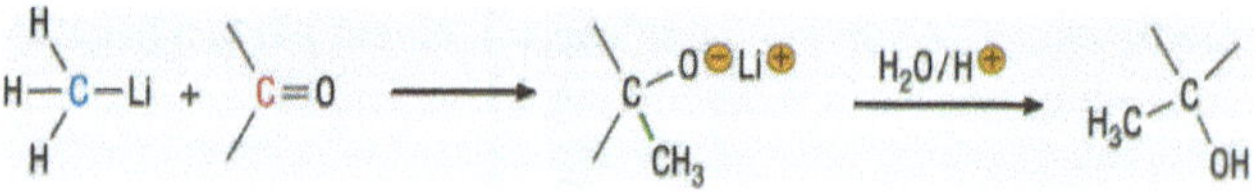

(Gl. 2.43. Reduktive Alkylierung einer Carbonylverbindung zu einem Alkohol)

Wie schon in Kapitel 1.5 ausführlich diskutiert, führt die Delokalisierung von Ladung zu einer Stabilisierung des entsprechenden geladenen Teilchens. In der Folge wollen wir Carbanionen kennen lernen, bei denen genau dieses Phänomen der Ladungsdelokalisierung, also der Mesomeriestabilisierung, auftritt.

**Enole▶** Bei dem in 👁 Abbildung 2.23 vorgestellten Aldehyd *Ethanal* handelt es sich um ein wichtiges technisches Zwischenprodukt; ein älteres Herstellungsverfahren beruht auf der säurekatalysierten Wasseraddition an das einfachste Alkin, nämlich Ethin (Gl. 2.44).

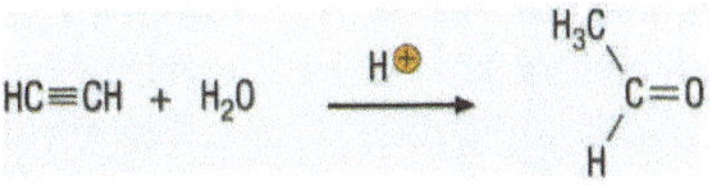

$$HC\equiv CH + H_2O \xrightarrow{H^\oplus} \underset{H}{\overset{H_3C}{>}}C=O$$

Ethanal

(Gl. 2.44. Bildung von Ethanal (Acetaldehyd) aus Ethin und Wasser)

Vom Reaktionsverlauf her sind Reaktionen von Alkinen nach demselben Muster zu diskutieren, wie solche von Alkenen. Übertragen wir die Reaktionssequenz aus Kapitel 2.5 von der Umwandlung von Ethen in Ethanol auf Ethin, so erwarten wir die entsprechende Bildung von Ethenol (Gl. 2.45).

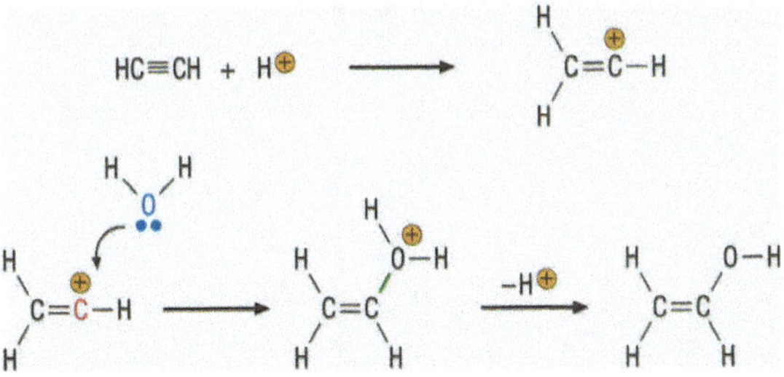

Ethenol

(Gl. 2.45. Säurekatalysierte Addition von Wasser an ein Alkin unter Bildung eines Enols)

*Ethenol* ist der einfachste Vertreter der Stoffklasse, die als „Enole" bezeichnet werden. Darunter versteht man Verbindungen, in denen eine OH-Gruppe an ein trigonales C-Atom einer C-C-Doppelbindung gebunden vorliegt. Die Tatsache aber, dass wie vorhin erwähnt, bei der Reaktion aus Ethin und Wasser Ethanal gebildet wird, wobei aber erwartungsgemäß Ethenol entstehen sollte, stellt in sich keinen Widerspruch dar. Es ist nur zu überlegen, inwieweit Ethenol und Ethanal sich im Gleichgewicht befinden, und wenn ja, wie eine Isomerisierung von Ethenol nach Ethanal (Gl. 2.46) erfolgt.

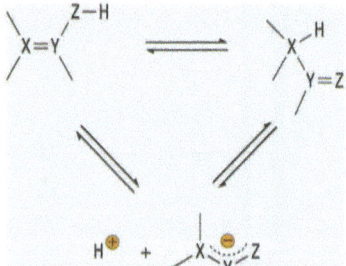

Ethanol ⇌ Ethanal

(Gl. 2.46. (Tautomerie-) Gleichgewicht zwischen Ethenol und Ethanal)

**Tautomerie▶** Konstitutionsisomere, die sich in ihrer Struktur nur durch die Positionierung eines H-Atoms unterscheiden, werden Tautomere genannt. Ein allgemeines Schema für solche Moleküle ist in Gleichung 2.47 dargestellt. Es ist leicht zu erkennen, dass die beiden Verbindungen in Gleichung 2.46 einem ebensolchen Muster angepasst sind. Die Gleichgewichtseinstellung erfolgt jeweils durch Deprotonierung der einzelnen Spezies, wobei zu beachten ist, dass aus beiden Tautomeren durch Protonenabspaltung ein und dasselbe, mesomeriestabilisierte Anion entsteht. Dieses ergibt dann durch Protonierung an den beiden möglichen Zentren (hier: X oder Y) entweder die eine oder die andere Spezies, wobei die Lage des Gleichgewichts von den jeweiligen relativen Stabilitäten dieser beiden geprägt wird.

(Gl. 2.47. Allgemeines Reaktionsschema für die gegenseitige Umwandlung zweier tautomerer Verbindungen über ein gemeinsames Anion)

**Keto-Enol-Tautomerie▶** Das in Gleichung 2.46 gezeigte Gleichgewicht wird auch als ein „Keto-Enol-Gleichgewicht" bezeichnet, wobei unter der „Ketoform" die Carbonylkomponente und unter „Enol" ebendieses gemeint ist. Das beiden Spezies gemeinsame Anion wird „Enolat-Anion bzw. Enolat-Ion" genannt (Gl. 2.48). Das Gleichgewicht liegt hier deshalb auf der Seite der so genannten Carbonylverbindung, weil – in erster Näherung – die Bindungsenergie einer C-O-Doppelbindung (736 KJ/mol) deutlich höher als die der C-C-Doppelbindung (611 KJ/mol) ist (vgl. Tab 1.7).

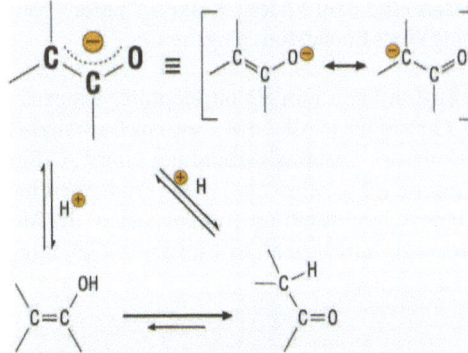

(Gl. 2.48. Allgemeines Schema für Keto-Enol-Tautomerie)

α-**H-Acidität**▶ Erwartungsgemäß verhalten sich alle Aldehyde bzw. Ketone, die an dem zur Carbonylgruppe benachbarten C-Atom – dem hier so genannten α-C-Atom – mindestens ein H-Atom als Substituent aufweisen, gegenüber Basen als Brönsted-Säuren. Man bezeichnet dann solche Verbindungen auch als „CH-acide Verbindungen" oder „CH-Säuren". Entscheidend dabei ist, dass – wie schon in Kapitel 2.9 erwähnt – solche Car-

3-Hydroxybutanal

(Gl. 2.49. C-C-Bindungsbildung durch die „Aldolreaktion")

2.10 Carbonylverbindungen (II)

bonylverbindungen mit Basen eine Säure-Basen-Reaktion unter Protonierung der Base und Bildung eines Enolat-Ions eingehen.

**Aldolreaktion▶** Dieses Enolat-Ion kann nun als nucleophiles Reagens – genauso wie ein einfaches Carbanion (s. Gl. 2.40) – an ein Carbonyl-C-Atom eines weiteren Moleküls der Carbonylverbindung eine C-C-Bindung eingehen. Das nach Protonenrücktransfer erhaltene Produkt enthält eine Carbonylgruppe und eine Alkoholfunktion. Am Beispiel zweier Moleküle Ethanal ist eine solche „Aldolreaktion" in Gleichung 2.49 aufgeführt.

## Resümee

Carbonylverbindungen, die am zum Carbonyl-C-Atom benachbarten Kohlenstoffatom mindestens ein H-Atom gebunden haben, können durch Basen zu einem Enolat-Ion deprotoniert werden. Solche Enolat-Ionen können – genauso wie einfache Alkylcarbanionen – als nucleophile Reagenzien eine Bindung an ein (elektrophiles) Carbonyl-C-Atom unter Ausbildung einer neuen C-C-Bindung eingehen.

### 2.11 Halbacetale und Acetale

## Lernziele

▶ Eliminierung/Addition/Sequenzen

In Kapitel 2.9 wurde die Bildung von Halbacetalen durch säurekatalysierte Alkoholaddition an Carbonylverbindungen (s. Gl. 2.38) vorgestellt. Es handelt sich auch bei dieser um eine reversible Reaktion, d. h. Halbacetale reagieren in saurer wässriger Lösung – unter Protonierung, Alkoholabspaltung und Deprotonierung – zurück zu Carbonylverbindungen (Gl. 2.50).

Setzt man allerdings die Carbonylverbindung mit einem *Überschuss* an Alkohol und in Gegenwart einer Brönsted-Säure unter Wasserausschluss um, so reagiert das primär gebildete Halbacetal weiter: Durch Protonierung am O-Atom der OH-Gruppe, Wasserabspaltung, Alkoholaddition und Deprotonierung entsteht ein *Acetal* (genau gesagt: ein O, O-

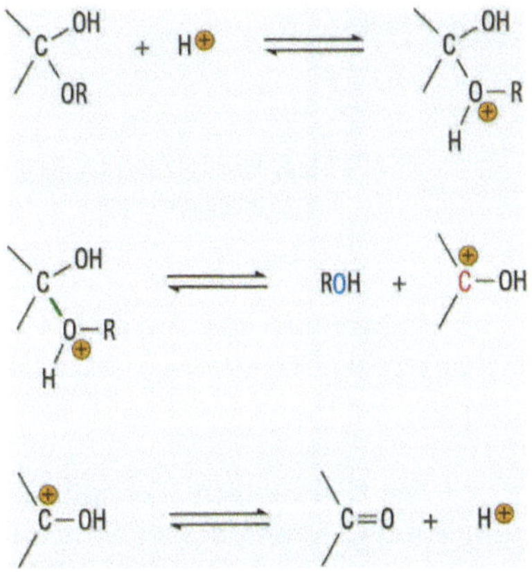

(**Gl. 2.50.** Hydrolyse eines Halbacetals zu einer Carbonylverbindung unter Säurekatalyse)

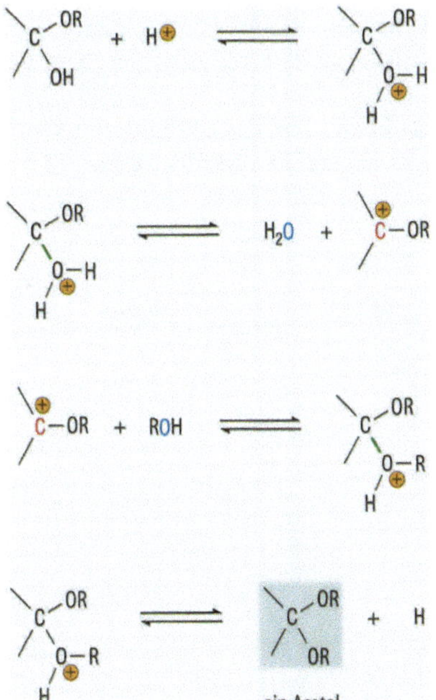

(**Gl. 2.51.** Bildung eines Acetals aus einem Halbacetal unter Säurekatalyse)

2.11 Halbacetale und Acetale

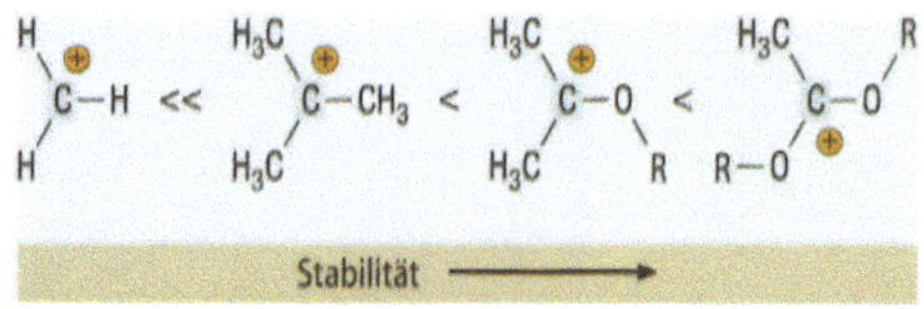

$$\underset{H}{\overset{H}{>}}\!\!C\!-\!H \ll \underset{H_3C}{\overset{H_3C}{>}}\!\!\overset{\oplus}{C}\!-\!CH_3 < \underset{H_3C}{\overset{H_3C}{>}}\!\!\overset{\oplus}{C}\!-\!\underset{R}{\overset{O}{\phantom{O}}} < \underset{R-O}{\overset{H_3C}{>}}\!\!C\!-\!\underset{\oplus}{\overset{R}{\overset{O}{\phantom{O}}}}$$

Stabilität ⟶

**Abb. 2.25.** Relative Stabilität von Carbeniumionen

Acetal; Gl. 2.51). Diese Umsetzung von Halbacetalen mit Alkoholen zu Acetalen spielt bei dem Aufbau von Oligosacchariden aus Monosacchariden (s. Kap. 3.5) eine Schlüsselrolle.

**Stabilität von Carbeniumionen▸** Wie aus den Gleichungen 2.50 und 2.51 ersichtlich wird, stellt die Protonierung eines O-Atoms, das an ein tetraedrisches C-Atom gebunden ist, gefolgt von Wasser- bzw. Alkoholeliminierung, einen geeigneten Weg zur Herstellung von Carbeniumionen dar. Carbeniumionen wurden schon als Zwischenstufen bei der Umsetzung von Alkenen, in Gegenwart von Brönsted-Säuren (s. Gl. 2.13), diskutiert. Ihre Stabilität nimmt mit zunehmender Alkylsubstitution am trigonalen C-Atom zu und erhöht sich zusätzlich, wenn ein Atom mit einem freien Elektronenpaar, wie z. B. Sauerstoff, direkt an dem kationischen Zentrum gebunden ist (⬤ Abb. 2.25).

In einem zweiten Reaktionsschritt kann dann das Carbeniumion von einem anderen nucleophilen Reagens abgefangen werden. Diese Eliminierungs-, Additionssequenz (Gl. 2.52) erlaubt dann ebenso wie die

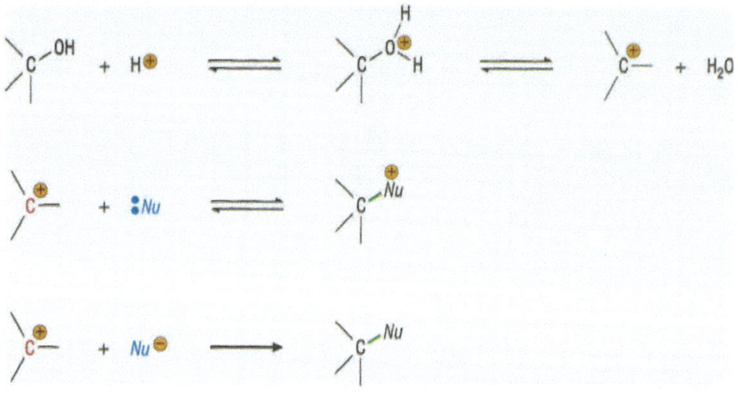

(**Gl. 2.52.** Herstellung von Carbeniumionen aus Alkoholen und deren mögliche Reaktionen mit Nucleophilen)

nucleophile Substitution (s. Gl. 2.21–2.23) den Austausch von funktionellen Gruppen an einem tetraedrischen C-Atom.

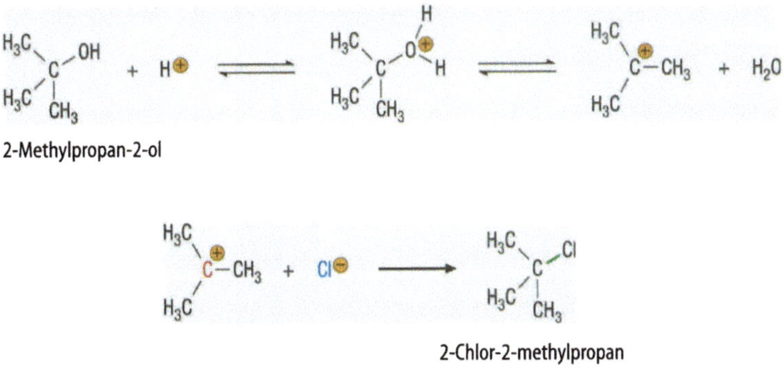

2-Methylpropan-2-ol

2-Chlor-2-methylpropan

(**Gl. 2.53.** Umwandlung eines teriären Alkohols in einen Halogenkohlenwasserstoff über ein Carbeniumion als Zwischenstufe)

Somit können Halbacetale zu Acetalen reagieren, aber auch tertiäre Alkohole lassen sich leicht, z. B. in Halogenkohlenwasserstoffe, umwandeln (Gl. 2.53).

Die Kohlenstoffhalogenbindung in solchen Halogenkohlenwasserstoffen lässt sich wiederum leicht *heterolytisch* durch Zusatz einer Lewis-Säure, z. B. $Ag^+$-Ionen, spalten (Gl. 2.54). Der Vorteil dieser Methode beruht auf der Tatsache, dass das Carbeniumion in Abwesenheit einer Brönsted-Säure erzeugt wird, und dass es somit auch von N-Nucleophilen, wie Ammoniak, oder im Speziellen von sekundären Aminen, abgefangen werden kann. Die in Gleichung 2.52 aufgeführte Sequenz erlaubt eine solche Umsetzung nicht, da Amine – als starke Basen – in Gegenwart eines Protonendonators selbst protoniert werden.

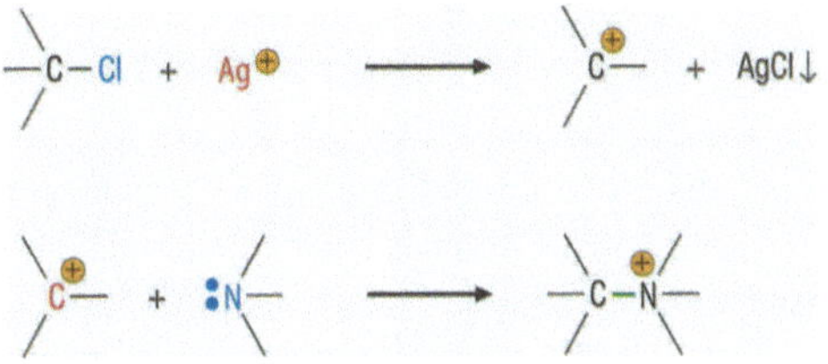

(**Gl. 2.54.** Umwandlung eines Halogenkohlenwasserstoffes in ein Amin über ein Carbeniumion als Zwischenstufe)

**N, O-Acetale ▶** Für die Darstellung von N, O-Acetalen, eine Verbindungsklasse, die bei den Nucleosiden (s. Kap. 3.6) eine wesentliche Rolle spielt, eignet sich somit am besten die Umsetzung eines Halbacetals zu einem Halogenether, der dann in einem zweiten Schritt in das Zielprodukt umgewandelt wird (Gl. 2.55).

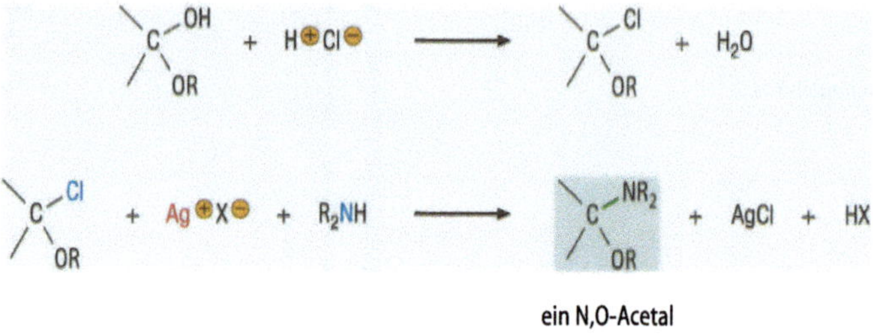

ein N,O-Acetal

(**Gl. 2.55.** Darstellung eines N,O-Acetals aus einem Halbacetal)

## Resümee

Halbacetale sind aus Carbonylverbindungen und Alkoholen zugänglich. Sie können in Acetale (= O, O-Acetale) oder in N, O-Acetale umgewandelt werden. Diese Reaktionen verlaufen über stabilisierte Carbeniumionen als Zwischenstufen. Diese Umsetzungen sind für die Herstellung von Oligosacchariden einerseits und von Nucleosiden andererseits von Bedeutung.

## 2.12 Carbonsäuren

### Lernziele

- kohlenstoffhaltige Säuren
- Acidität

**Carbonsäuren ▶** Verbindungen, die die funktionelle Gruppe C(O)OH enthalten, werden Carbonsäuren genannt. Sie können einerseits aus Aldehyden durch Oxidation erhalten werden (s. Gl. 2.39), kommen andererseits selbst in der Natur vor, wie z. B. *Ameisensäure*, *Essigsäure* oder *Buttersäure*. Beispiele für solche Substanzen sind in ◉ Abbildung 2.26 zusammengefasst.

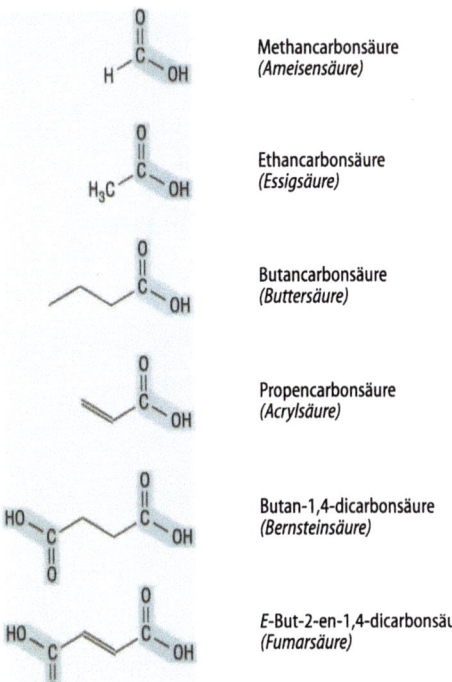

**Abb. 2.26.** Carbonsäuren und Dicarbonsäuren, Beispiele

**Fettsäuren▶** Langkettige Carbonsäuren, die aus 16 oder 18 C-Atomen aufgebaut sind, werden auch als *„Fettsäuren"* bezeichnet (●Abb. 2.27). Es gibt dabei *„gesättigte Fettsäuren"* ohne C-C-Doppelbindung(en) und *„ungesättigte Fettsäuren"* mit C-C-Doppelbindung(en).

Ähnlich wie Alkohole enthalten Carbonsäuren eine an ein C-Atom gebundene OH-Gruppe: Demzufolge liegen solche Verbindungen in flüssiger Phase ebenfalls durch Wasserstoffbrückenbindungen (s. Kap. 1.6) assoziiert vor, was wiederum zu einer deutlichen Siedepunkterhöhung im Vergleich mit Verbindungen ähnlichen Molekulargewichtes führt.

**Acidität▶** Der Name „Carbonsäuren" legt eine erhöhte Acidität, d. h. Säurestärke solcher Verbindungen nahe. Es ist hier von Interesse, Kohlenstoffverbindungen, die eine OH-Gruppe enthalten, also Alkohole, Enole und Carbonsäuren hinsichtlich ihrer Dissoziation in wässriger Lösung (Gl. 2.56) eingehender zu diskutieren.

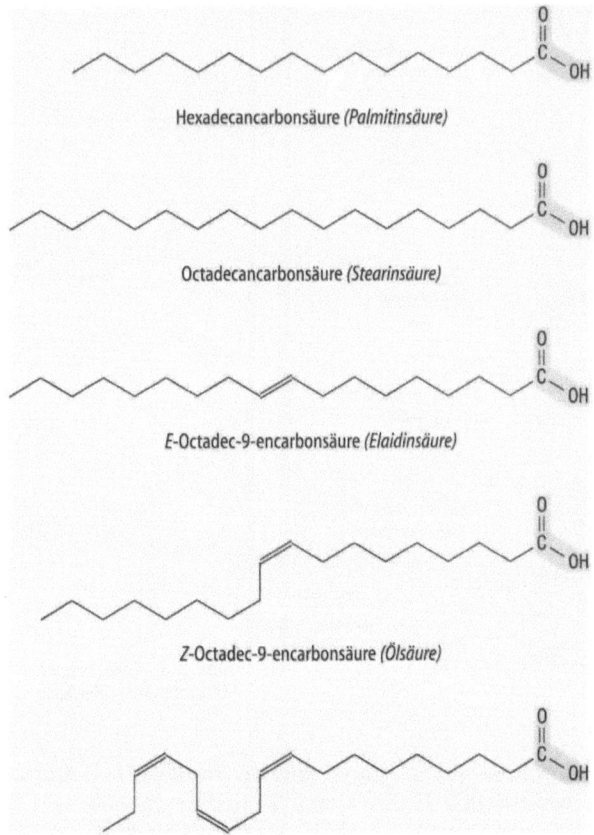

**Abb. 2.27.** Fettsäuren

Wie in Kapitel 1.11 ausführlich diskutiert, wird die Säurestärke verschiedener Verbindungen in wässriger Lösung mittels ihrer $pK_s$-Werte verglichen, wobei es sich bei diesen um den negativ-dekadischen Logarithmus der jeweiligen Säuredissoziationskonstanten $K_s$ handelt. Diese Größe wiederum resultiert aus dem Verhältnis der Geschwindigkeitskonstante für den heterolytischen Bindungsbruch der OH-Bindung, zur Geschwindigkeitskonstante für die Rückreaktion (Gl. 2.57).

In erster Näherung ist die Geschwindigkeitskonstante für die Protonenabspaltung aus der OH-Gruppe für die drei diskutierten Verbin-

$$-\overset{|}{\underset{|}{C}}-O^{H} + H_2O \rightleftharpoons -\overset{|}{\underset{|}{C}}-O^{\ominus} + H_3O^{\oplus}$$

(Gl. 2.56. Dissoziation einer (allgemeinen) C-O-H-Säure in wässriger Lösung)

$$-\overset{|}{\underset{|}{C}}-O^{H} + H_2O \underset{k_{\leftarrow}}{\overset{k_{\rightarrow}}{\rightleftharpoons}} -\overset{|}{\underset{|}{C}}-O^{\ominus} + H_3O^{\oplus}$$

$$K_S = \frac{k_{\rightarrow}}{k_{\leftarrow}}$$

(Gl. 2.57. Säuredissoziationskonstante (als Verhältnis der Geschwindigkeitskonstanten für Hin- und Rückreaktion) für eine (allgemeine) C-O-H-Säure)

dungsklassen gleich. Somit aber ergibt sich zwangsmäßig, dass die beobachteten, deutlichen Unterschiede in den p$K_s$-Werten ausschließlich auf die jeweiligen Geschwindigkeitskonstante der Rückreaktion zurückzuführen sind. Je stabiler das entsprechende Anion einer OH-Säure, umso langsamer erfolgt also dessen (Rück-) Protonierung! Im Alkoholat-Ion ist die negative Ladung am O-Atom lokalisiert. Die schon bei einem Enolat-Ion diskutierte Stabilisierung (s. Gl. 2.48) durch Delokalisierung von Ladung (= Mesomeriestabilisierung) ist bei dem Anion einer Carbonsäure, dem so genannten „Carboxylation", auf Grund der Symmetrie (= Identität) der beiden endständigen O-Atome noch stärker ausgeprägt (Gl. 2.58) und deshalb sind Carbonsäuren noch stärkere Säuren als Enole.

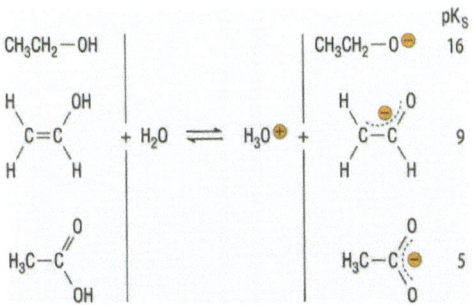

(Gl. 2.58. Säuredissoziation von Alkoholen, Enolen und Carbonsäuren)

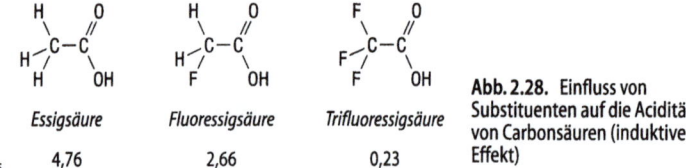

Abb. 2.28. Einfluss von Substituenten auf die Acidität von Carbonsäuren (induktiver Effekt)

Der schon in Gleichung 2.39 angesprochene „induktive Effekt" von Substituenten an einem tetraedrischen C-Atom beeinflusst ebenfalls die Säurestärke einer Carbonsäure. Tatsächlich führt der Ersatz der H-Atome am zur C(O)OH-Gruppe benachbarten C-Atom durch Halogenatome zu einer deutlichen Erhöhung der Säurestärke, da der (verstärkte) Elektronenzug an diesem C-Atom auf die benachbarten Bindungen, und somit auch auf die OH-Bindung übertragen wird, und damit zu einer Beschleunigung der Protonenabspaltung in wässriger Lösung führt. Die Geschwindigkeitskonstante der Rückreaktion wird dabei nicht beeinflusst (● Abb. 2.28).

**Neutralisation▶** Als Säuren reagieren Carbonsäuren mit Basen erwartungsgemäß unter Bildung von Salzen. Beispiele für solche Reaktionen sind in Gleichung 2.59 zusammengefasst. Die Alkalisalze der Fettsäuren werden auch als *„Seifen"* bezeichnet, da solche Verbindungen früher als solche Verwendung fanden.

(Gl. 2.59. Neutralisation von Carbonsäuren mit Basen (unter Salzbildung))

**Carbonsäureester▸** Ähnlich wie bei Carbonylverbindungen, d. h. Aldehyden und Ketonen (s. Kap. 2.9) kann das O-Atom der C-O-Doppelbindung in Carbonsäuren ebenfalls ein Proton binden, wobei wiederum ein stabilisiertes Carbeniumion entsteht (R steht hier für H oder eine beliebige C-Kette). Dieses kann nun – analog der Sequenz der Halbacetalbildung – aus einer Carbonylverbindung (s. Gl. 2.38 u. 2.50) von einem beliebigen Alkohol abgefangen werden (R' steht hier für irgendeine Alkylgruppe, wie z. B. $CH_3$ oder $C_2H_5$).

Durch eine anschließende Deprotonierung, Protonierung, Wasserabspaltung, Protonierungsequenz (Gl. 2.60) entsteht dabei ein Carbonsäureester, also eine Verbindung, die aus der Carbonsäure *formal* durch Austausch der OH-Gruppe am C-Atom der C-O-Doppelbindung durch eine O-$C_xH_y$-Gruppe gebildet wird.

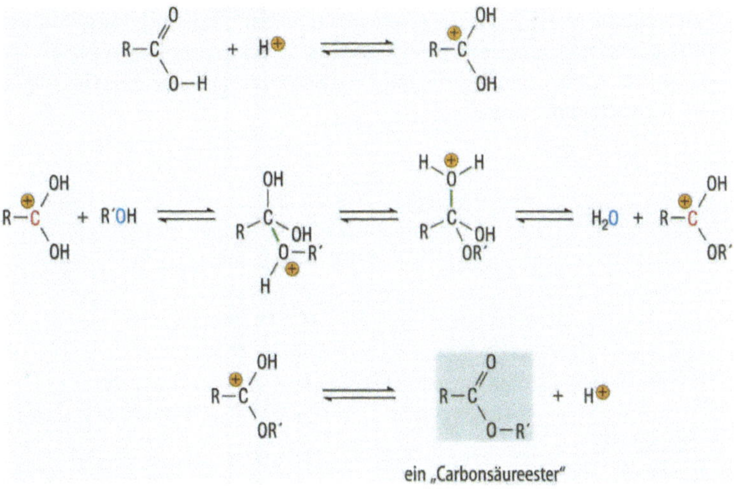

$$RC(O)OH + R'OH \xrightleftharpoons{H^{\oplus}} RC(O)OR' + H_2O$$

(**Gl. 2.60.** Teilschritte und Gesamtbilanz bei der (reversiblen) Umwandlung einer Carbonsäure in einen Carbonsäureester unter Säurekatalyse)

Die Gesamtbilanz zeigt zum einen, dass aus einer Carbonsäure und einem Alkohol unter Säurekatalyse ein Carbonsäureester und Wasser gebildet werden, dass aber zum anderen ein Carbonsäureester mit Wasser unter denselben Reaktionsbedingungen zu einer Carbonsäure und einem

Alkohol reagiert; die „Hinreaktion" wird *Veresterung* einer Carbonsäure genannt, die Rückreaktion als *„saure Hydrolyse"* eines Carbonsäureesters bezeichnet. Die Anwendung des Massenwirkungsgesetzes (vgl. 1.8) an dieser reversiblen Reaktion (Gl. 2.61) zeigt, dass die gebildete Estermenge direkt proportional der Gleichgewichtskonstanten ist.

$$K = \frac{[RC(O)OR'][H_2O]}{[RC(O)OH][R'OH]}$$

(Gl. 2.61. Anwendung des Massenwirkungsgesetzes auf ein Carbonsäure/Carbonsäureester-Gleichgewicht)

Nun trifft es zu, dass die Gleichgewichtskonstanten für solche Veresterungsreaktionen häufig sehr kleine (<<1) Werte einnehmen. Gelegentlich kann man die Estermenge durch einen großen Überschuss an Alkohol bzw. durch Entfernen des Wassers aus der Reaktionsmischung erhöhen. Nützlicher ist es dann aber meistens, Carbonsäureester aus anderen – so genannten Carbonsäurederivaten – herzustellen. Diese werden im folgenden Kapitel besprochen.

## Resümee

Carbonsäuren enthalten die funktionelle Gruppe C(O)OH. Sie entstehen durch Oxidation von Aldehyden. Ihre deutlich höhere Acidität (Säurestärke) im Vergleich zu anderen C-OH-Verbindungen (Alkohole, Enole) ist auf die Stabilität des durch Deprotonierung gebildeten Carboxylat-Ions zurückzuführen, welches auf Grund der Delokalisierung der (negativen) Ladung nur schwach basisch wirkt. Mit Alkoholen reagieren Carbonsäuren unter Säurekatalyse in einer reversiblen Reaktion zu Carbonsäureestern und Wasser.

## 2.13 Carbonsäurederivate

**Lernziele**

- Carbonsäureamide
- Carbonsäureanhydride
- Carbonsäurechloride
- Carbonsäurethioester
- Addition/Eliminierung/Sequenz

Verbindungen des Typs RC(O)X, in denen die Gruppe X kein H-Atom (Aldehyd), Kohlenstoffrest (Keton) bzw. eine OH-Gruppe (Carbonsäure), sondern z. B. eine $NH_2$-, NHR-, $NR_2$-, OR-, SR-Gruppe oder ein Halogenatom darstellt, bezeichnet man als „Carbonsäurederivate", unter anderem auch, weil sich alle diese Verbindungen durch Hydrolyse in Carbonsäuren überführen lassen. Carbonsäureester wurden schon im letzten Kapitel kurz besprochen. Beispiele für solche Verbindungen sind in ◉ Abbildung 2.29 zusammengefasst.

Alle diese Verbindungen reagieren mit nucleophilen Reagenzien in einem ersten Schritt ähnlich wie einfache Carbonylverbindungen (s. Gl. 2.35), indem das neutrale (*a*: Ammoniak, Alkohole, Wasser) bzw. anionische (*b*: Hydroxid-Ion, Carboxylat-Ion) Nucleophil an das positiv pola-

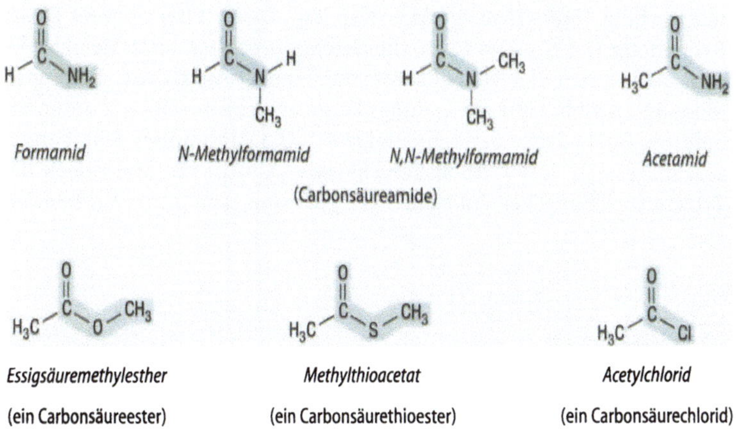

*Formamid* — *N-Methylformamid* — *N,N-Methylformamid* — *Acetamid*

(Carbonsäureamide)

*Essigsäuremethylester* — *Methylthioacetat* — *Acetylchlorid*

(ein Carbonsäureester) — (ein Carbonsäurethioester) — (ein Carbonsäurechlorid)

**Abb. 2.29.** Carbonsäurederivate, Beispiele

risierte C-Atom der C-O-Doppelbindung bindet. Neu kommt hier als zweiter Schritt die Abspaltung der Gruppe X als Anion hinzu. Die Gesamtreaktion (Gl. 2.62) stellt also einen „Austausch" von „X" durch „Nu" über eine *Additionseliminierungssequenz* dar.

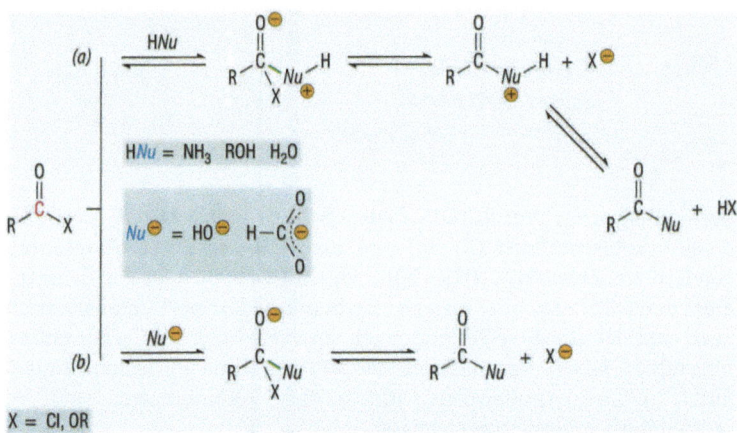

(Gl. 2.62. Allgemeiner Reaktionsmechanismus (Additionseliminierungssequenz) für die Umwandlung von Carbonsäurederivaten)

**Elektrophilie des C-Atoms der C-O-Doppelbindung▶** Allen diesen Verbindungen ist gemeinsam, dass die Gruppe X – als elektronegativerer Substituent als H bzw. C – die Elektrophilie des C-Atoms der C-O-Doppelbindung erhöht (*induktiver Effekt*, s. Kap. 2.9). Dieser Effekt nimmt in der Reihenfolge C < N < O < Cl zu. Gleichzeitig wird aber durch Delokalisierung eines freien Elektronenpaares von X zum O-Atom der C-O-Doppelbindung (👁 Abb. 2.30) die Ladungsdichte an diesem selben C-Atom erhöht, ein Effekt der in der Reihenfolge N > O > Cl abnimmt. Somit ergibt sich insgesamt, dass Carbonsäurechloride (X = Cl) für Reaktionen des Typs in Gleichung 2.62 am besten geeignet sind, gefolgt von Carbonsäu-

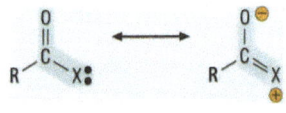

X: $NH_2$ > $OCH_3$ > $SCH_3$ > Cl

**Abb. 2.30.** Delokalisierung des freien Elektronenpaares zum Carbonylsauerstoffatom hin

reestern bzw. Thioestern, während Carbonsäureamide solche Reaktionen nur unter wesentlich drastischeren Reaktionsbedingungen eingehen.

**Carbonsäurechloride▶** Diese lassen sich am einfachsten durch die Reaktion von Carbonsäuren mit *Phosgen* (s. 2.14) oder mit *Thionylchlorid* (Gl. 2.63) darstellen. Als Nebenprodukte entstehen mit Chlorwasserstoff und Kohlendioxid (bzw. Schwefeldioxid) nur gasförmige Produkte.

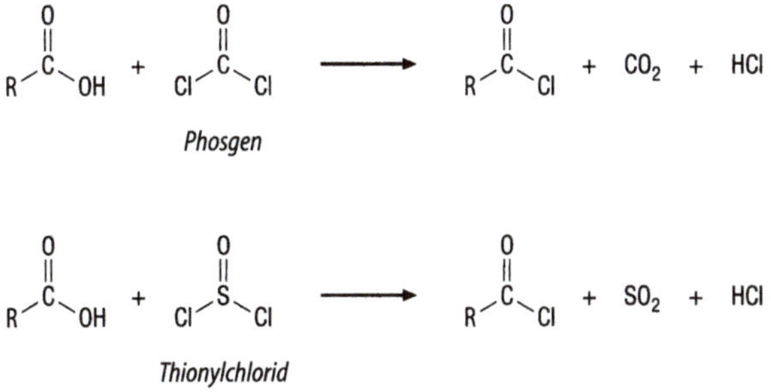

$$R-\underset{\underset{OH}{|}}{\overset{\overset{O}{\|}}{C}} + Cl-\underset{\underset{Cl}{|}}{\overset{\overset{O}{\|}}{C}} \longrightarrow R-\underset{\underset{Cl}{|}}{\overset{\overset{O}{\|}}{C}} + CO_2 + HCl$$

*Phosgen*

$$R-\underset{\underset{OH}{|}}{\overset{\overset{O}{\|}}{C}} + Cl-\underset{\underset{Cl}{|}}{\overset{\overset{O}{\|}}{S}} \longrightarrow R-\underset{\underset{Cl}{|}}{\overset{\overset{O}{\|}}{C}} + SO_2 + HCl$$

*Thionylchlorid*

(Gl. 2.63. Darstellung von Carbonsäurechloriden aus Carbonsäuren)

Der Reaktionsablauf ist für die Umsetzung mit *Phosgen* in Gleichung 2.64 beschrieben. In einem ersten Schritt bindet das O-Atom der OH-Gruppe der Carbonsäure als nucleophiles Zentrum an das C-Atom des Phosgens, welches das am stärksten elektrophile Zentrum darstellt. Danach kommt es zur Ausbildung der C-Cl-Bindung unter Abspaltung von $CO_2$ und HCl. Die Reaktion mit *Thionylchlorid* verläuft analog.

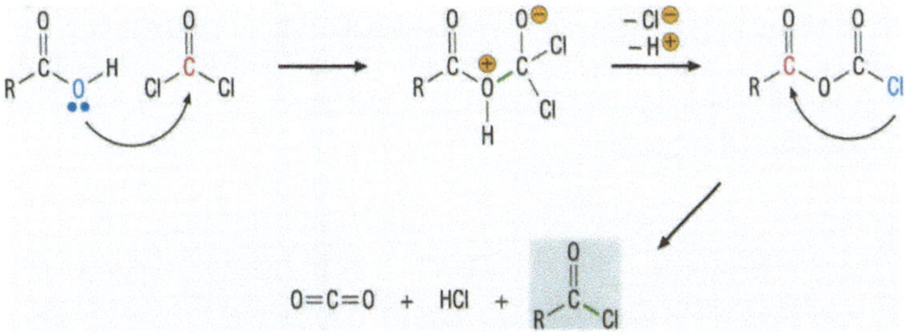

(Gl. 2.64. Teilschritte bei der Umwandlung einer Carbonsäure in ein Carbonsäurechlorid)

**Carbonsäureamide▶** Carbonsäurechloride reagieren (nach Sequenz *a* in Gl. 2.62) mit Ammoniak bzw. primären oder sekundären Aminen zu Carbonsäureamiden. Durch einen Überschuss des entsprechenden Reaktionspartners wird das gebildete HCl neutralisiert (Gl. 2.65). Dieser Reaktionstyp ist auch bei der Verknüpfung zweier Aminosäuren zu einem Dipeptid (s. Kap. 3.4) maßgebend.

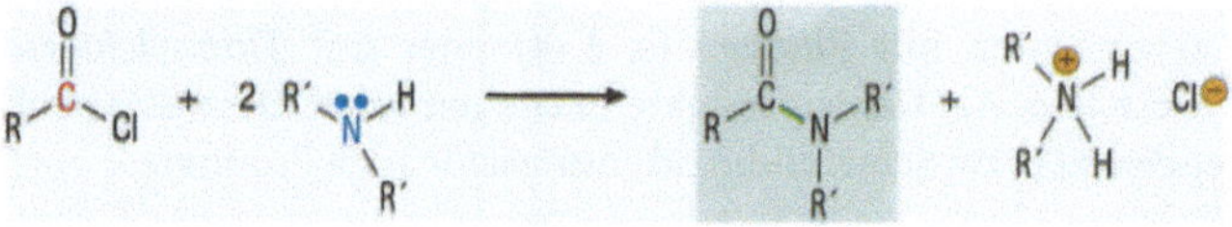

R´ = H oder Alkylgruppe

(**Gl. 2.65.** Carbonsäurechloride reagieren mit Ammoniak bzw. primären oder sekundären Aminen zu Carbonsäureamiden)

Nach derselben Sequenz reagieren Carbonsäurechloride mit Alkoholen zu Carbonsäureestern. Der Vorteil dieser Methode im Vergleich zur (reversiblen) Veresterung einer Carbonsäure mit einem Alkohol (s. Gl. 2.60) liegt in der Tatsache, dass der gebildete Chlorwasserstoff als Gas entweicht, womit die Umsetzung zum Ester quantitativ erfolgt (Gl. 2.66). Die Reaktion eines Carbonsäurechlorids mit einem Thiol (X = S) zu einem Carbonsäurethioester verläuft analog.

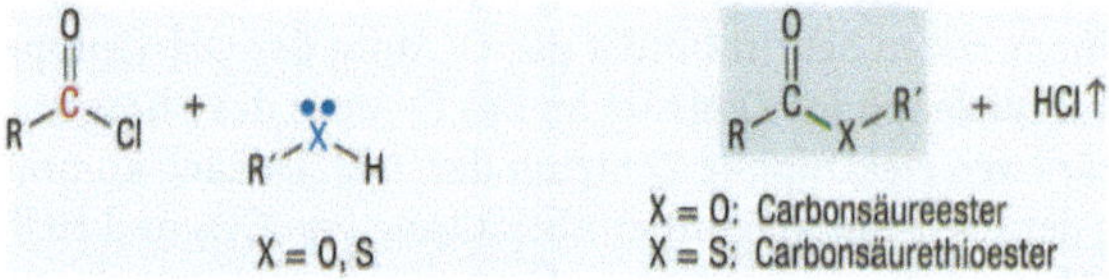

X = O, S

X = O: Carbonsäureester
X = S: Carbonsäurethioester

(**Gl. 2.66.** Bildung von Carbonsäureestern bzw. -thioestern aus Carbonsäurechloriden)

Nach Sequenz *(b)* reagieren Carbonsäurechloride mit Salzen von Carbonsäuren zu so genannten „Carbonsäureanhydriden". Eine solche Reaktion wird in Gleichung 2.67 anhand der Umsetzung von *Acetylchlorid* mit *Natriumacetat* vorgestellt.

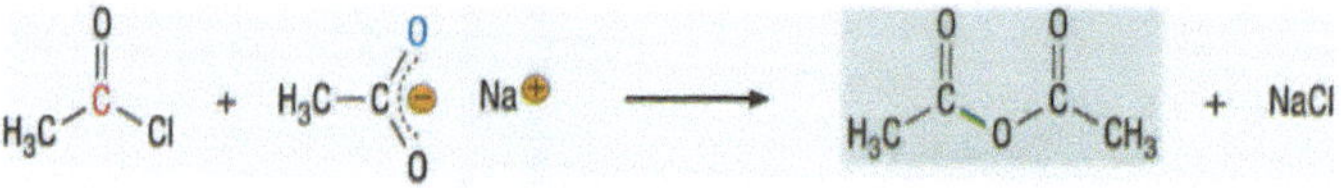

*Essigsäureanhydrid
(Acetanhydrid)*

(**Gl. 2.67.** Herstellung eines Carbonsäureanhydrids)

**Verseifung eines Esters▶** Ebenfalls nach dieser Sequenz reagieren Carbonsäureester mit Alkalihydroxyden zu den entsprechenden Alkalisalzen der Carbonsäuren. Diese „*alkalische Hydrolyse*" von Estern verläuft im Gegensatz zur „*sauren Hydrolyse*" von Estern (s. Gl. 2.60 u. 2.61) irreversibel, da der letzte Reaktionsschritt, die Neutralisation der Carbonsäure durch das Alkoholat-Ion, nur in die angegebene Richtung ablaufen kann (Gl. 2.68). Auf diese so genannte „*Verseifungsreaktion*", hier am Beispiel der Umsetzung von Essigsäureethylester zu Natriumacetat, wird in Kapitel 3.2 zurückgekommen.

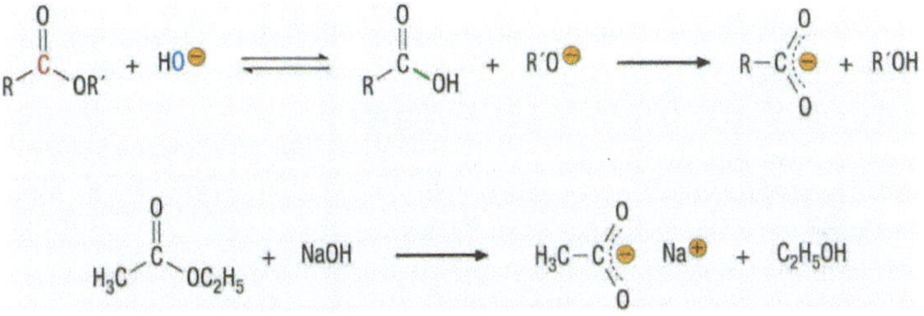

$$R-\underset{\underset{OR'}{\|}}{C}\underset{O}{\|} + HO^{\ominus} \rightleftharpoons R-\underset{\underset{OH}{\|}}{C}\underset{O}{\|} + R'O^{\ominus} \longrightarrow R-\underset{\underset{O}{\|}}{C}\underset{O^{\ominus}}{\|} + R'OH$$

$$H_3C-\underset{\underset{OC_2H_5}{\|}}{C}\underset{O}{\|} + NaOH \longrightarrow H_3C-\underset{\underset{O}{\|}}{C}\underset{O^{\ominus}}{\|}\ Na^{\oplus} + C_2H_5OH$$

(**Gl. 2.68.** Alkalische Hydrolyse (Verseifung) eines Carbonsäureesters)

## Resümee

Carbonsäurechloriden kommt eine zentrale Bedeutung bei der Darstellung von Carbonsäurederivaten zu. Zum einen sind sie aus Carbonsäuren selbst leicht zugänglich, zum anderen reagieren sie am C-Atom der C-O-Doppelbindung über eine Additionseliminierungssequenz mit Ammoniak, Alkoholen bzw. Carbonsäuresalzen zu Carbonsäureamiden, Carbonsäureestern bzw. Carbonsäureanhydriden.

## 2.14 | Cyanwasserstoff, Kohlenstoffoxide

### Lernziele

- einfache Moleküle, die ein C-Atom enthalten
- Nitrile

Es kann davon ausgegangen werden, dass vor etwa vier Milliarden Jahren die ersten bio-relevanten Aminosäuren (s. Kap. 3.4) und Nucleinsäurebausteine (s. Kap. 3.6) durch Reaktionen von Ammoniak und Wasser mit

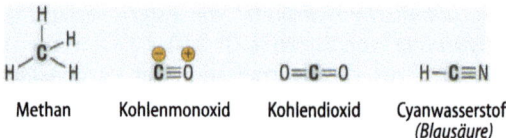

Abb. 2.31. Moleküle, die *ein* C-Atom enthalten (Beispiele)

einfachen, aus einem C-Atom bestehenden Molekülen, entstanden sind. Als solche waren neben Methan vor allem Kohlenmonoxid, Kohlendioxid und Cyanwasserstoff (Abb. 2.31) verfügbar.

Der Zusammenhang zwischen Kohlenmonoxid bzw. Cyanwasserstoff und der einfachsten Carbonsäure, nämlich Methancarbonsäure *(Ameisensäure)* wird aus dem folgenden Reaktionsschema (Gl. 2.69) ersichtlich. Kohlenmonoxid kann aus Ameisensäure durch Wasserabspaltung bei erhöhter Temperatur hergestellt werden. Mit Ammoniak reagiert Kohlenmonoxid zu *Formamid*. Aus diesem kann wiederum durch Dehydratisierung Cyanwasserstoff entstehen. Daraus wird ersichtlich, dass das C-Atom in sowohl CO wie auch HCN in derselben formalen Oxidationsstufe (Abb. 2.21) wie in Ameisensäure vorliegt.

(Gl. 2.69. Dehydratisierung von Ameisensäure zu Kohlenmonoxid bzw. von Formamid zu Cyanwasserstoff)

**Nitrile▶** Cyanwasserstoff ist in wässriger Lösung eine schwache Säure und reagiert dementsprechend mit Basen zu Salzen, den so genannten Cyaniden. Das Cyanid-Ion selbst ist ein Nucleophil, das mit Halogenkohlenwasserstoffen (s. Gl. 2.20) durch Austausch des Halogens durch die CN-Gruppe unter Bildung so genannter Nitrile reagieren kann. Diese können wiederum durch Hydrolyse in wässrig-saurer Lösung in die entsprechenden Carbonsäuren umgewandelt werden (Gl. 2.70).

Diese „saure Hydrolyse" von Nitrilen verläuft über Carbonsäureamide als Zwischenstufen. Der erste Reaktionsschritt (Gl. 2.71) entspricht der säurekatalysierten Wasseraddition an ein Alkin (s. Gl. 2.37 u. 2.38), wobei auch hier zuerst das mit dem Carbonsäureamid in einem Tautomeriegleichgewicht vorliegende „Iminol" gebildet wird. Die Hydrolyse des Carbonsäureamids zur Carbonsäure erfolgt dann nach einem ähnli-

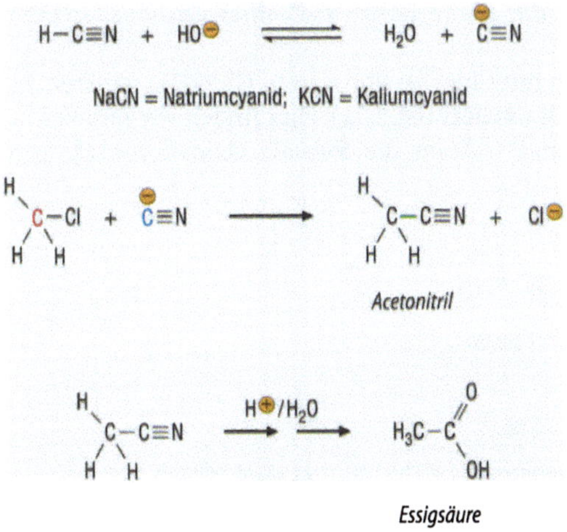

$$H-C\equiv N + HO^{\ominus} \rightleftharpoons H_2O + {}^{\ominus}C\equiv N$$

NaCN = Natriumcyanid; KCN = Kaliumcyanid

$$CH_3-Cl + {}^{\ominus}C\equiv N \longrightarrow CH_3-C\equiv N + Cl^{\ominus}$$

*Acetonitril*

$$CH_3-C\equiv N \xrightarrow{H^{\oplus}/H_2O} H_3C-COOH$$

*Essigsäure*

**(Gl. 2.70.** Nucleophile Substitution mit Cyanid als Nucleophil; Hydrolyse eines Nitrils zu einer Carbonsäure)

$$R-C\equiv N + H^{\oplus} \rightleftharpoons R-\overset{\oplus}{C}=NH$$

$$R-\overset{\oplus}{C}=NH + H_2O \rightleftharpoons \underset{H-\overset{\oplus}{O}-H}{R}\overset{H}{\underset{}{C}=N}$$

$$\underset{H-\overset{\oplus}{O}-H}{R}\overset{H}{\underset{}{C}=N} \rightleftharpoons \underset{H-O}{R}\overset{H}{\underset{}{C}=N} + H^{\oplus}$$

$$\underset{H-O}{R}\overset{H}{\underset{}{C}=N} \rightleftharpoons R-\underset{NH_2}{\overset{O}{C}}$$

$$R-\underset{NH_2}{\overset{O}{C}} + H^{\oplus} \rightleftharpoons R-\underset{NH_2}{\overset{OH}{\overset{\oplus}{C}}} \xrightarrow[-NH_3]{+H_2O} R-\underset{OH}{\overset{O}{C}} + H^{\oplus}$$

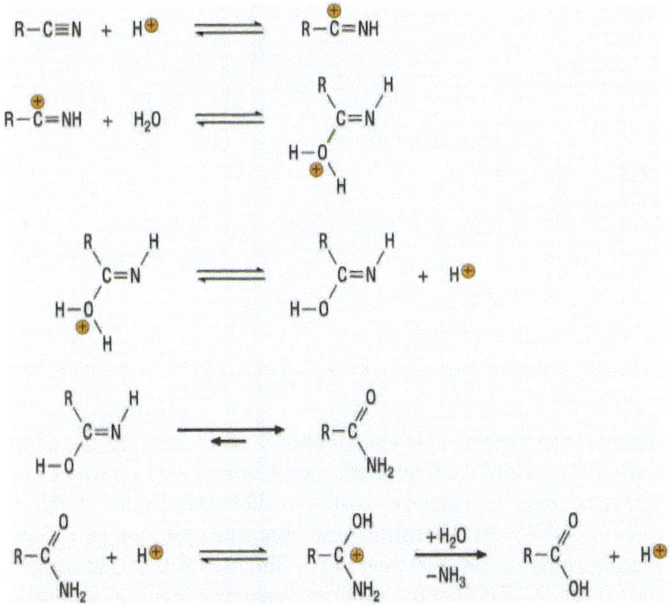

**(Gl. 2.71.** Teilschritte bei der sauren Hydrolyse eines Nitrils zu einer Carbonsäure)

chen Mechanismus wie die „saure Hydrolyse" eines Carbonsäureesters (s. Gl. 2.60 u. 2.61).

Kohlenmonoxid kann mit Chlor zu Phosgen (s. Gl. 2.63) reagieren. Mit Sauerstoff wird es zu $CO_2$ oxidiert (Gl. 2.72). Hier finden wir nun Verbindungen vor, in denen das C-Atom die formale Oxidationsstufe „+4" (●Abb. 2.21) einnimmt.

$$CO + Cl_2 \longrightarrow \underset{\text{Phosgen}}{Cl-\underset{\underset{O}{\|}}{C}-Cl}$$

$$2\,CO + O_2 \longrightarrow 2\,CO_2$$

(Gl. 2.72. Umwandlung von Kohlenmonoxid zu Phosgen bzw. zu Kohlendioxid)

*Phosgen* verhält sich wie ein „doppeltes" Carbonsäurechlorid: Es reagiert mit einem Alkohol, wie z. B. Methanol, zu **Dimethylcarbonat** und mit Ammoniak zu **Harnstoff** (Gl. 2.73). Als solcher wird der überschüssige „Aminostickstoff" aus dem Körper der meisten Landtiere ausgeschieden.

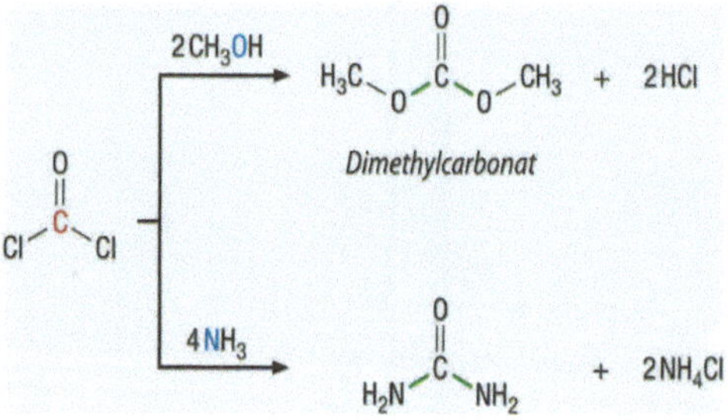

(Gl. 2.73. Phosgen reagiert mit Alkoholen zu Kohlensäureestern und mit Ammoniak zu Harnstoff)

Diese Verbindungen können als ein „doppelter" Ester bzw. als das „doppelte" Carbonsäureamid der hypothetischen **Kohlensäure** betrachtet werden. Diese Letztere ist in wässriger Lösung nicht beständig; sie zerfällt in Kohlendioxid und Wasser. Allerdings sind „einfache" und „doppelte" Salze der Kohlensäure stabil. Sie entstehen durch Einleiten von $CO_2$ in Laugen, z. B. NaOH (Gl. 2.74). Zu diesen Substanzen gehören auch $CaCO_3$ (Calciumcarbonat, *Kalk*) oder $MgCO_3$ (Magnesiumcarbonat).

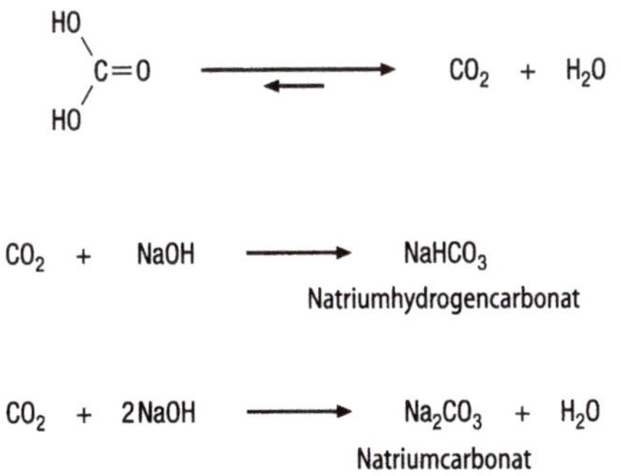

$$\begin{array}{c}\text{HO}\\ \phantom{x}\diagdown\\ \phantom{xx}C=O\\ \phantom{x}\diagup\\ \text{HO}\end{array} \quad \rightleftarrows \quad CO_2 + H_2O$$

$$CO_2 + NaOH \longrightarrow NaHCO_3$$
Natriumhydrogencarbonat

$$CO_2 + 2\,NaOH \longrightarrow Na_2CO_3 + H_2O$$
Natriumcarbonat

(**Gl. 2.74.** Stufenweise Neutralisation der Kohlensäure unter Bildung von Mono- bzw. Di-Salzen)

> **Resümee**
>
> Carbonsäurenitrile können aus Halogenkohlenwasserstoffen und Cyanwasserstoffsalzen hergestellt werden. Durch säurekatalysierte Hydrolyse werden sie in Carbonsäuren umgewandelt.
>
> Harnstoff ist das (formale) Dicarbonsäureamid der – in wässriger Lösung unbeständigen – Kohlensäure.

## 2.15 Phosphor-, Phosphon- und Sulfonsäurederivate

**Lernziele**

▶ Säuren, die C- und P- bzw. C- und S-Atome enthalten

Als „Säureester" wurden bislang *Carbonsäureester* (s. Kap. 2.12 u. 2.13) und *Kohlensäureester* (s. Kap. 2.14) vorgestellt. In Analogie dazu bezeichnet man Verbindungen, in denen formal ein oder mehrere H-Atome von OH-Gruppen einer „anorganischen" Säure, wie z. B. Phosphorsäure, Schwefelsäure oder Salpetersäure, durch Alkylgruppe(n) ersetzt werden, ebenfalls als „Ester" (◉ Abb. 2.32).

**Phosphorsäureester▶** Von besonderem Interesse sind hierbei die Ester der Phosphorsäure, da solche Verbindungen sowohl in Phospholipiden (s. Kap. 3.2), wie auch in den Nucleinsäuren (s. Kap. 3.6) vorliegen. Da es sich

(CH₃O)NO₂            (CH₃O)₃PO            (CH₃O)₂SO₂

*Methylnitrat*       *Trimethylphosphat*  *Dimethylsulfat*

**Abb. 2.32.** Ester der Salpeter-, Phosphor- und Schwefelsäure

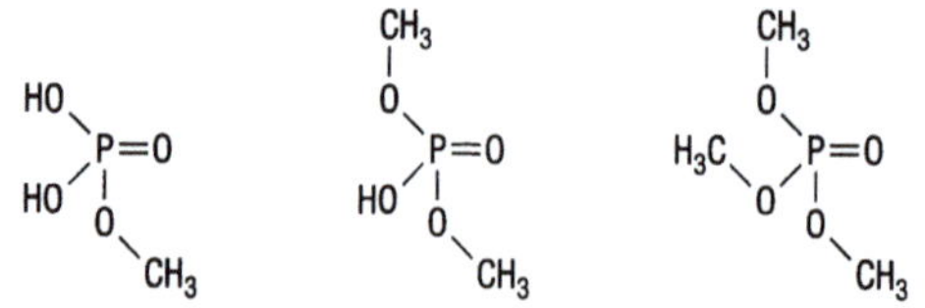

*Methylphosphat*     *Dimethylphosphat*   *Trimethylphosphat*

**Abb. 2.33.** Mono-, Di- und Triester der Phosphorsäure

bei der Phosphorsäure ($H_3PO_4$) um eine dreiprotonige Säure handelt, können ein bis drei H-Atome durch Alkylgruppen formal ersetzt werden (Abb. 2.33).

Bei den oben erwähnten Naturstoffen handelt es sich vorwiegend um Phosphorsäurediester. Solche Verbindungen reagieren erwartungsgemäß in wässriger Lösung als Säuren (Gl. 2.75).

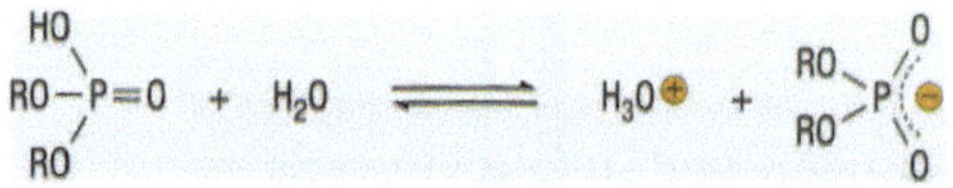

(**Gl. 2.75.** Dissoziation eines Phosphorsäurediesters zu einem Monoanion)

**Phosphon- und Sulfonsäuren▶** Etwas anders sieht es bei der phosphorigen Säure bzw. der schwefeligen Säure aus. Hier sind vor allem Kohlenstoffderivate der jeweiligen Tautomeren dieser beiden Säuren von Bedeutung (Abb. 2.34).

Methansulfonsäure entsteht durch Umsetzung von Methanthiol mit einem Überschuss an Sauerstoff (Gl. 2.76). Das dabei primär gebildete Thiylradikal (s. Gl. 2.28) dimerisiert dabei nicht zu einem Disulfan, sondern wird von $O_2$ abgefangen.

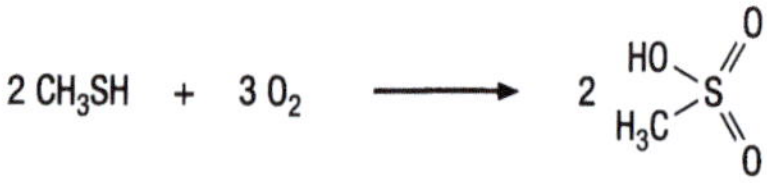

$$2\,CH_3SH + 3\,O_2 \longrightarrow 2\;\underset{H_3C}{\overset{HO}{>}}S\underset{O}{\overset{O}{<}}$$

(**Gl. 2.76.** Oxidation von Methanthiol mit Sauerstoff zu Methansulfonsäure)

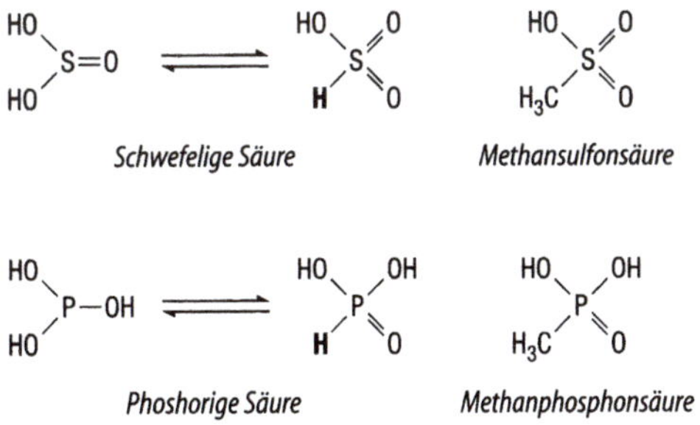

$$\underset{\text{Schwefelige Säure}}{\underset{HO}{\overset{HO}{>}}S=O} \quad \rightleftharpoons \quad \underset{\text{Methansulfonsäure}}{\underset{H}{\overset{HO}{>}}\overset{O}{\underset{O}{\overset{\|}{S}}}} \qquad \underset{}{\underset{H_3C}{\overset{HO}{>}}\overset{O}{\underset{O}{\overset{\|}{S}}}}$$

$$\underset{\text{Phoshorige Säure}}{\underset{HO}{\overset{HO}{>}}P-OH} \quad \rightleftharpoons \quad \underset{\text{Methanphosphonsäure}}{\underset{H}{\overset{HO}{>}}\overset{OH}{\underset{O}{\overset{}{P}}}} \qquad \underset{}{\underset{H_3C}{\overset{HO}{>}}\overset{OH}{\underset{O}{\overset{}{P}}}}$$

**Abb. 2.34.** Methansulfonsäure und Methanphosphonsäure

Ähnlich wie bei Carbonsäureamiden kann man aus Sulfonsäuren über Sulfonsäurechloride so genannte Sulfonsäureamide herstellen (Gl. 2.77). Einige solcher Verbindungen (s. Gl. 2.80) sind wirksame Chemotherapeutika gegen bakterielle Infektionen. Trifluormethansulfonsäure ($CF_3SO_3H$) ist eine der stärksten **Brönsted-Säuren** überhaupt. Die Verbindung ist in der Lage, sogar auf Alkane Protonen zu übertragen.

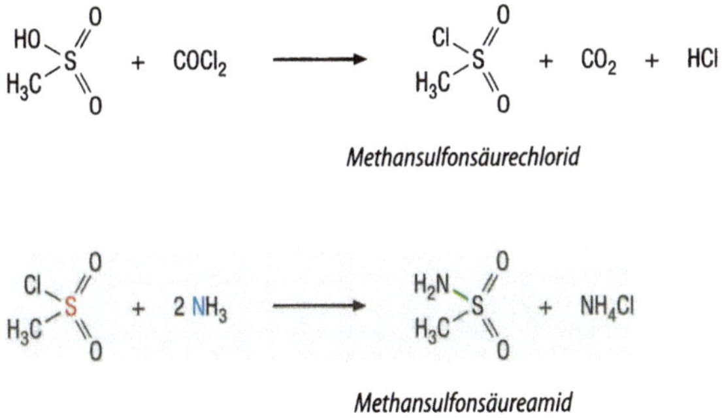

$$\underset{H_3C}{\overset{HO}{>}}\overset{O}{\underset{O}{\overset{\|}{S}}} \;+\; COCl_2 \;\longrightarrow\; \underset{H_3C}{\overset{Cl}{>}}\overset{O}{\underset{O}{\overset{\|}{S}}} \;+\; CO_2 \;+\; HCl$$

*Methansulfonsäurechlorid*

$$\underset{H_3C}{\overset{Cl}{>}}\overset{O}{\underset{O}{\overset{\|}{S}}} \;+\; 2\, NH_3 \;\longrightarrow\; \underset{H_3C}{\overset{H_2N}{>}}\overset{O}{\underset{O}{\overset{\|}{S}}} \;+\; NH_4Cl$$

*Methansulfonsäureamid*

(**Gl. 2.77.** Bildung von Sulfonsäurederivaten)

Die entsprechenden Derivate von Alkylphosphonsäuren sind nicht von primärer medizinischer Relevanz; allerdings wurden einige solche Vertreter, wie z. B. das *Sarin* oder das *Vx* (Abb. 2.35) als Nervenkampfstoffe mit entsprechend lethaler Wirkung eingesetzt.

## Resümee

Mehrprotonige Brönsted-Säuren, wie z. B. Phosphorsäure, können mit Alkoholen zu Estern umgesetzt werden, in denen das P-Atom als Verknüpfung zwischen den „organischen" (= C-atomenthaltenden) Bestandteilen betrachtet werden kann. Auch andere einprotonige Säuren, wie z. B. Sulfonsäuren oder Phosphonsäuren, können in Analogie zu Carbonsäuren in Ester, Säurechloride oder Amide umgewandelt werden.

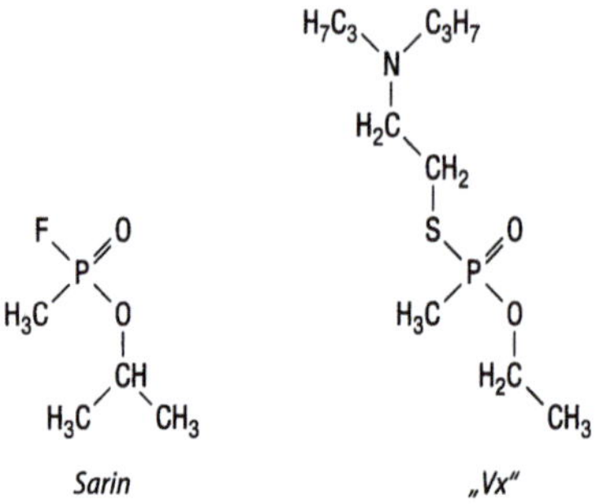

**Abb. 2.35.** Alkylphosphonsäurederivate als Nervenkampfstoffe

*Sarin*

*„Vx"*

## 2.16 | Aromatizität (I): Arene, Phenole, Chinone

### Lernziele

▸ cyclische Moleküle mit delokalisierten p-Elektronen

Bei der Besprechung von Kohlenwasserstoffen, die trigonal-planare (sp$^2$-hybridisierte) Kohlenstoffatome enthalten (s. Kap. 2.2, S. 79) wurde auch kurz auf eine cyclische Verbindung C$_6$H$_6$ (Benzen) eingegangen. Dabei wurde hervorgehoben, dass in diesem Molekül eine Delokalisierung der sechs p-Elektronen (je eins an jedem trigonal-planaren C-Atom) über das ganze Ringgerüst erfolgt, was sich einerseits in den identischen C-C-Abständen äußert, und sich andererseits in einer erheblichen Stabilisierung im Vergleich zum (lokalisierten) Cyclohexa-1,3,5-trien reflektiert (Abb. 2.36).

Benzen stellt den Grundkörper einer Substanzklasse dar, die als Arene, oder „aromatische" Verbindungen bezeichnet werden. Von diesem Begriff abgeleitet, beschreibt das Phänomen der „Aromatizität" die strukturelle

**Benzen**　　**1,3,5-Cyclohexatrien** **Abb. 2.36.** Benzen (delokalisierte p-Elektronen) und Cyclohexatrien
(hypothetisch)

Eigenschaft und damit gekoppelt, die typische Reaktivität derartiger Moleküle, die ein solches Ringgerüst mit delokalisierten p-Elektronen aufweist.

Nachfolgend sind die Kriterien für das Vorliegen von Aromatizität zusammengefasst. Graphisch kennzeichnet man diese Delokalisierung durch Einzeichnen eines Kreises in das Ringsystem.

> *Aromatizitätskriterien*, d. h. Bedingungen, die erforderlich sind, damit eine komplette Delokalisierung von p-Elektronen erfolgen kann:
> ▸ Es muss sich um cyclische, planare Moleküle handeln, in denen alle C-Atome des Ringgerüstes trigonal-planar sind (es können auch N, O oder S als Ringatome auftreten, s. Kap. 2.17).
> ▸ Die Gesamtzahl der zu delokalisierenden p-Elektronen im Ring (in den Ringen) muss der Formel $4n + 2$ entsprechen (n ist eine Laufzahl, d. h. 0, 1, 2, 3 . . .); es können also 2, 6, 10, 14 p-Elektronen vorliegen, nicht aber z. B. 4 oder 8.

**Arene** ▸ In ●Abbildung 2.37 sind neben dem Benzen weitere Beispiele für einfache aromatische Kohlenwasserstoffe aufgeführt; so enthält das Naphthalen ($C_{10}H_8$) zwei verknüpfte Ringe, in deren Peripherie 10 p-Elektronen über die 10 trigonal-planaren C-Atome delokalisiert sind. Des weiteren können auch Alkylgruppen als an den Ring-C-Atomen gebundene Substituenten vorliegen, wie z. B. im Methylbenzen *(Toluen)* oder im Metylethylbenzen *(Cumen)*.

Für Verbindungen mit zwei Substituenten an einem Benzenring gibt es jeweils drei konstitutionsisomere Moleküle. Dies wird in ●Abbildung 2.38 für die drei möglichen Dimethylbenzene gezeigt.

Die $C_6H_5$-Gruppe, also der Kohlenwasserstoffrest eines monosubstituierten Benzenderivates, wird *Phenyl-Gruppe* genannt. Folgerichtig wer-

**2.16 Aromatizität (I): Arene, Phenole, Chinone** | **149**

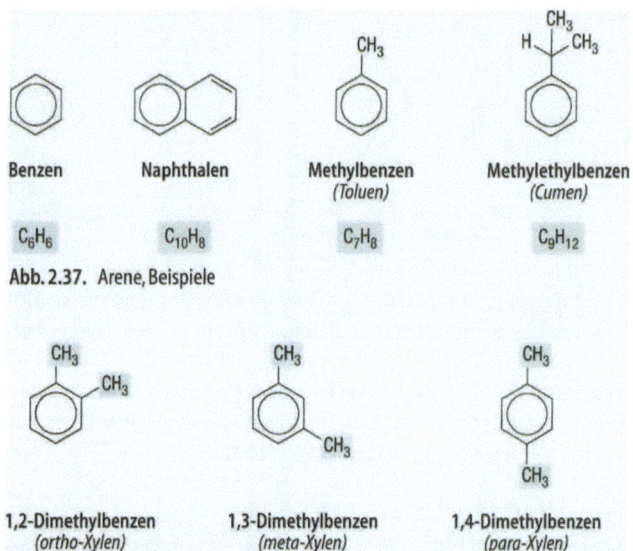

Abb. 2.37. Arene, Beispiele

Abb. 2.38. Konstitutionsisomere Dimethylbenzene

den der primäre Alkohol und das primäre Amin in ◉ Abbildung 2.39 als *Phenylethanol* bzw. *Phenylethylamin* bezeichnet.

In Kapitel 2.5 (s. S. 101) wurde die reversible Protonierung von Benzen zum delokalisierten Cyclohexadienylcarbeniumion diskutiert. Der analoge Reaktionsschritt von Benzen mit einem kationischen Elektrophil (Gl. 2.78) führt ebenso zu einem Cyclohexadienylcarbeniumion, das nun in einem zweiten Schritt, unter Protonenabgabe, zum jeweiligen Endprodukt abreagiert. Diese Additionseliminierungssequenz wird auch als *„elektrophile Substition an Aromaten"* bezeichnet.

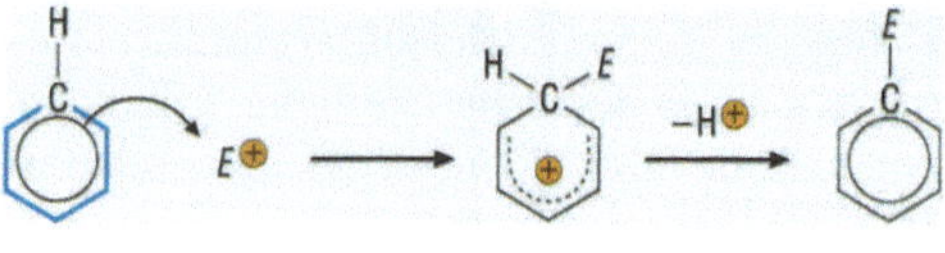

(Gl. 2.78. Reaktion eines Arens mit einem Elektrophil führt zur H-E-Substitution)

**Funktionalisierung von Arenen**▸ Beispiele für solche Funktionalisierungen von aromatischen Kohlenwasserstoffen stellen z. B. die Chlorierung, Alkylierung, Acylierung oder Nitrierung von Benzen dar. Dabei wird in

2-Phenylethanol  2-Phenylethylamin

**Abb. 2.39.** Aromatische Alkohole und Amine, Beispiele

den ersten drei Fällen das kationische elektrophile Reagenz (E$^+$) durch verstärkte Polarisierung einer Bindung zwischen dem reaktiven Atom und Chlor mit AlCl$_3$ *(Lewis-Säure-, Lewis-Base-Reaktion)* erhalten, während das *Nitronium-Ion* (NO$_2^+$) durch Protonierung von Salpetersäure mittels Schwefelsäure und anschließender Wasserabspaltung gebildet wird (Gl. 2.79). In NO$_2$-Gruppen in Nitroverbindungen besteht dieselbe Delokalisierung von Elektronen wie in Salpetersäure (s. Kap. 1.11, S. 49).

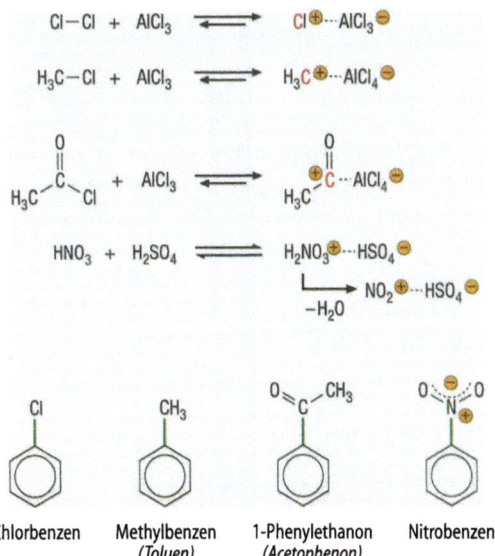

(Gl. 2.79. Funktionalisierung von Benzen mit verschiedenen kationischen Elektrophilen)

Bei dem elektrophilen Reagenz kann es sich auch um ein neutrales Molekül, wie z. B. SO$_3$ oder CO$_2$ handeln. Bei der so genannten Sulfonierung werden Arensulfonsäuren und bei der Carboxylierung Arencarbonsäuren gebildet (Gl. 2.80). Der Mechanismus für die Additionseliminierungssequenz ist dem aus Gleichung 2.78 analog.

Benzencarbonsäure
*(Benzoesäure)*

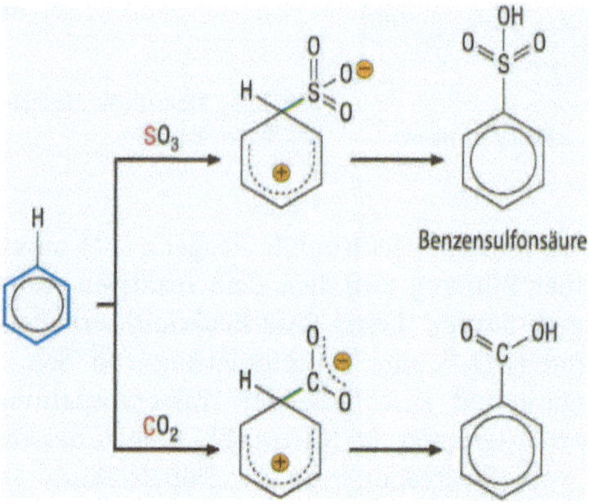

(**Gl. 2.80.** Funktionalisierung von Benzen mit neutralen elektrophilen Reagenzien)

Erwartungsgemäß reagiert Benzen *nicht* mit nucleophilen Reagenzien, wie z. B. $NH_3$ oder $H_2O$, da solche Teilchen durch die hohe Elektronendichte im aromatischen Ringsystem abgestoßen werden. Demzufolge müssen für die Funktionalisierung von Arenen mit OH- oder $NH_2$-Gruppen andere Reaktionswege durchlaufen werden. Das einfachste Arenamin, das Aminobenzen ***(Anilin)***, wird durch Reduktion von Nitrobenzen mit metallischem Eisen in Gegenwart von Salzsäure dargestellt (Gl. 2.81). Die Oxidationsstufe des N-Atoms verändert sich dabei von +3 nach −3, d. h. es müssen dabei sechs Elektronen übertragen werden.

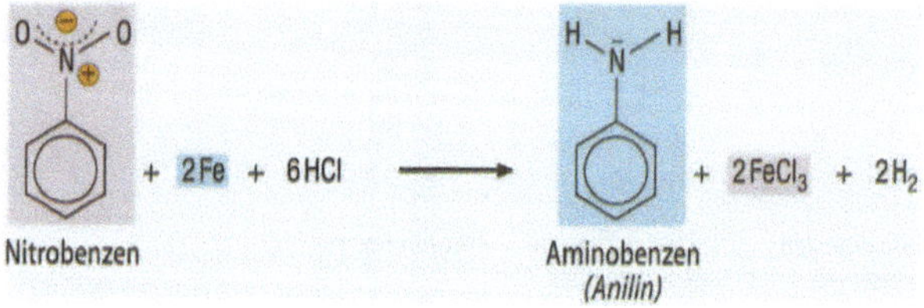

(**Gl. 2.81.** Reduktion von Nitrobenzen zu Aminobenzen (Anilin))

**Phenole▸** Verbindungen, in denen mindestens eine OH-Gruppe direkt an ein Ring-C-Atom eines aromatischen Moleküls gebunden ist, werden „Phenole" genannt. Beispiele für solche Verbindungen sind in Abbildung 2.40 zusammengefasst. Auf das Ringgerüst des Hormons ***Östron*** wird in Kapitel 3.3 (s. S. 181) detaillierter eingegangen.

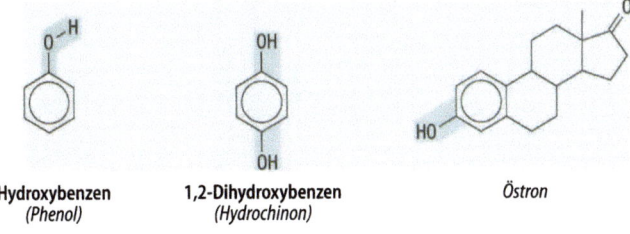

**Hydroxybenzen**  
(Phenol)

**1,2-Dihydroxybenzen**  
(Hydrochinon)

*Östron*

**Abb. 2.40.** Phenole, Beispiele

Das einfachste „Phenol", Hydroxybenzen (Phenol), wird aus *Cumenhydroperoxid* hergestellt, welches selbst aus *Cumen* und $O_2$ in einer radikalischen Reaktion (s. Kap. 2.3, S. 88) erhalten wird (Gl. 2.82). Phenole lassen sich – ähnlich wie Alkohole – mit Carbonsäurechloriden oder Carbonsäureanhydriden zu Carbonsäure(phenyl)ester (s. Kap. 2.10, S. 121) umsetzen. Bei dem Antipyretikum „*Aspirin*" (Gl. 2.83) handelt es sich um einen solchen Verbindungstyp.

Phenole sind – ähnlich wie Enole (s. Kap. 2.10, S. 121) – stärkere Säuren als Alkohole, da das durch Deprotonierung resultierende Phenolat-Anion – wie das Enolat-Anion – mesomeriestabilisiert ist. Der $pK_S$-Wert von Hydroxybenzen beträgt etwa 9. Somit sind Phenole aber noch deutlich

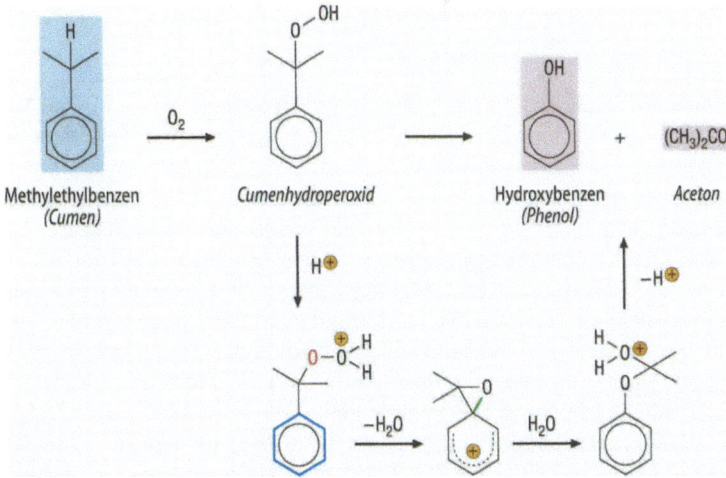

(Gl. 2.82. Herstellung von Phenol (und Aceton) aus Cumenhydroperoxid)

**2.16 Aromatizität (I): Arene, Phenole, Chinone**

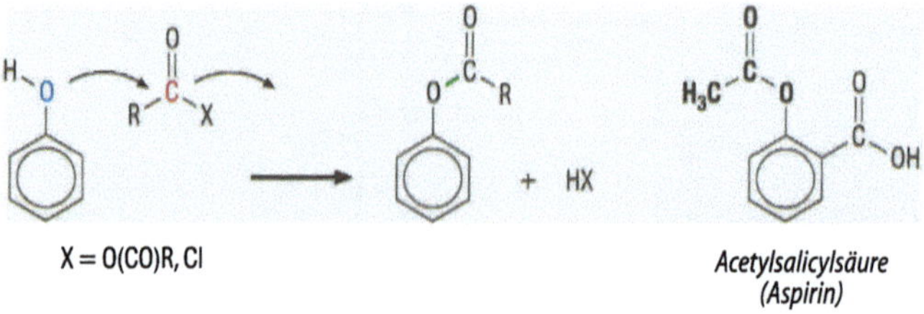

**(Gl. 2.83.** Reaktion von Phenol mit einem Carbonsäurederivat zu einem Carbonsäurephenylester)

schwächere Säuren als Carbonsäuren (s. Kap. 2.11, S. 126). Das Phenolat-Anion kann als nucleophiles Reagenz mit Halogenkohlenwasserstoffen (z. B. Chlormethan) in einer nucleophilen Substitution (s. Kap. 2.6, S. 102) zu einem aromatischen Ether reagieren (Gl. 2.84).

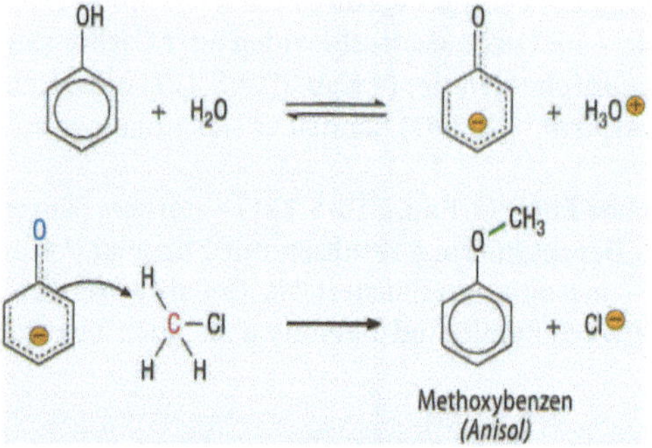

**(Gl. 2.84.** Synthese eines Phenylethers)

**Chinone ▶** Phenole können – ähnlich wie Alkohole (s. Kap. 2.7) – mit geeigneten Oxidationsmitteln reagieren. Von Interesse sind besonders die Oxidationsprodukte von Dihydroxyarenen, die so genannten „Chinone", die zwar selbst keine aromatischen Verbindungen mehr sind (der Ring enthält formal nur 4 p-Elektronen), aber wiederum selbst in saurer Lösung leicht zu dem Ausgangsphenol reduziert werden können. Das System 1,4-Dihydroxybenzen/1,4-Benzochinon stellt das einfachste Beispiel eines solchen reversiblen Redoxsystems dar (Gl. 2.85). So genannte „Chinhydronelektroden", bestehend aus einem äquimolaren Gemisch aus *Hydrochinon* und *Chinon*, wurden früher oft zur pH-Messung (s. Kap. 1.12, Nernst'sche Gleichung, S. 61) verwendet.

Biologisch relevante Chinone sind das *Ubichinon*, welches in der Atmungskette reversibel zum *Ubichinol* reduziert wird, sowie das *Vitamin K (Phyllochinon)*, das ein Naphthochinongerüst enthält (Gl. 2.86).

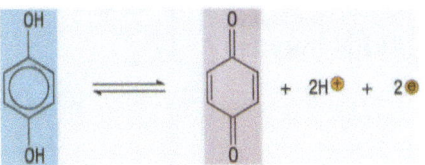

1,4-Dihydroxybenzen (Hydrochinon)   1,4-Benzochinon (para-Benzochinon)

**(Gl. 2.85.** Reversible Oxidation von Hydrochinon zu Chinon)

Ubichinon    R = $C_{30} - C_{50}$    Ubihydrochinondianion

Vitamin K1 (Phyllochinon)   R = $C_{20}H_{39}$

**(Gl. 2.86.** Reversible Reduktion von Ubichinon zu Ubihydrochinon)

## Resümee

*Arene* sind cyclische Kohlenwasserstoffe, deren Ringgerüst ausschließlich aus trigonalen planaren C-Atomen besteht und worin die p-Elektronen gleichmäßig über alle Ringatome delokalisiert sind. Sie reagieren mit elektrophilen Reagenzien in eine Additionseliminierungssequenz, d. h. unter Erhalt des „aromatischen" Ringsystems.

*Phenole* sind Verbindungen in denen eine (oder mehrere) OH-Gruppe(n) direkt an einem Ring-C-Atom eines Arens gebunden ist (sind). Sie sind schwächere Säuren als Carbonsäuren, aber stärkere Säuren als Alkohole. 1,4-Dihydroxyarene können reversibel zu 1,4-Chinonen oxidiert werden.

## 2.17 Aromatizität (II): Heterocyclen

**Lernziele**

- cyclische Verbindungen, die auch andere Atome als C im Ring enthalten

Ganz allgemein bezeichnet man cyclische Verbindungen, bei denen das Ringgerüst nicht ausschließlich aus gleichen Atomen besteht, als „heterocyclische Verbindungen" bzw. als „Heterocyclen". Im Speziellen sind damit cyclische Verbindungen gemeint, deren Ringgerüst nicht ausschließlich aus C-Atomen aufgebaut ist. Auf die Synthesemöglichkeiten solcher Verbindungen wird in Kapitel 2.18 näher eingegangen.

In Kapitel 2.16 (s. Box, S. 149) wurde schon darauf hingewiesen, dass aromatische Verbindungen auch dann vorliegen können, wenn eines oder mehrere Ringatome *nicht* C-Atome sein sollten. In diesem Kapitel werden – rein phänomenologisch – solche Moleküle diskutiert, die

- entweder dadurch resultieren, dass ein oder mehrere C-Atome eines Benzenringes formal durch ein bzw. mehrere N-Atome ersetzt werden, oder
- in einem Fünfring mindestens ein O-, S- oder N-Atom und gleichzeitig sechs p-Elektronen aufweisen.

Im Benzenring liegen die C-Atome trigonal-planar vor; zwei Bindungen jedes solchen C-Atoms sind C-C-Bindungen mit zwei anderen Ring-C-Atomen, die dritte ist eine C-H-Bindung. Das zusätzliche p-Elektron delokalisiert mit den fünf anderen zu einem Elektronensextett über den (aromatischen) Ring. Ein trigonales N-Atom unterscheidet sich von einem trigonalen C-Atom insofern, als dass es zwar ebenfalls Bindungen zu zwei anderen Ringatomen eingehen kann, das dritte (Bindungs-) Orbital allerdings mit einem freien Elektronenpaar besetzt ist (Abb. 2.41).

**Abb. 2.41.** Vergleich eines trigonalen C-Atoms und eines trigonalen N-Atoms

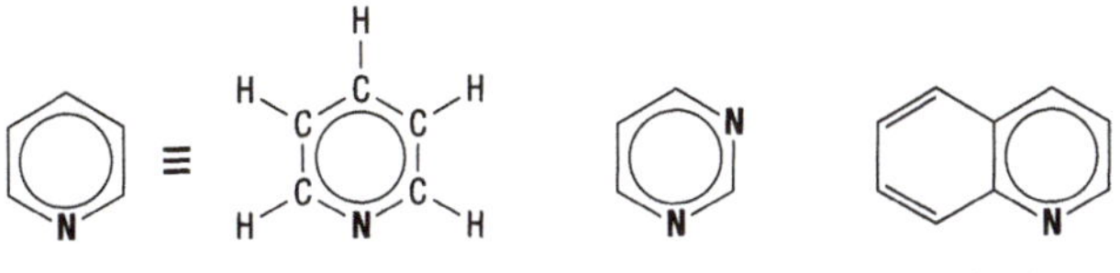

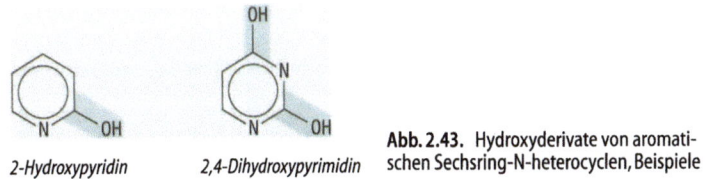

Pyridin  Pyrimidin  Chinolin

**Abb. 2.42.** Aromatische Sechsring-N-heterocyclen, Beispiele

2-Hydroxypyridin  2,4-Dihydroxypyrimidin

**Abb. 2.43.** Hydroxyderivate von aromatischen Sechsring-N-heterocyclen, Beispiele

**Pyridin, Pyrimidin▸** Daraus ergibt sich, dass im Benzenring ein oder mehrere C-Atome formal durch N-Atome ersetzt werden können, wobei auch weiterhin sechs p-Elektronen über die sechs Ringatome delokalisiert vorliegen. Dies gilt ebenfalls für ein oder mehrere C-Atome des Naphthalens und dementsprechend auch für polycyclische Verbindungen. Beispiele solcher aromatischer N-Heterocyclen sind in ◉Abbildung 2.42 angegeben. Alle solchen Verbindungen gehen – ähnlich wie Benzen – die für aromatische Verbindungen typische „elektrophile Substitution" (s. Gl. 2.78) ein.

Im vorigen Kapitel wurden **Phenole** als Verbindungen vorgestellt, die eine an einem C-Atom eines aromatischen Ringes gebundene OH-Gruppe aufweisen. Auch das 2-Hydroxypyridin bzw. das 2,4-Dihydroxypyrimidin (◉Abb. 2.43) sind demzufolge als Phenole zu betrachten.

**Tautomerie bei Hydroxypyridin▸** In Kapitel 2.7 wurde am Beispiel von Enolen das Phänomen der Tautomerie, einem Gleichgewicht zwischen zwei konstitutionsisomeren Molekülen, die sich nur in der Lage eines H-Atoms unterscheiden und die durch Deprotonierung in ein und dasselbe delokalisierte Anion übergehen, diskutiert. Im speziellen Fall eines Enols und der isomeren Carbonylverbindung liegt das Gleichgewicht ganz auf der Seite der Carbonylverbindung (s. Gl. 2.26). Auch Phenol geht – über das Phenolat-Ion – ein Tautomeriegleichgewicht mit dem Cyclohexa-2,4-dien-1-on ein, wobei hier Phenol selbst – auf Grund des Stabilitätsgewinnes durch die Delokalisierung der 6 p-Elektronen zu einem aromatischen Ringsystem – die stabilere Komponente darstellt (Gl. 2.87).

**2.17 Aromatizität (II): Heterocyclen**

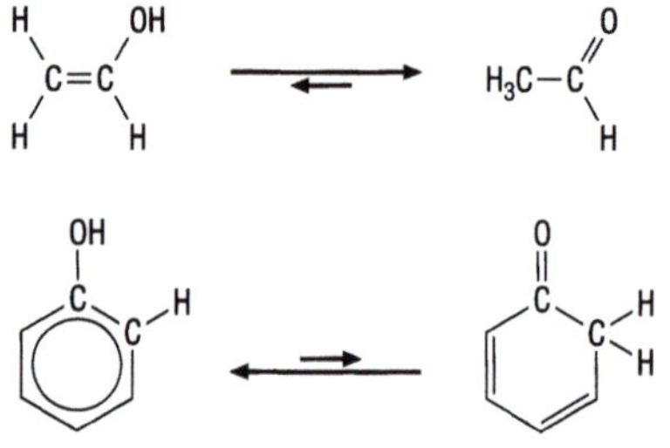

$$\underset{H}{\overset{H}{>}}C=C\underset{H}{\overset{OH}{<}} \rightleftarrows H_3C-C\underset{H}{\overset{O}{\lessgtr}}$$

[Phenol ⇌ Cyclohexa-2,4-dien-1-on structures]

*Cyclohexa-2,4-dien-1-on*

(Gl. 2.87. Gleichgewicht zwischen einem Enol und einem Aldehyd bzw. zwischen einem Phenol und einem 2,4-Cyclohexadien-1-on)

Eine Tautomerie liegt auch bei 2-Hydroxypyridin vor, wobei nun die Gleichgewichtslage ausgeglichen ist, d. h. beide Isomeren treten zu etwa gleichen Mengen auf. Der Grund hierfür liegt in der Tatsache, dass bei Carbonsäureamiden (s. Abb. 2.30) eine Delokalisierung des freien Elektronenpaares am N-Atom zum Sauerstoff der C-O-Doppelbindung gegeben ist. Das bedeutet aber wiederum, dass auch das „nichtphenolische" Tautomere ein aromatisches System darstellt (Gl. 2.88). Dieselbe Überlegung gilt auch für das *Uracil* als stabileres Tautomeres des 2,4-Dihydroxypyrimidins. Uracil ist neben anderen hydroxy- oder amino- und hydroxysubstituierten Pyrimidinderivaten ein wesentlicher molekularer Bestandteil in Nucleosiden, die wiederum (s. Kap. 3.6) selbst Bausteine der so genannten Nucleinsäuren darstellen.

**Pyran▶** Im Gegensatz zu Stickstoff als Ringatom in solchen Sechsringaromaten muss ein Sechsring, der ein O-Atom als Ringelement enthält, ein so genannter *Pyranring*, gleichzeitig mindestens ein tetraedrisches C-Atom aufweisen, und deshalb stellt weder das 2*H*-Pyran noch das konstitutionsisomere 4*H*-Pyran ein aromatisches Ringsystem dar (⬤Abb. 2.44).

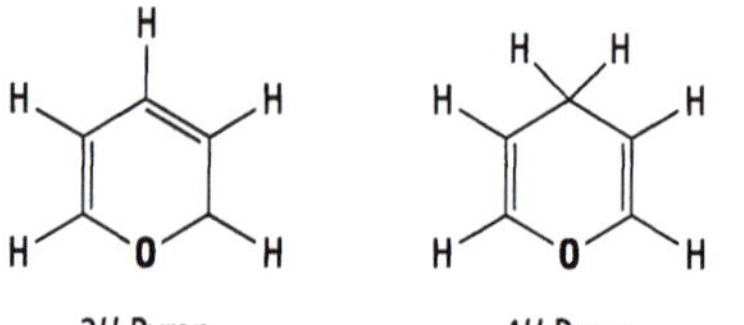

2*H*-Pyran          4*H*-Pyran          **Abb. 2.44.** Konstitutionsisomere Pyrane

**2 Chemie der Kohlenstoffverbindungen**

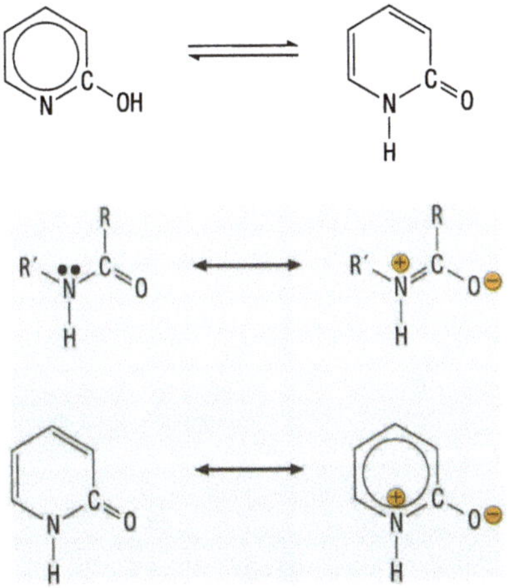

(partieller „C-C-Doppelbindungscharakter eines Carbonsäureamids)

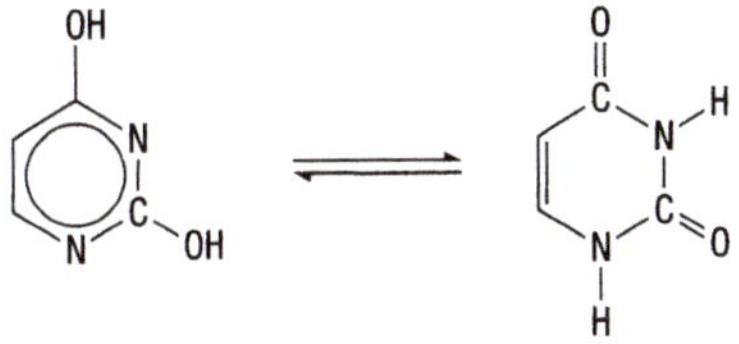

*Uracil*

(**Gl. 2.88.** Tautomerie (-Gleichgewicht) bei Hydroxypyridinen und bei Hydroxypyrimidinen)

**Pyrrol, Furan, Thiophen▶** Hingegen besteht ein zweiter, ebenso wichtiger Grundtyp aromatischer Heterocyclen aus einem fünfgliedrigen Ring, der aus genau einem solchen tetraedrischen Heteroatom wie O, S oder N und vier trigonalen C-Atomen aufgebaut ist. Das freie Elektronenpaar am O-, S- oder N-Atom delokalisiert dabei mit den vier p-Elektronen (je eins an jedem trigonalen C-Atom) zu einem aromatischen Elektronensextett, das sich über die fünf Ringatome delokalisiert (●Abb. 2.45).

**Imidazol, Purin▶** Die strukturelle Vielfalt dieses Verbindungstyps wird durch die Möglichkeit erweitert, dass zusätzlich ein trigonales C-Atom wiederum durch ein trigonales N-Atom formal ersetzt werden kann, oder aber, dass ein solcher Fünfring an einen Benzenring oder an einen he-

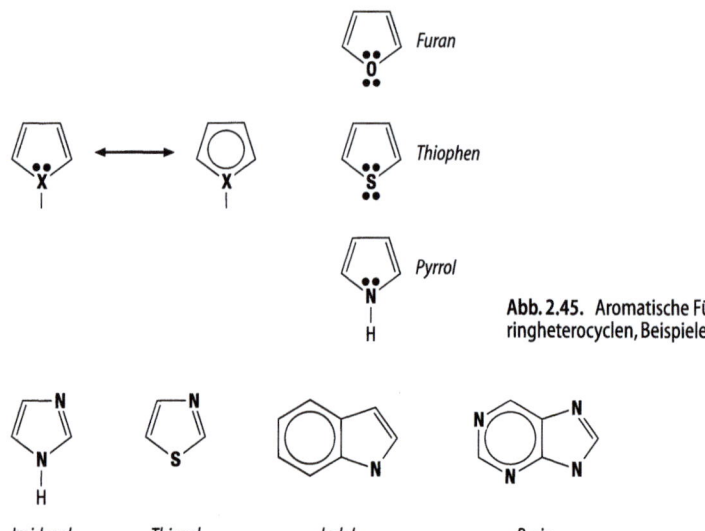

**Abb. 2.45.** Aromatische Fünfringheterocyclen, Beispiele

*Imidazol*   *Thiazol*   *Indol*   *Purin*

**Abb. 2.46.** Fünfring-N-heterocyclen, Beispiele

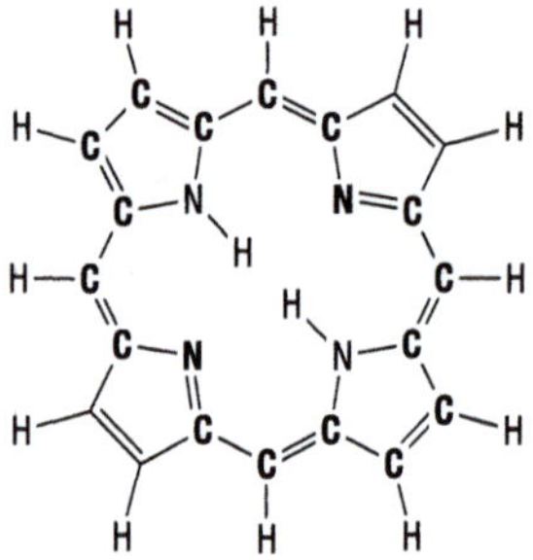

**Abb. 2.47.** Porphyringerüst

terocyclischen Sechsring angeknüpft vorliegen kann. Beispiele für solche Verbindungen sind in ●Abbildung 2.46 zusammengefasst. Im „Purin" sind z. B. ein Pyrimidinring und ein Imidazolring fusioniert. Entsprechende Hydroxy- bzw. Hydroxy- und Aminoderivate des Purins sind wiederum Bausteine von Nucleosiden (s. Kap. 3.6).

**Porphyrine▶** Eine Sonderstellung nimmt das aus vier, durch je ein trigonales C-Atom überbrückte, Pyrroleinheiten bestehende Porphyrin ein

( Abb. 2.47). Die beiden an N gebundenen H-Atome können durch Metall-Ionen ersetzt werden, die dann durch die vier N-Atome gleichermaßen komplexiert werden. So enthält das *Hämoglobin* einen Porphyrinring mit einem $Fe^{2+}$-Ion, während im *Chlorophyll* ein $Mg^{2+}$-Ion koordiniert vorliegt. Sowohl der metallfreie Ligand wie auch die Komplexe sind auf Grund der Delokalisierung von 18 p- Elektronen über das Gesamtringsystem tief gefärbt. Die diesbezüglichen 18 trigonalen Atome sind fett gekennzeichnet.

> **Resümee**
>
> Aromatische Ringsysteme müssen nicht ausschließlich aus C-Atomen aufgebaut sein. Formal kann ein (oder mehrere) trigonal planares C-Atom durch ein (oder mehrere) trigonal planares N-Atom im Sechsring ersetzt werden. Ein weiterer Typ aromatischer heterocyclischer Verbindungen besteht aus Fünfringen mit einem tetraedrischen Heteroatom, dessen freies Elektronenpaar mit den vier p-Elektronen der trigonalen C-Atome zu einem aromatischen p-Elektronensextett delokalisiert. Diese beiden Prinzipien lassen sich in vielfältiger Weise zu einer großen Zahl an Verbindungen kombinieren.

## 2.18 Cyclisierungsreaktionen

> **Lernziele**
>
> - Ringschlussreaktionen
> - Herstellung cyclischer Moleküle
> - Lactame
> - Lactone

In Kapitel 2.17 wurden anhand von Beispielen Verbindungen vorgestellt, die als Heterocyclen gelten und gleichzeitig das Kriterium der Aromatizität erfüllen. Hier sollen nun ganz allgemein Reaktionen vorgestellt werden, die es erlauben, aus geeigneten offenkettigen Vorstufen entsprechende cyclische Verbindungen, und zwar sowohl solche, die nur aus C-Atomen aufgebaut sind, wie auch andere, die Heteroatome enthalten, herzustellen. Es wird zwischen *Cycloadditionen* einerseits und *Cyclisierungsreaktionen* andererseits unterschieden.

Unter einer *Cycloaddition* versteht man eine Reaktion, in der aus zwei (oder mehr) Molekülen, die jeweils mindestens eine Doppelbindung (oder Dreifachbindung) enthalten, durch gleichzeitige Ausbildung von zwei neuen Einfachbindungen, eine neue cyclische Verbindung entsteht. Solche Reaktionen spielen in der synthetischen Chemie eine große Rolle, finden aber in biologischen Systemen praktisch nicht statt. Beispiele hierfür sind in Gleichung 2.89 angegeben.

(**Gl. 2.89.** Cycloadditionen, Beispiele)

Unter einer *Cyclisierungsreaktion* versteht man eine solche, in der die Ausbildung einer neuen Bindung zum Ringschluss führt. Voraussetzung dafür (s. Gl. 2.1) ist zum einen das Vorhandensein zweier kompatibler funktioneller Gruppen in einem Molekül (also ein so genanntes „bifunktionelles" Molekül) und zum anderen, dass diese beiden Gruppen in einem geeigneten Abstand zueinander vorliegen (Abb. 2.48).

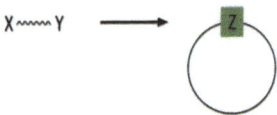

**Abb. 2.48.** (Intramolekularer) Ringschluss eines bifunktionellen Moleküls

Als kompatible funktionelle Gruppen kommen alle solchen Paare in Betracht, die schon aus intermolekularen Reaktionen bekannt sind. So kann es sich

- um eine (intramolekulare) nucleophile Substitution an einem tetraedrischen C-Atom, z. B. um die Bildung eines cyclischen Ethers (Gl. 2.90),
- um eine Addition der p-Elektronen eines Alkens an eine Lewis-Säure, z. B. um die Bildung eines Cycloalkens (Gl. 2.91),
- um die Addition einer Lewis-Base an ein Carbonyl-C-Atom, z. B. die Bildung eines cyclischen Halbacetals (Gl. 2.92) oder aber
- um eine Additionseliminierungssequenz einer Lewis-Base an eine Carbonsäure, z. B. die Bildung eines cyclischen Esters, einem *Lacton* (Gl. 2.93) bzw. ein Carbonsäurederivat, z. B. die Bildung eines cyclischen Carbonsäureamids, einem *Lactam* (Gl. 2.94) handeln.

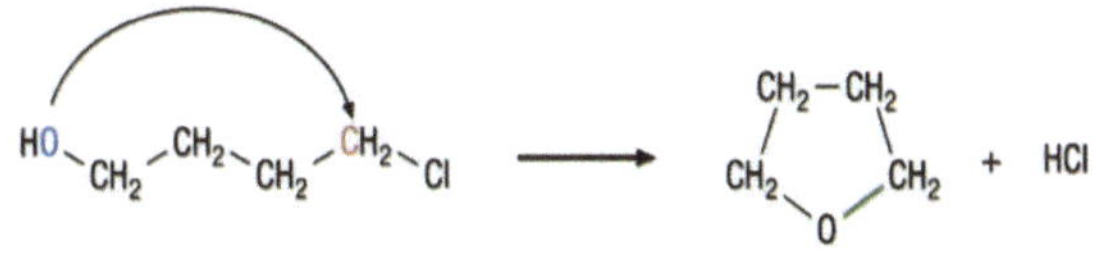

4-Chlorbutan-1-ol          Tetrahydrofuran

(**Gl. 2.90.** Cyclisierung durch eine (intramolekulare) nucleophile Substitutionsreaktion)

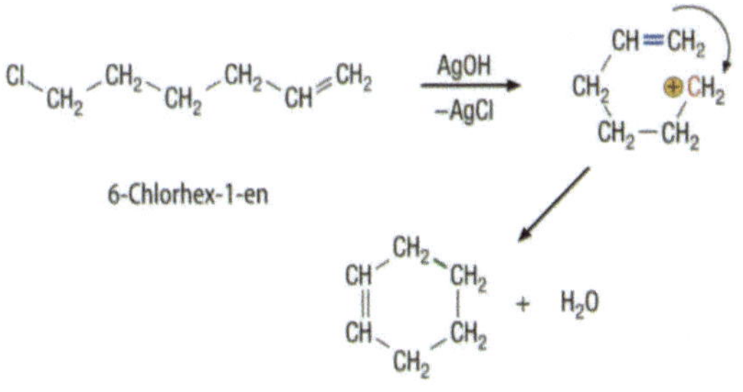

6-Chlorhex-1-en

Cyclohexen

(**Gl. 2.91.** Cyclisierung durch (intramolekulare) Addition einer C-C-Doppelbindung an ein Carbeniumion)

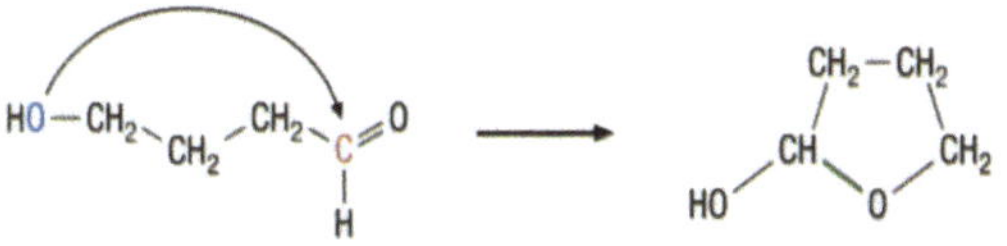

4-Hydroxybutanal          2-Hydroxytetrahydrofuran

(**Gl. 2.92.** Intramolekulare Halbacetalbildung aus einem Hydroxyaldehyd)

5-Hydroxypentancarbonsäure → Tetrahydropyran-2-on + $H_2O$

(Gl. 2.93. Bildung eines cyclischen Esters (Lacton) aus einer Hydroxycarbonsäure)

5-Aminopentancarbonsäurechlorid → Tetrahydropyridin-2-on + HCl

(Gl. 2.94. Bildung eines cyclischen Amids (Lactam) aus einer Aminocarbonsäure)

Was nun den „Abstand" dieser beiden funktionellen Gruppen betrifft, so ist zum einen die Zahl der C-Atome zwischen den reaktiven Zentren, zum anderen aber – und damit gekoppelt – die Ringgröße des cyclisierten Produktes, d. h. die Zahl der Atome, die das Ringgerüst bilden, gemeint. Die Geschwindigkeitskonstante für eine gegebene Cyclisierungsreaktion hängt somit von zwei Parametern ab: Zum einen nimmt ihr Wert mit zunehmendem Abstand der beiden funktionellen Gruppen ab, da die Wahrscheinlichkeit des Zusammentreffens derselben immer geringer wird;

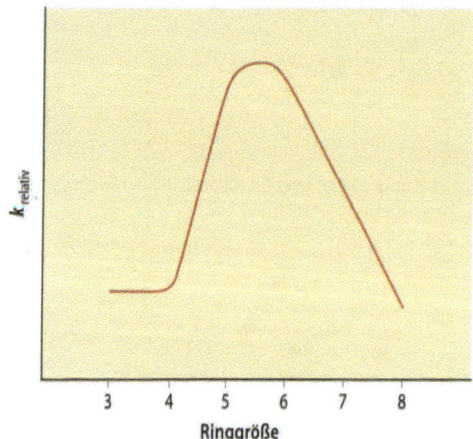

Abb. 2.49. Abhängigkeit der Geschwindigkeitskonstanten für eine gegebene Ringschlussreaktion von der Ringgröße des Produktes

zum anderen spiegelt sich darin aber auch eine eventuelle Ringspannung wieder, d. h. Drei- bzw. Vierringe werden langsamer gebildet als entsprechende Fünf- und größere Ringe. Somit ergibt sich für eine beliebige Cyclisierungsreaktion das in 👁Abbildung 2.49 beschriebene Profil für die Abhängigkeit der Reaktionsgeschwindigkeitskonstanten von der Ringgröße.

## Resümee

Ringschlussreaktionen erlauben es, cyclische Moleküle zu synthetisieren. Es handelt sich dabei um verschiedenartige *intramolekulare Bindungsaufbaureaktionen* zwischen einem C- und einem weiteren Atom. Für die Effizienz solcher Reaktionen ist u. a. die Ringgröße des gebildeten Produktes ausschlaggebend.

## 2.19 | Stereoisomerie

### Lernziele

- Chiralität
- R/S-Nomenklatur
- stereogene Zentren

In Kapitel 2.2 wurden konstitutionsisomere Moleküle als solche definiert, die bei einer gegebenen Summenformel verschiedene Arten der Verknüpfung, d. h. der Sequenz, von Atomen aufweisen. Eine spezielles Beispiel für ein solches Verbindungspaar, bei dem sich ein chemisches Gleichgewicht durch Protonenabspaltung und Protonierung an einem anderen Zentrum im ladungsdelokalisierten Anion einstellt, ist die *Tautomerie* (s. Kap. 2.10).

*Stereoisomere* sind Verbindungen gleicher Konstitution, aber mit verschiedener Anordnung von Atomen bzw. Atomgruppen im Raum. Beispiele hierfür wurden schon am Beispiel von *cis/trans-Isomeren, E/Z-Isomeren* und Konformationsisomeren (s. Kap. 2.2) vorgestellt. Das Phänomen der Stereoisomerie soll nun in Verbindung mit Symmetrieeigenschaften von Molekülen, insbesondere C-haltigen Verbindungen und der damit verbundenen Eigenschaft der *Chiralität*, ausführlich diskutiert werden.

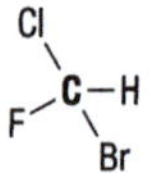

**Bromchlor-fluormethan**

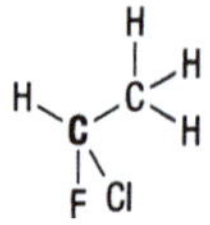

**1-Chlor-1-fluorethan**

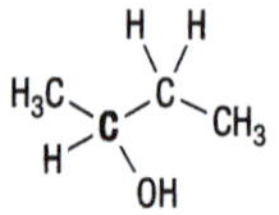

**2-Butanol**

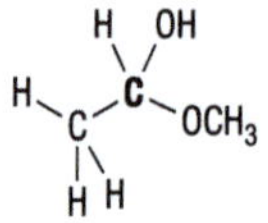

**1-Methoxyethanol**
*(ein Halbacetal)*

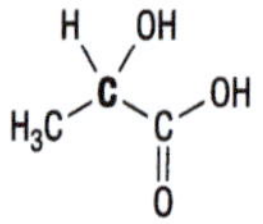

**2-Hydroxypropansäure**
*(Milchsäure)*

**Abb. 2.50.** Moleküle mit einem C-Atom als stereogenen Zentrum, Beispiele

Ein Objekt gilt als *symmetrisch*, wenn man in ihm bestimmte Bestandteile untereinander vertauschen kann, ohne dass es sich ändert. Jedes Objekt, das mit seinem Spiegelbild *nicht* zur Deckung gebracht werden kann, ist definitionsgemäß „chiral". Als Beispiele in der täglichen Welt finden sich u. a. rechte Hand/linke Hand, eine Schraube mit Rechtsgewinde bzw. mit Linksgewinde usw. Auch ein Tetraeder mit vier verschiedenen Ecken ist *asymmetrisch*. In Wechselwirkung mit nichtchiralen Gegenständen sind chirale Objekte undifferenzierbar, hingegen in Wechselwirkung mit chiralen Objekten differenzierbar. So passt z. B. ein rechter Handschuh nur auf die rechte, nicht auf die linke Hand.

Auf molekulare Ebene übertragen heißt das: Ein Molekül ist symmetrisch, wenn man in ihm bestimmte Atome bzw. Atomgruppen austauschen kann, ohne dass es sich ändert. Jedes Molekül, das mit seinem Spiegelbild nicht zur Deckung gebracht werden kann, ist chiral. Ein tetraedrisches Atom, das mit vier verschiedenen Atomen bzw. Atomgruppen Bindungen eingeht, stellt ein so genanntes *„stereogenes Zentrum"* (früher auch „Chiralitätszentrum") dar, und somit tritt auch jede C-haltige Verbindung, die (mindestens) ein C-Atom enthält, das diesen Bedingungen entspricht, in Form von zwei Stereoisomeren, die sich wie Bild und – *nicht* deckungsgleiches – Spiegelbild verhalten, auf. Ein solches Stereoisomerenpaar nennt man **Enantiomere**. Beispiele hierfür sind in Abbildung 2.50 zusammengefasst.

Enantiomere weisen identische physikalische Eigenschaften, wie z. B. Löslichkeit, Siedepunkt oder Schmelzpunkt auf, können aber erwartungsgemäß in Wechselwirkung mit anderen chiralen Molekülen oder aber

R-Bromchlorfluormethan     S-Bromchlorfluormethan

Br > Cl > F

**Abb. 2.51.** Zuordnung von Enantiomeren nach den CIP-Regeln

auch mit „chiraler" elektromagnetischer Schwingung, wie z. B. (links- bzw. rechts-) zirkular polarisiertem Licht, differenziert werden. Somit verursachen gleich konzentrierte Lösungen, die jeweils eines von beiden Enantiomeren enthalten, die Drehung der Schwingungsebene von polarisiertem Licht zwar um denselben absoluten Betrag, allerdings einmal in die eine, und das andere mal in die entgegengesetzte Richtung. Mit Hilfe eines Polarimeters kann die „spezifische Drehung", eine charakteristische Größe für jedes chirale Molekül, gemessen werden.

Für die Benennung der einzelnen Enantiomeren wird auf die *CIP-Regeln* (Cahn-Ingold-Prelog) zurückgegriffen, wobei die Ordnungszahlen der an das stereogene Zentrum bindenden Atome maßgebend sind. Das Atom mit der kleinsten Ordnungszahl, sehr häufig handelt es sich um ein H-Atom, wird vernachlässigt, und graphisch nach hinten gemalt. Die drei restlichen Atome werden nach abnehmender Ordnungszahl gereiht. Ergibt sich nun eine Sequenz 1→ 2 → 3 im Uhrzeigersinn, so handelt es sich um das Enantiomere mit *R-Konfiguration*, im gegenteiligen Fall um das mit *S-Konfiguration*. In ●Abbildung 2.51 sind beide enantiomeren Bromchlorfluormethane räumlich dargestellt.

Viel häufiger binden nicht nur verschiedene Atome sondern Atomgruppen an ein stereogenes Zentrum, wobei dann dessen Benennung nach genau den gleichen Kriterien erfolgt: Binden zwei gleiche Atome, z. B. C-Atome, an das stereogene Zentrum, so werden die Ordnungszahlen

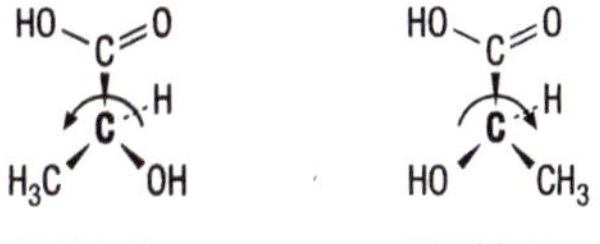

S-Milchsäure     R-Milchsäure

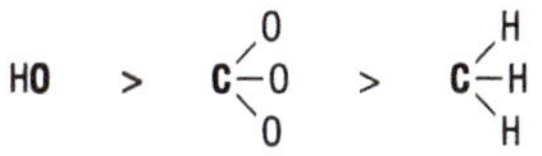

HO > C(=O)(−O)(O) > C(−H)(H)(H)

**Abb. 2.52.** Priorisierung von Substituenten zur Zuordnung von Enantiomeren

2.19 Stereoisomerie | 167

2,3-Dichlorpentan    2,4-Dichlorpentan

**Abb. 2.53.** Moleküle mit mehr als einem stereogenen Zentrum, Beispiele

der an diese Atome bindenden Atome verglichen. Somit wird eine Carboxyl (COOH)-Gruppe, in der das C-Atom „formal" drei Bindungen zu O-Atomen eingeht, gegenüber einer Methylgruppe, wo es drei Bindungen zu H-Atomen eingeht, priorisiert. Dies ist in ●Abbildung 2.52 am Beispiel der beiden Enantiomeren von 2-Hydroxypropancarbonsäure *(Milchsäure)* dargestellt. Jedenfalls ist es so möglich, jedes stereogene Zentrum eindeutig zu charakterisieren, vorausgesetzt, die räumliche Anordnung der vier (verschiedenen) Gruppen ist bekannt.

Es überrascht nicht, dass es auch eine Vielzahl von Molekülen gibt, die *mehr* als ein stereogenes Zentrum aufweisen. Zwei Beispiele dafür werden in ●Abbildung 2.53 gezeigt.

Im Falle des 2,3-Dichlorpentans ist das Substitutionsmuster an beiden stereogenen Zentren unterschiedlich; da nun die beiden stereogenen Zentren jeweils R- oder S-Konfiguration aufweisen können, gibt es für diese Verbindung insgesamt vier Stereoisomere (●Abb. 2.54).

Das Molekülpaar A und B stellt ein Paar von Enantiomeren dar, da *beide* stereogene Zentren „gespiegelt" sind. Das Gleiche gilt für das Molekülpaar C und D. Betrachtet man hingegen das Molekülpaar A und C (bzw. B und D), so stellt man fest, dass die beiden Verbindungen *keine* Bild/Spiegelbildbeziehung aufweisen, und somit handelt es sich hierbei *nicht* um Enantiomere. ***Man bezeichnet alle Stereoisomeren, die nicht Enantiomere sind, als Diastereoisomere!***

Im Falle des 2,4-Dichlorpentans ist das Substitutionsmuster insofern „symmetrisch", als dass beide stereogenen Zentren dasselbe Substituti-

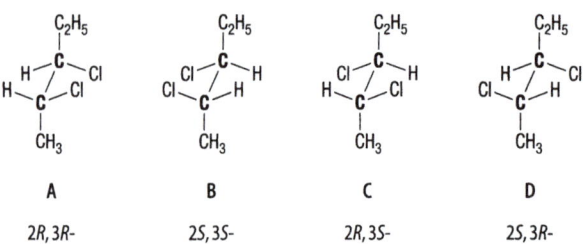

| A | B | C | D |
| --- | --- | --- | --- |
| 2R, 3R- | 2S, 3S- | 2R, 3S- | 2S, 3R- |

**Abb. 2.54.** Stereoisomere des 2,3-Dichlorpentans

```
     H              H            H            H            H            H
     |   CH₂        |            |   CH₂      |            |   CH₂      |
     C              C            C            C            C            C
   /   \          /   \        /   \        /   \        /   \        /   \
H₃C    Cl     H₃C    Cl     Cl    CH₃    Cl    CH₃    H₃C    Cl    Cl    CH₃
```

R,R-                         S,S-                        R,S- = S,R-

2,4-Dichlorpentan

**Abb. 2.55.** Stereoisomere des 2,4-Dichlorpentans

onsmuster aufweisen. Für solche Moleküle gibt es jeweils nur drei Stereoisomere, und zwar das *(R,R)* das *(S,S)* und *ein (R,S)*-Isomeres. Dieses Letztere nennt man in solchen Fällen auch die **Meso-Form**, da sich die beiden stereogenen Zentren formal kompensieren ( Abb. 2.55). Ein weiteres Molekül, das in einer Meso-Form auftreten kann, ist die 2,3-Dihydroxybutan-1,4-dicarbonsäure *(Weinsäure)*.

Für die Diskussion, wie ein solches stereogenes Zentrum entsteht, eignet sich am besten ein Vergleich der drei verschiedenen Dreieckstypen in Abbildung 2.56.

An den Mittelpunkt jedes dieser Dreiecke soll noch ein weiterer Punkt – von oben bzw. von unten – angeknüpft werden. Sowohl bei dem gleichseitigen Dreieck (*drei* gleich Ecken), wie auch bei dem gleichschenkeligen Dreieck (*zwei* gleiche Ecken) resultiert dabei – unabhängig von der An-

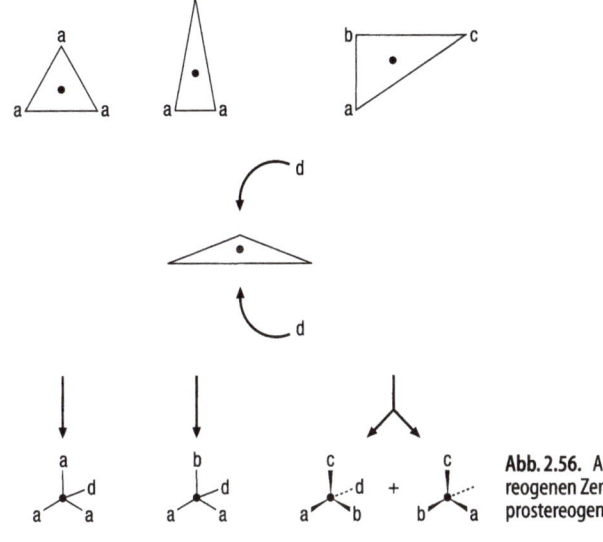

**Abb. 2.56.** Aufbau eines stereogenen Zentrums aus einem prostereogenen Zentrum

2.19 Stereoisomerie

knüpfungsrichtung – nur ein (symmetrischer) Tetraeder. Die beiden Tetraeder, die aus der jeweiligen Anknüpfung an das ungleichseitige Dreieck (drei verschiedene Ecken) resultieren, verhalten sich wie Bild und deckungsungleiches Spiegelbild. Auf molekulare Ebene übertragen bedeutet das, dass bei der Addition einer (neuen) Gruppe an ein trigonalplanares C-Atom, das schon an drei verschiedene Gruppen bindet, eine Seitendifferenzierung erfolgt und dass somit, je nachdem ob die Addition von „oben" bzw. „unten" erfolgt, das eine bzw. das andere Enantiomere entsteht (Gl. 2.95). Man bezeichnet ein solches trigonales C-Atom auch als ein *prostereogenes Zentrum*. Da die Wahrscheinlichkeit für die Annäherung der neuen Gruppe von oben bzw. unten in erster Näherung gleich ist, entstehen bei solchen Additionsreaktionen an ein stereogenes Zentrum die beiden Enantiomere in gleichen Mengen. Man nennt ein solches 1:1 Gemisch von Enantiomeren ein *Razemat*.

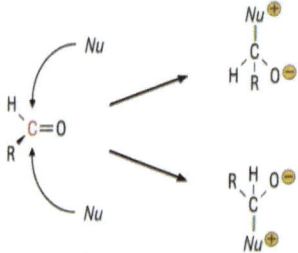

(Gl. 2.95. Anbindung eines Nucleophils an ein prostereogenes Carbonyl-C-Atom)

Eine nucleophile Substitution (s. Kap. 2.6) verläuft unter *„Inversion"*, da das Nucleophil sich dem positiv polarisierten C-Atom von der *Rückseite* der Bindung zur Abgangsgruppe annähert. So reagiert z. B. *R*-2-Chlorbutan mit NaOH zu *S*-2-Butanol (Gl. 2.96).

*R*-2-Chlorbutan         *S*-2-Butanol

(Gl. 2.96). Inversion an einem stereogenen Zentrum durch eine nucleophile Substitutionsreaktion)

Dieselben Betrachtungen gelten auch für *intramolekulare Reaktionen*. So entstehen durch Cyclisierung von 4-Hydroxybutanal zwei *enantiomere* 2-Hydroxytetrahydrofuran-Moleküle in gleichen Mengen (Gl. 2.97).

(Gl. 2.97. Bildung von zwei enantiomeren cyclischen Halbacetalen aus einem Hydroxyaldehyd)

Dieselben Überlegungen lassen sich auch auf Cyclisierungsreaktionen von Molekülen übertragen, die schon ein stereogenes Zentrum enthalten. So ergibt der Ringschluss von *R*-4-Hydroxypentanal ein 1:1 Gemisch der zwei *diastereoisomeren* 2-Hydroxy-5-methyltetrahydrofurane (Gl. 2.98).

(Gl. 2.98. Bildung von zwei diastereoisomeren cyclischen Halbacetalen aus einem enantiomeren reinen Hydroxyaldehyd)

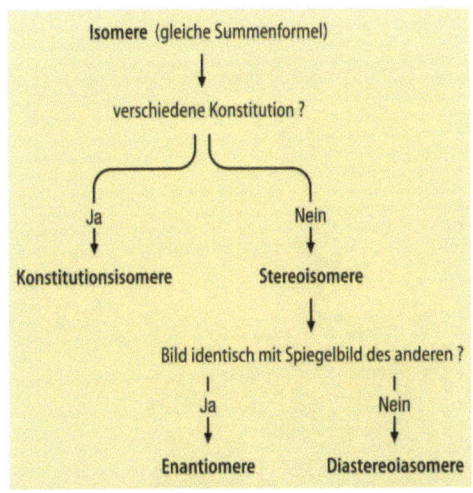

Abb. 2.57. Unterscheidung verschiedener Isomeriearten

2.19 Stereoisomerie

## Resümee

Moleküle, die die gleiche Summenformel (Zusammensetzung) aufweisen, bezeichnet man als Isomere. Für die Unterscheidung der verschiedenen Isomeriearten geht man wie folgt vor (👁 Abb. 2.57). Es handelt sich um *Konstitutionsisomere* (Ja/Nein). Wenn „nein", sind es *Stereoisomere*. Hier nun wieder: es handelt sich um *Enantiomere* (Ja/Nein). Wenn „nein", so sind es *Diastereoisomere*. Diese Definition gilt auch für alle schon vorher diskutierten räumlichen Differenzierungen von Isomeren, d. h. *E/Z-, cis/trans-Isomeren* sowie Konformationsisomeren.

# Chemie biologisch- und medizinisch-relevanter Naturstoffe

## 3.1 Chemische Reaktionen im Organismus

Die Zelle ist die fundamentale Einheit des Lebens. Aus Zellen entstehen Gewebe, die wiederum Bestandteile von Organen sind. Diese Organe fügen sich dann zu einem Organismus zusammen. Ein wesentliches Merkmal *lebender* Materie sind komplizierte Strukturen mit einem hohen Ordnungsgrad, die in der Lage sind, spezielle Funktionen auszuüben. Um zu „überleben", muss ein Organismus dem allgemeinen Bestreben nach dem Erreichen des Gleichgewichts, bei dem Unordnung, d. h. die Entropie, einen maximalen Wert erreicht, widerstehen können. Dafür werden *Rohstoffe* zum Aufbau von Zellen, Energie für den *Stoffwechsel*, und die Information für die *Vererbung* benötigt.

Wie schon in Kapitel 1.1 erwähnt, bestehen die lebenden Organismen überwiegend aus Wasser, und daneben aus Lipiden, Kohlenhydraten, Proteinen und Nucleinsäuren. Diesen vier Typen makromolekularer Substanzen sind die folgenden Kapitel gewidmet.

Lipide (Fette und Öle), Kohlenhydrate sowie Proteine stellen die Primärkomponenten aller Lebensmittel dar, die als *Energiequellen* für das Wachstum und die Entwicklung des Organismus benötigt werden. Hierfür müssen aber die Lebensmittelbestandteile in kleinere Moleküle umgewandelt werden. Die Gesamtheit dieser Prozesse, in denen solche Molekülspaltungen und auch Molekülumwandlungen stattfinden, wird als *Stoffwechsel* (Metabolismus) bezeichnet, wobei hier Enzyme und Vitamine als „Biokatalysatoren" von Bedeutung sind. Man unterscheidet im Stoffwechsel *anabolische Reaktionen*, das sind solche, in denen im Organismus neue Moleküle synthetisiert werden, und *katabolische Reaktionen*, solche, in denen Moleküle im Organismus abgebaut werden. Der erste Reaktionstyp ist mit einer Zunahme der freien Energie verbunden, man spricht dabei von einem *endergonen Prozess*, während es sich bei dem zweiten Reaktionstyp, ein *exergoner Prozess*, genau umgekehrt verhält. Als Energiequelle für den Energietransfer im Organismus dient häufig die exergone Hydrolyse von Adenosintriphosphat (ATP) zu Adenosindiphosphat (ADP) und Phospat (Gl. 3.1).

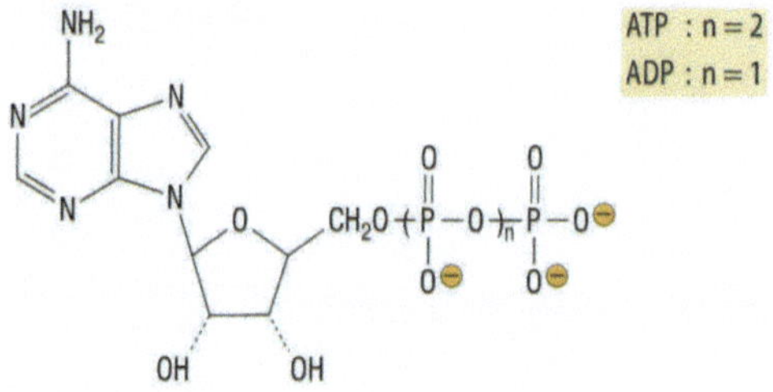

ATP : n = 2
ADP : n = 1

Adenosintriphosphat / Adenosindiphosphat

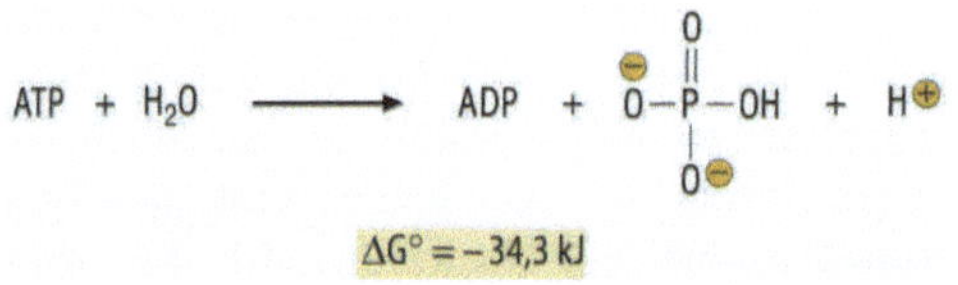

$$ATP + H_2O \longrightarrow ADP + \text{Phosphat} + H^{\oplus}$$

$\Delta G° = -34{,}3 \text{ kJ}$

(**Gl. 3.1.** Die exergone Hydrolyse von ATP zu ADP und Phosphat)

Die endergone Bildung von ATP aus ADP und Phosphat kann z. B. mit der exergonen „Verbrennung von Rohstoffen", z. B. der – im Organismus mehrstufig ablaufenden – Oxidation von Glucose zu $CO_2$, gekoppelt sein (Gl. 3.2). Der hierbei gespeicherte Energiebetrag in 38 mol ATP beträgt dabei $(38 \times 34{.}3) = 1300$ kJ. Da die bei der Oxidation von Glucose zu $CO_2$ und Wasser frei werdende Energiemenge 2870 kJ/mol beträgt, errechnet sich die Effizienz der Energiespeicherung im Stoffwechsel zu $(1300/2870) \times 100\% = 45\%$, also eine sehr ansehnliche Umwandlungsrate.

$$C_6H_{12}O_6 + 6O_2 + 38\,ADP + 38\,HPO_4^{\ominus\ominus} + 38\,H^{\oplus} \longrightarrow 6\,CO_2 + 44\,H_2O + 38\,ATP$$

(**Gl. 3.2.** Energiespeicherung (Bildung von ATP) im Organismus)

**Enzyme▸** Darunter versteht man proteinhaltige biologische Katalysatoren. Sie werden im Allgemeinen nach dem Prozess benannt, den sie katalysieren, und erhalten zusätzlich die Endung „ase" (*Hydrolase, Reduktase*, usw.). In Kapitel 1.8 sind schon Grundzüge der Enzymkinetik vorgestellt worden, aus denen hervorgeht, dass die katalytische Aktivität von Enzymen an die Ausbildung eines Enzym-Substrat-Komplexes gebunden ist.

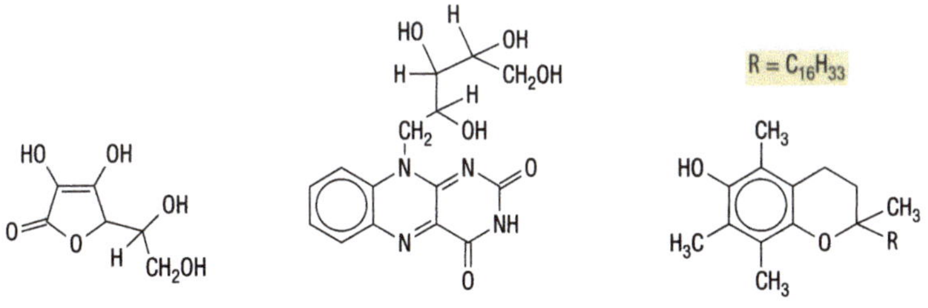

| Ascorbinsäure | Riboflavin | α-Tokopherol |
| (Vitamin C) | (Vitamin B$_2$) | (Vitamin E) |

**Abb. 3.1.** Beispiele für Vitaminstrukturen

**Vitamine ▸** Diese werden weder als Energiequelle für den Stoffwechsel noch als Rohstoffe zum Zellaufbau, sondern fast ausschließlich als Katalysatoren für biologische Prozesse benötigt. Eine übliche Klassifizierung unterscheidet „wasserlösliche" (Vitamin B, C) und „fettlösliche" (Vitamin A, D, E, K) Vitamine (● Abb. 3.1).

Die Nucleinsäuren (s. Kap. 3.6) schließlich beinhalten die Gene in den Chromosomen; sie sind die Informationsträger, die die Zellreplikation von einer Generation zur nächsten steuern.

## 3.2 Lipide (I): Triacylglycerine, Phosphoglyceride, Sphingoside

**Lernziele**
- Klassifizierung und Struktur von Acylglycerinen und Sphingolipiden

Unter „Lipiden" versteht man eine Gruppe von biologisch-relevanten Naturstoffen, die als gemeinsame Eigenschaft aufweist, dass es sich um wasserunlösliche, ölige oder fettige kohlenstoffhaltige Verbindungen handelt, die in Zellen oder Geweben vorkommen. Eine Möglichkeit, die verschiedenen Arten von Lipiden einzuordnen, beruht auf der Unterscheidung der jeweiligen wesentlichen (chemischen) funktionellen Gruppen im Molekül. In diesem Kapitel werden *Fettsäureester* (s. Kap. 2.12 u. 2.13) sowie

***Phosphorsäureester*** (s. Kap. 2.15), die so genannten „verseifbaren Lipide", vorgestellt.

**Triacylglycerine▶** Die wichtigsten fettsäurehaltigen Lipide, die so genannten „Fette", sind die Triacylglycerine, in denen ein Molekül des Alkohols ***Glycerin*** (s. Kap. 2.7) mit drei Molekülen Fettsäure verestert ist (Gl. 3.3). Sie stellen den wesentlichen Bestandteil des Speicherfetts in Organismen dar.

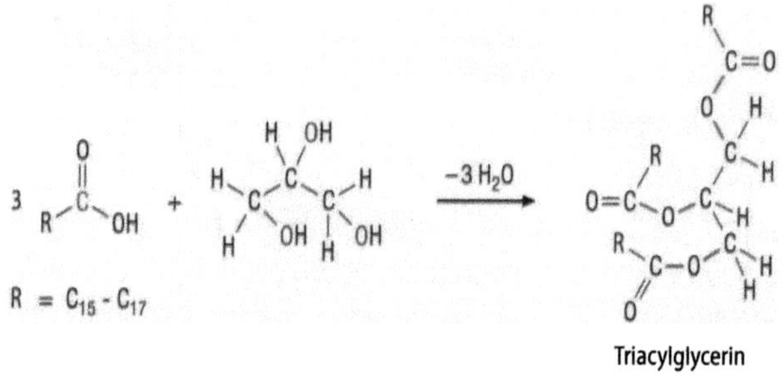

(Gl. 3.3. Veresterung dreier Fettsäure-Moleküle mit dem Alkohol Glycerol (Glycerin))

Einfache Triacylglycerine enthalten jeweils nur eine spezifische Fettsäurekomponente; so liegen im ***Tripalmitoylglycerin***, im ***Tristearoylglycerin*** oder im ***Trioleoylglycerin*** jeweils nur Palmitin-, Stearin- oder Ölsäure vor. Die meisten natürlichen Fette sind „gemischte" Triacylglycerine. Bei Molekülen mit drei verschiedenen Fettsäurekomponenten stellt das C(2) des

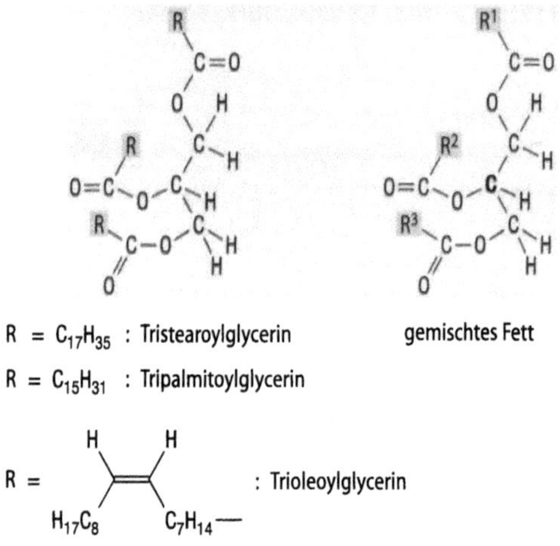

$R = C_{17}H_{35}$ : Tristearoylglycerin

$R = C_{15}H_{31}$ : Tripalmitoylglycerin

$R = $ (H$_{17}$C$_8$—CH=CH—C$_7$H$_{14}$—) : Trioleoylglycerin

**Abb. 3.2.** Einfache Triacylglycerine und gemischte Fette

Glycerins ein stereogenes Zentrum dar, d. h. solche Verbindungen treten in Form eines Enantiomerenpaares auf (● Abb. 3.2).

Bei der alkalischen Hydrolyse (s. Kap. 2.13) von Triacylglycerinen, der so genannten „Verseifung", entstehen neben dem Alkohol (Glycerin) auch jeweils drei Moleküle von Fettsäuresalzen. Wenn die Hydrolyse mit NaOH oder KOH vorgenommen wird, entstehen „Seifen", d. h. die Alkalisalze der Fettsäuren (Gl. 3.4).

$R = C_{15} - C_{17}$

ein Fett „Natriumseifen"

(**Gl. 3.4.** Verseifung eines Fettes unter Bildung von drei Molekülen „Seife")

Triacylglycerine, die nur „gesättigte" Fettsäurekomponenten, also solche, worin alle C-Atome der Seitenkette vierbindig (tetraedrisch) sind, besitzen, weisen im Allgemeinen einen deutlich höheren Schmelzpunkt als diejenigen auf, deren („ungesättigte") Fettsäurekomponenten eine oder mehrere C-C-Doppelbindungen in den Seitenketten enthalten. Durch Hydrierung (s. Kap. 2.5) können diese C-C-Doppelbindungen in C-C-Einfachbindungen überführt werden, ein Prozess, der demzufolge auch als „Fetthärtung" bezeichnet wird.

**Wachse▶** Bei den ebenfalls natürlich vorkommenden Wachsen handelt es sich auch um Fettsäureester. Allerdings sind in diesen Stoffen die Fettsäuren mit Monohydroxyverbindungen verestert, und zwar im Allgemeinen mit langkettigen ($C_{16}$–$C_{22}$) primären Alkoholen. Der in (Gl. 3.5) aufgeführte *Cetylalkohol* (Hexadecan-1-ol, $C_{16}H_{33}OH$) wird durch Reduktion von *Palmitinsäure* (Hexadecancarbonsäure, $C_{15}H_{31}COOH$) dargestellt.

**Phospholipide▶** Während es sich bei *Fetten* und *Wachsen* um so genannte „nichtpolare" Lipide handelt, gibt es eine weitere Stoffklasse, die die Hauptbestandteile der Zellmembranen darstellen, und als „polare" Lipide bezeichnet werden. Die wichtigsten Vertreter sind Phosphorsäurediester,

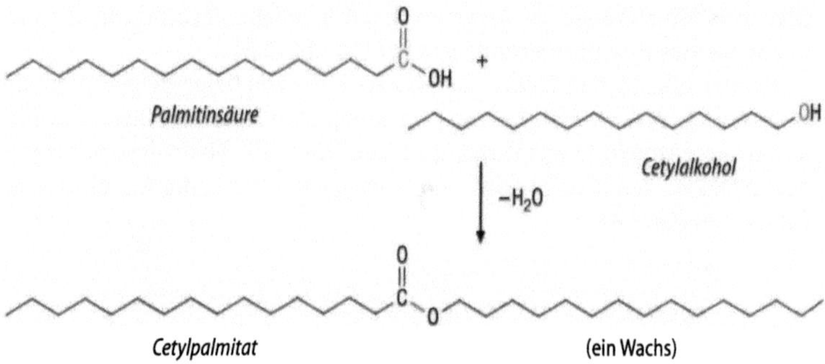

**(Gl. 3.5.** Veresterung von Palmitinsäure mit Cetylalkohol zu einem Wachs)

die so genannten *Phospholipide*. Bei den *Phosphoglyceriden* handelt es sich um Diacylglycerine mit zwei verschiedenen Fettsäurekomponenten (Palmitinsäure am C(1) und eine ungesättigte Fettsäure, z. B. Ölsäure, am C(2) des Glycerins verestert), in denen eine primäre Alkoholfunktion mit Phosphorsäure verestert vorliegt, wobei noch eine zweite Säuregruppe der Phosphorsäure mit einer weiteren Monohydroxyverbindung zusätzlich verestert ist (Gl. 3.6). Stammverbindung hier ist die *Phosphatidsäure*, also der Phosphorsäuremonoester. In allen Phosphoglyceriden stellt das C(2)-Atom des Glycerins ein stereogenes Zentrum dar, wobei im Allgemeinen nur das Enantiomere mit *S*-Konfiguration vorkommt. Die Phos-

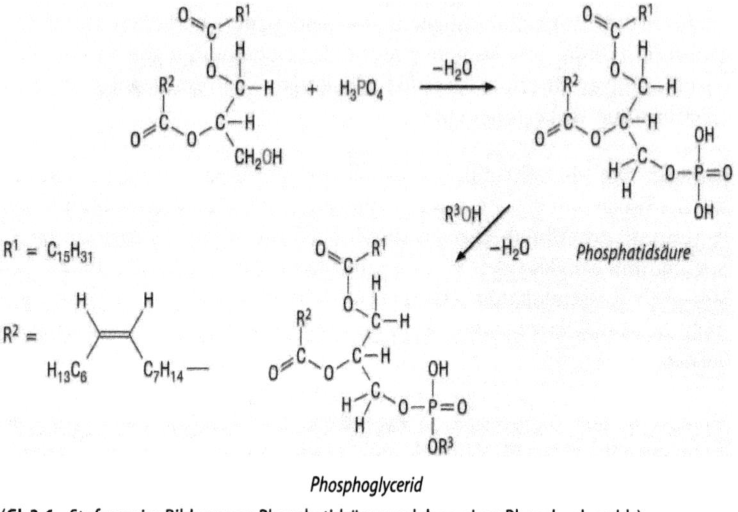

**(Gl. 3.6.** Stufenweise Bildung von Phosphatidsäure und dann eines Phosphoglycerids)

3 Chemie biologisch- und medizinisch-relevanter Naturstoffe

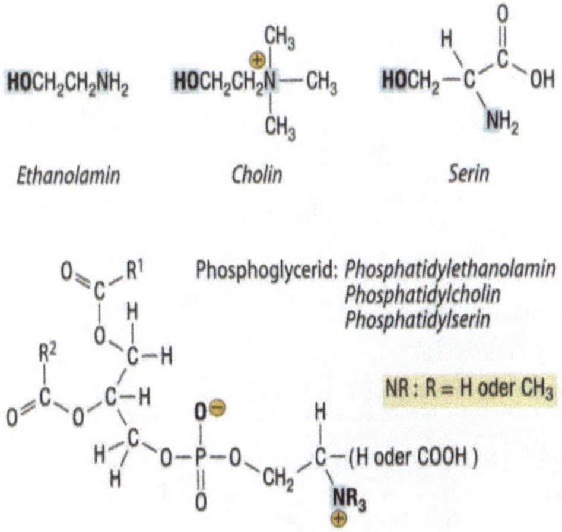

**Ethanolamin**: HOCH$_2$CH$_2$NH$_2$

**Cholin**: HOCH$_2$CH$_2$N$^+$(CH$_3$)$_3$

**Serin**: HOCH$_2$-CH(NH$_2$)-COOH

Phosphoglycerid: *Phosphatidylethanolamin*, *Phosphatidylcholin*, *Phosphatidylserin*

NR: R = H oder CH$_3$

(H oder COOH)

**Abb. 3.3.** Phosphoglyceride, Beispiele

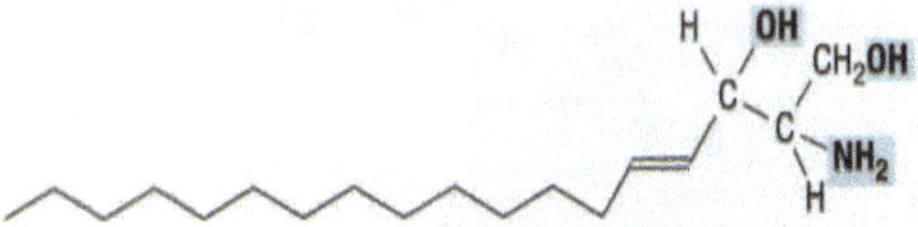

*E*-2-Amino-1,3-dihydroxyoctadeca-4-en
Sphingosin

**Abb. 3.4.** Sphingosin, Bestandteil der Sphingoside

phorsäureeinheit in den Phosphoglyceriden liegt bei pH ≈ 7 vollständig dissoziiert vor.

Als zusätzliche „alkoholische" Komponente (R$^3$OH) findet man Aminoalkohole, wie z. B. **Ethanolamin** oder **Cholin**, oder Aminosäuren mit einer Hydroxyfunktion in der Seitenkette, wie z. B. **Serin**. Solche Phosphoglyceride, die eine Aminogruppe im Rest R$^3$ enthalten, liegen bei pH ≈ 7 als Zwitterionen vor (Abb. 3.3).

**Sphingoside▶** Ebenfalls zu den Phospholipiden gehören die Sphingoside. Es handelt sich dabei ebenfalls um Phosphorsäurediester, wobei diese nun nicht *Glycerin* als den mit Fettsäuren (teil)veresterten Alkohol enthalten, sondern das *Sphingosin*, einen langkettigen Aminoalkohol (Abb. 3.4).

In den Sphingosiden, wie z. B. im *Sphingomyelin*, ist die primäre Alkoholgruppe des Sphingosins mit Phosphorsäure verestert, wobei auch hier wieder die Phosphorsäure noch zusätzlich mit *Cholin* verestert ist. Außerdem ist die Aminogruppe an C(2) mit einer Fettsäure, hier der Ölsäure, acyliert, d. h. es liegt noch eine Carbonsäureamidgruppe vor (Abb. 3.5).

**3.2 Lipide (I): Triacyglycerine, Phosphoglyceride, Sphingoside**

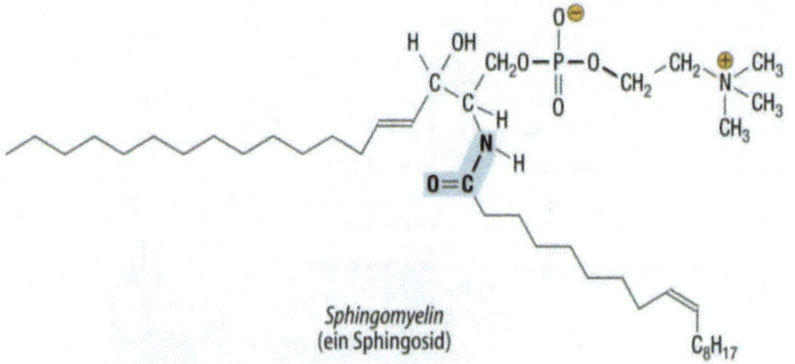

*Sphingomyelin*
(ein Sphingosid)

**Abb. 3.5.** Sphingomyelin als Beispiel eines Sphingosids

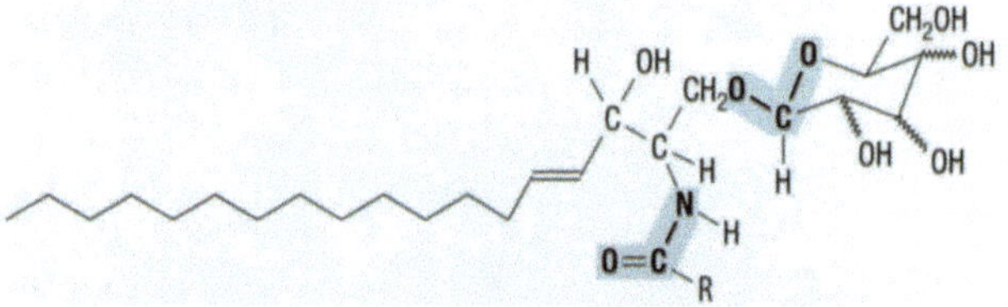

| | |
|---|---|
| *ein Galactocerebrosid:* | Zuckerkomponente = β-D-Galactopyranose |
| | R = $C_{24}H_{49}$ |
| *ein Gangliosid:* | Zuckerkomponente = ein Oligosaccharid |
| | R = $C_{17}H_{35}$ |

**Abb. 3.6.** Cerebroside und Ganglioside, Beispiele

Im Gegensatz zu den Sphingosiden enthalten die ***Cerebroside*** und die ***Ganglioside*** zwar ebenfalls die Sphingosinkomponente, hier ist aber die primäre Alkoholfunktion mit einer Halbacetalfunktion einer Hexose zu einem Acetal verknüpft (Abb. 3.6).

## Resümee

Lipide bilden einerseits die Struktur aller Membranen in Zellen und dienen zum anderen als Speicherverbindungen. Die hier diskutierten Verbindungen enthalten immer mindestens eine Fettsäurekomponente (Fettsäuren = langkettige Carbonsäuren, meistens mit insgesamt 16 oder 18 C-Atomen). Bei den Triacylglycerinen liegen drei Fettsäureeinheiten über den

Alkohol Glycerin verestert vor. Bei den Phosphoglyceriden sind zwei Fettsäureeinheiten mit Glycerin verestert, wobei die dritte, primäre Alkoholfunktion über eine Phosphorsäurediesterfunktion mit einer weiteren Monohydroxyverbindung verknüpft ist. In den Sphingosiden findet sich jeweils eine Fettsäureeinheit als Carbonsäureamidgruppe, die durch Acylierung der Aminogruppe des Sphingosins resultiert.

## 3.3 Lipide (II): Terpene, Steroide, Prostaglandine

**Lernziele**
- Isopren als Grundstruktur von Terpenen und Steroiden
- Eicosanoide

Sowohl Terpene wie auch Steroide werden zu den so genannten „Isoprenlipiden" bzw. *Isoprenoiden* gezählt. Sie leiten sich vom 2-Methylbuta-1,3-dien (*Isopren*, $C_5H_8$; s. Kap. 2.5) ab. Die eigentlichen Terpene sind $C_{10}$-Verbindungen, also formal Dimere des Isoprens; dabei handelt es sich aber nicht nur um Kohlenwasserstoffe, sondern auch um Alkohole oder um Carbonylverbindungen. Die durch Verknüpfung von zwei (oder mehr) Molekülen Isopren resultierenden Verbindungen können offenkettig, monocyclisch oder polycyclisch sein. Als *Sesquiterpene* bezeichnet man $C_{15}$-Verbindungen, also solche, die formal aus drei Isopreneinheiten aufgebaut sind, während es sich bei *Diterpenen* um $C_{20}$-Verbindungen handelt. Wichtige Vertreter sind hier das *Vitamin A* ($C_{20}H_{30}O$), das vor allem in der Milch und im Eigelb vorkommt, sowie einem Oxidationsprodukt, dem 11-Z-Retinal ($C_{20}H_{28}O$), einem Bestandteil des Rhodopsins (Sehpurpur). Bei *Triterpenen* handelt es sich um $C_{30}$-Verbindungen; zu diesen gehört das *Squalen* ($C_{30}H_{50}$) sowie das *Lanosterol* ($C_{30}H_{50}O$). Als Beispiel eines *Tetraterpens* sei das *β-Carotin* ($C_{40}H_{56}$), auch Provitamin A genannt, aufgeführt. Zu den Polymeren des Isoprens zählt z. B. der Naturkautschuk. Einige dieser Verbindungen sind in 👁 Abbildung 3.7 zusammengefasst.

**Cyclisierung zum Sterangerüst ▶** Die Umwandlung von *Squalen* in *Lanosterol* kann als eine oxidative Cyclisierungssequenz angesehen werden. Nach enzymatischem O-Atomtransfer und Protonierung findet eine Rei-

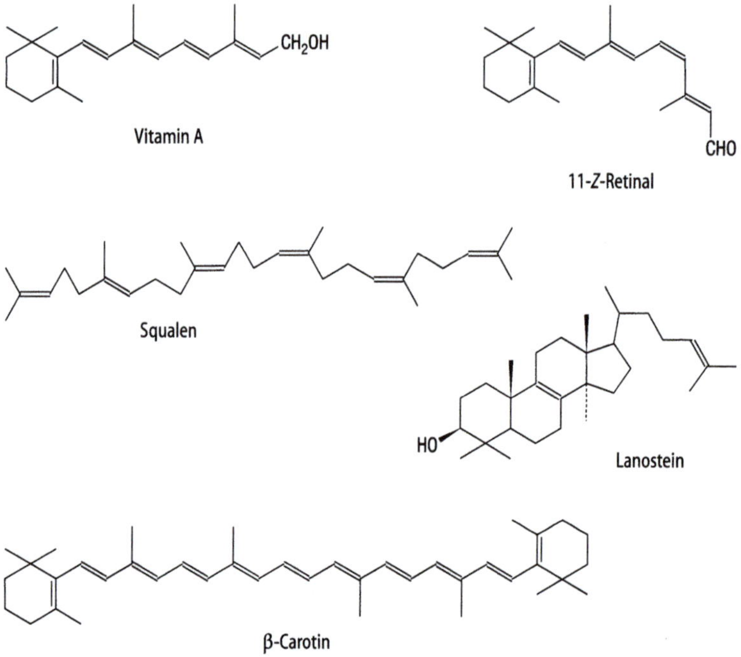

**Abb. 3.7.** Di-, Tri- und Tetraterpene, Beispiele

he von Ringschlussreaktionen (s. Kap. 2 18) zu einem tetracyclischen Molekül mit einem Carbenium in der Seitenkette statt. Dieses Letztere stabilisiert sich durch Verschiebungen von H-Atomen und Methylgruppen zu den jeweils benachbarten C-Atomen zu jeweils einem neuen Carbeniumion, welches abschließend durch Deprotonierung unter Ausbildung einer C-C-Doppelbindung abreagiert. Nach diesem Reaktionsmuster (Gl. 3.7) kann man sich die Biosynthese der Steroide vorstellen.

**Steroide▶** Charakteristisch für alle Steroide ist das tetracyclische Ringgerüst des Kohlenwasserstoffs *Steran*, welches wiederum aus der Hydrierung des 1*H*-Cyclopenta[*c*]phenanthrens resultiert. Für alle Steroide wird eine „eigene", substanztypische Nummerierung der Ringatome sowie eine Bezeichnung der Ringe mit „A–D" verwendet (●Abb. 3.8).

(Gl. 3.7. Mehrstufencyclisierung von Squalen zum Lanosterol) ▶

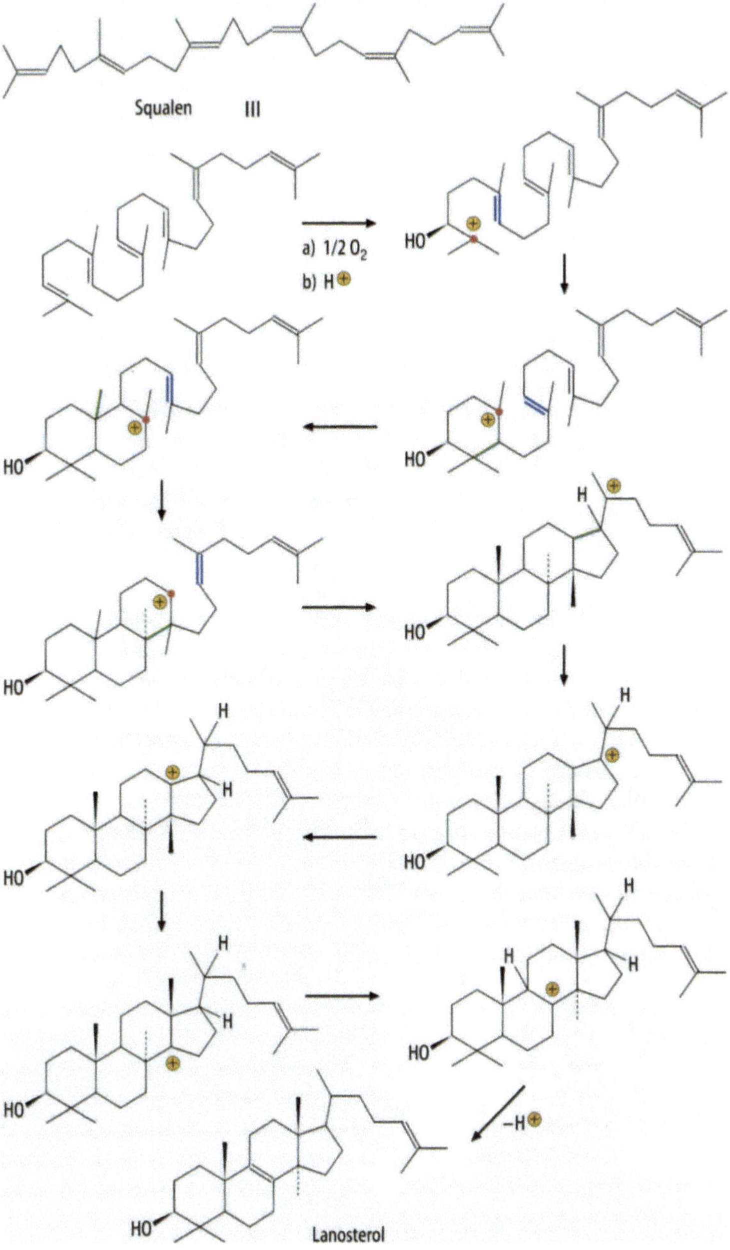

Squalen  III

a) 1/2 O$_2$
b) H$^{\oplus}$

−H$^{\oplus}$

Lanosterol

**3.3 Lipide (II): Terpene, Steroide, Prostaglandine**

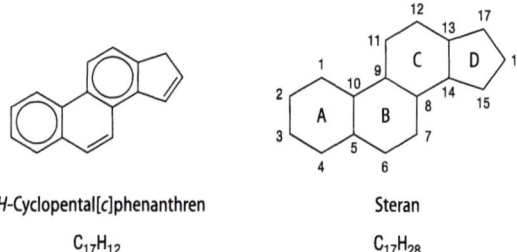

1H-Cyclopental[c]phenanthren        Steran

$C_{17}H_{12}$                      $C_{17}H_{28}$

**Abb. 3.8.** Steranringgerüst

Da es sich bei den Steroiden um substituierte Steranderivate, also um Verbindungen, die Cyclohexan- bzw. Cyclopentaneinheiten aufweisen, handelt, sollen auch die damit verbundenen sterischen Aspekte kurz angesprochen werden Im 5α-Steran liegen drei *trans-Ringverknüfungen* vor, im 5β-Steran sind die Ringe „A" und „B" hingegen *cis*-verknüpft (Abb. 3.9).

**Biologisch wichtige Steroide▸** Dazu gehören u. a. die *Sterole*, die *Gallensäuren*, die Steroidhormone, kontrazeptive Steroide und *Corticoide*. Sterole weisen am C(3) eine sekundäre Alkoholfunktion auf. Typische Vertreter sind das in Gallensteinen als Hauptkomponente vorkommende *Cholesterol* sowie das in der Hefe vorkommende *Ergosterol* (Abb. 3.10).

Das Ergosterol ist insofern von Wichtigkeit, als es unter Licht- und Wärmeeinwirkung zu Vitamin $D_2$ isomerisiert (Gl. 3.8).

Bei den Gallensäuren liegt im Allgemeinen eine *cis-Verknüpfung* zwischen den Ringen „A" und „B" vor. Sie sind im Organismus für die Fettverdauung von Bedeutung. Als Vertreter ist hier die *Cholsäure* zu nennen. Als Sexualhormone bezeichnet man die in den Hoden bzw. in den Eierstöcken produzierten Wirkstoffe, wie z. B. das *Androsteron*, das

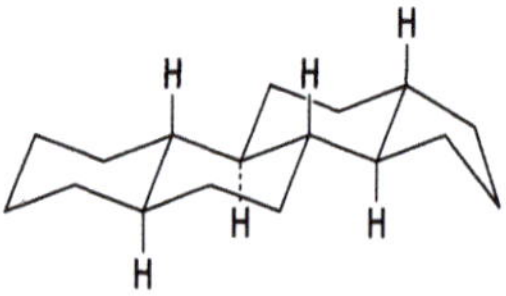

5α-Steran 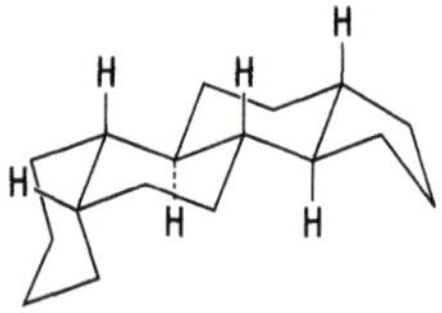                    5β-Steran

**Abb. 3.9.** Sterane mit trans- bzw. cis-verknüpften A- und B-Ringen

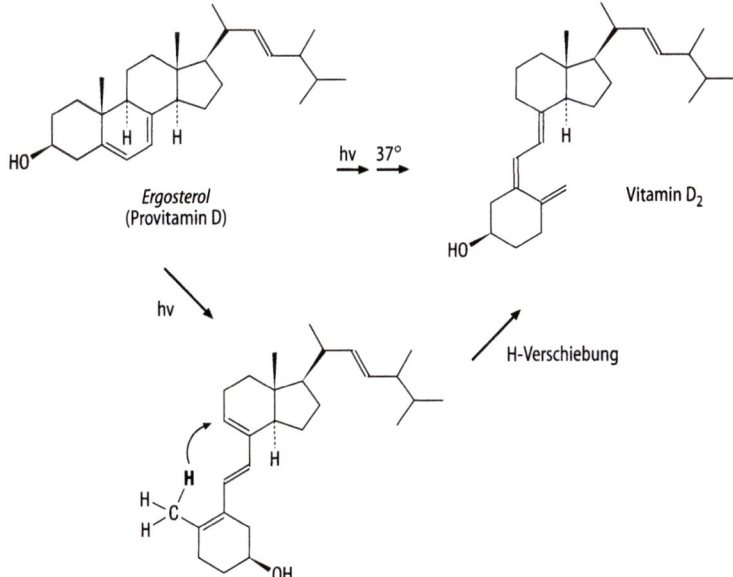

(**Gl. 3.8.** Licht-induzierte Umwandlung von Ergosterol in Vitamin D2)

**Testosteron** oder das **Östron**. Im Östron ist der Ring „A" ein Phenolring (Abb. 3.11).

Das **17a-Ethinylöstradiol** ist ein Beispiel für ein kontrazeptives Steroid; es wird als östrogene Komponente in der Antibabypille eingesetzt. Der unter dem Namen „Mifegyne" oder „Ru 486" bekannte Progesteronantagonist wird zusammen mit Prostaglandinen (s. unten) zur Schwangerschaftsunterbrechung eingesetzt. Bei Corticoiden, wie z. B. dem **Cortison**, handelt es sich um Nebennierenrindenhormone (Abb. 3.12).

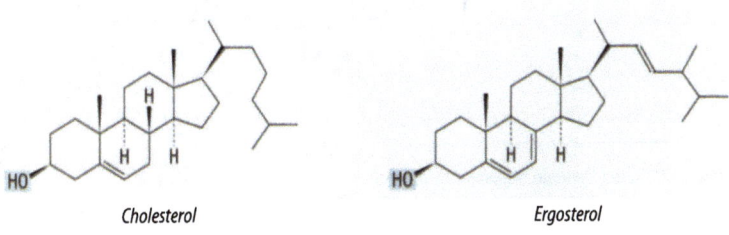

**Abb. 3.10.** Sterole, Beispiele

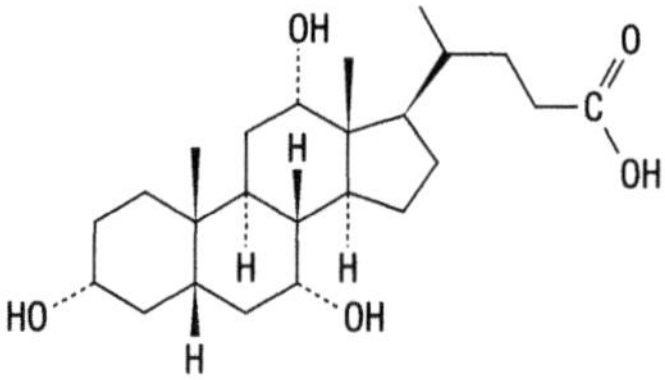

*Cholsäure*

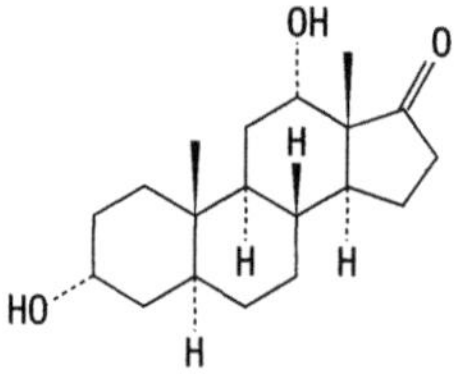

*Androsteron*

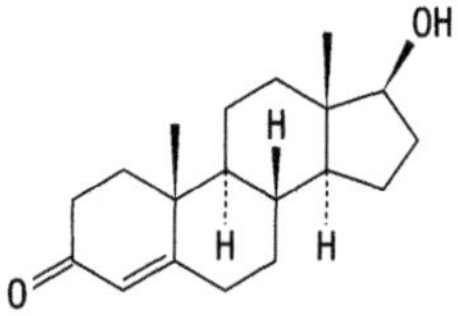

*Testosteron*

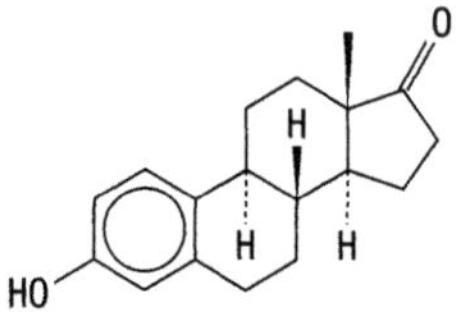

*Östron*

**Abb. 3.11.** Gallensäuren und Steroidhormone, Beispiele

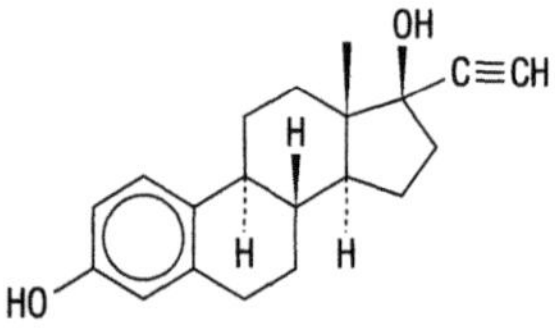

*17α-Ethinylöstradiol*

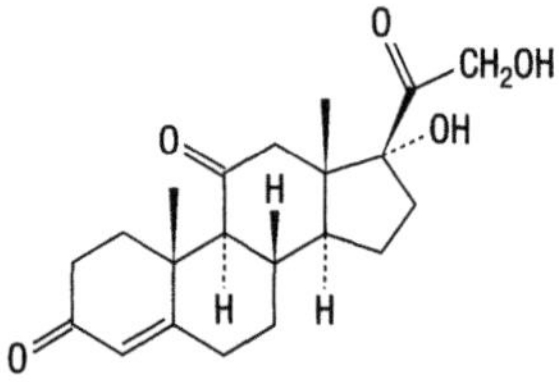

*Cortison*

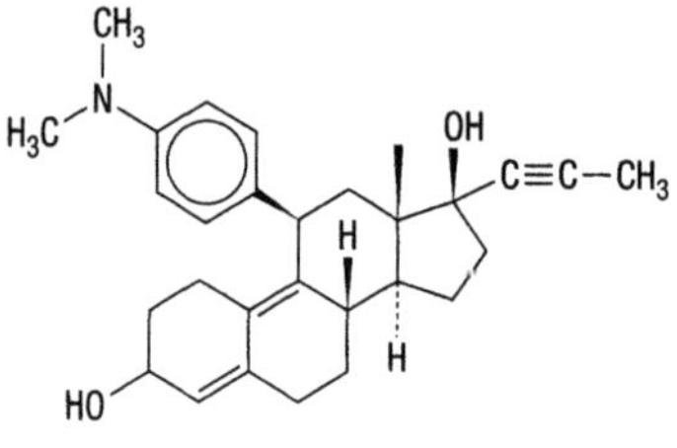

*Ru 486*

**Abb. 3.12.** In der Therapie angewandte Steroide

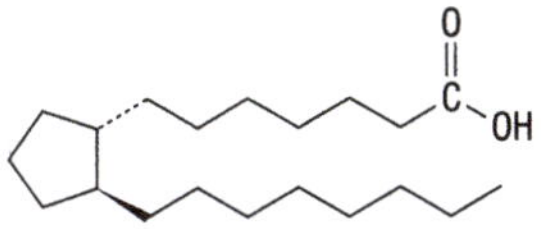

*trans*-7-(2-Octylcyclopentyl)heptancarbonsäure
Prostansäure

**Abb. 3.13.** Prostansäure als Grundkörper der Prostaglandine

**Prostaglandine▶** Bei den oben erwähnten Prostaglandinen handelt es sich um aus 20 C-Atomen (daher die Bezeichnung „Eicosanoide") bestehende Cyclopentylcarbonsäuren, die noch zusätzlich Hydroxy- und/oder Carbonylgruppen enthalten. Als Grundkörper zu dieser Verbindungsklasse kann die *trans*-7-(2-Octylcyclopentyl)heptancarbonsäure angesehen

III  Z,Z,Z,Z-5,8,11,14-Eicosatetraencarbonsäure *(Linolensäure)*

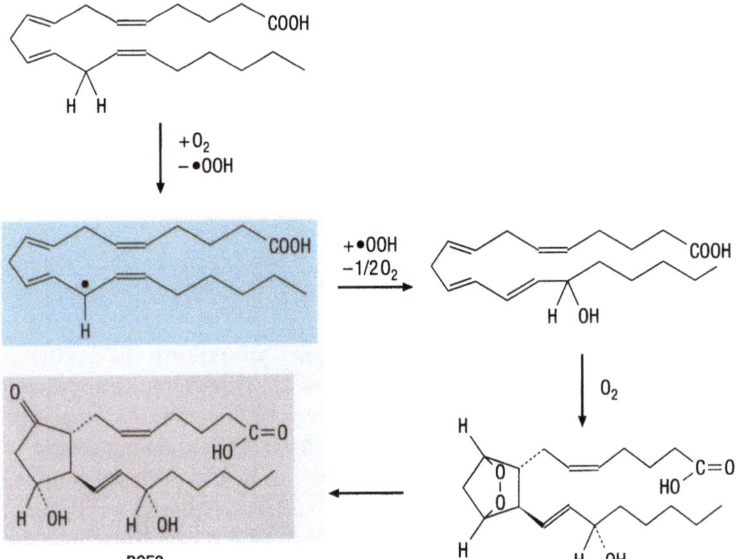

(Gl. 3.9. Oxidative Cyclisierung von Arachidonsäure zum Prostaglandin PGE2)

**3.3 Lipide (II): Terpene, Steroide, Prostaglandine** | **187**

werden (Abb. 3.13). Diese, häufig physiologisch sehr wirksamen Stoffe, entstehen im Organismus aus der *Arachidonsäure* (s. Kap. 2.12) durch eine durch molekularen Sauerstoff ausgelöste C-H-Bindungsspaltung (s. Kap. 2.3). Die intermediär gebildete, ungesättigte Hydroxycarbonsäure reagiert weiter mit Sauerstoff zu einem cyclischen Peroxid, welches schließlich zum Prostaglandin PGE$_2$ isomerisiert (Gl. 3.9).

## Resümee

Terpene sind Substanzen, die entscheidend zum Duft von Pflanzen und Blumen beitragen. Alle Terpene sind formal aus dem Vielfachen einer Struktureinheit, dem Isopren, aufgebaut. Das Triterpen *Squalen* ist Vorstufe der tetracyclischen Steroide, die selbst wiederum zu den bedeutendsten Naturstoffen gehören. Im Organismus bildet sich durch oxidative Cyclisierung des Sqalens zuerst das Lanosterol und danach das Cholesterol. Ähnlich, als enzymatisch gesteuerte Oxygenierungs-, Cyclisierungssequenz, verläuft die Biosynthese der Prostaglandine aus der mehrfach ungesättigten Fettsäure *Arachidonsäure*.

### 3.4 | Aminosäuren, Peptide, Proteine

## Lernziele

- Klassifizierung
- Eigenschaften
- Reaktionen
- Fischer-Projektion

Unter einer *Aminosäure* versteht man jede Carbonsäure, die zusätzlich eine Aminogruppe im Molekül enthält. Bei dieser letzteren Gruppe kann es sich sowohl um eine primäre, sekundäre bzw. tertiäre Aminogruppe handeln. Beispiele hierfür sind in Abbildung 3.14 zusammengefasst.

Die 20 proteinbildenden Aminosäuren – es handelt sich dabei um so genannte α-Aminosäuren (Abb. 3.15) – gehören neben den Fettsäuren (s. Kap. 3.2) und den Nucleotiden (s. Kap. 3.6) zu den Basisbausteinen der Zelle. Daneben sind sie für die Ernährung des Menschen von entscheidender Bedeutung. Es sei hier erwähnt, dass in vielen wichtigen Nah-

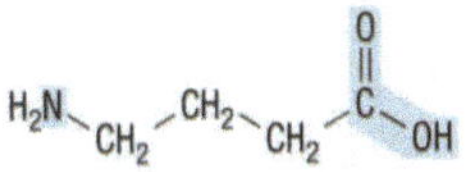

**4-Aminobutancarbonsäure**
(γ-*Aminobuttersäure*)

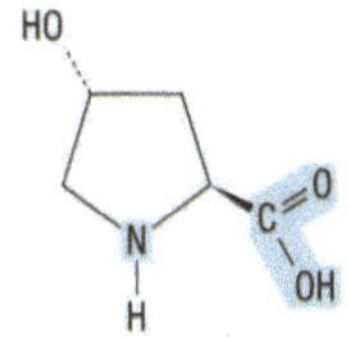

*trans*-4-Hydroxypyrrolidin-2-carbonsäure
(*Hydroxyprolin*)

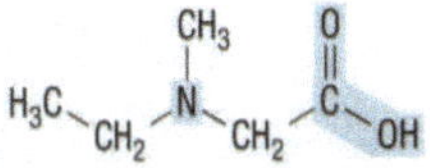

N-Ethyl-N-methylaminoethancarbonsäure

**Abb. 3.14.** Aminocarbonsäuren, allgemeine Beispiele

rungsmitteln, wie z. B. Milch, Fleisch oder Weizen der Gewichtsprozentanteil von *Glutaminsäure* jeweils am höchsten ist.

Aus der allgemeinen Formel einer α-Aminosäure geht hervor, dass alle proteinogenen Aminosäuren mit Ausnahme von *Glycin* (R = H) ein stereogenes Zentrum enthalten, da das zur Carboxylgruppe benachbarte C-Atom vier verschiedene Gruppen bindet. Diese natürlich vorkommenden Aminosäuren liegen normalerweise enantiomerenrein vor, d. h. es findet sich jeweils nur eines von beiden möglichen Stereoisomeren, und zwar weisen alle den gleichen räumlichen Aufbau aus (Abb. 3.16). Bis auf *Cystein* (hier ist die $CH_2SH$-Gruppe *vor* der COOH-Gruppe prioritär, s. Kap. 2.19) liegen sie also alle in der S-Konfiguration vor.

Aus früheren Zeiten gibt es – vor allem für Aminosäuren und Zucker – noch eine relative Zuordnung der einzelnen Enantiomeren. So werden in einer so genannten *Fischer-Projektion* (Abb. 3.17) die Aminosäuren so gezeichnet, dass die Kohlenstoffkette senkrecht vorliegt, wobei das C-Atom mit der „höchsten" Oxidationsstufe oben liegt. Die Bindungen, die vom stereogenen Zentrum ausgehen sind dabei so anzusehen, dass die waagrechten Bindungen nach vorn zeigen (und somit die senkrechten nach hinten). Nach dieser Beschreibung gehören alle natürlich vorkommenden Aminosäuren der „L-Reihe" an (die unnatürlichen Enantiomeren entsprechend der „D-Reihe"). *Im Grunde genommen ist diese Bezeichnungsweise seit Einführung der CIP-Regeln* (s. Kap. 2.19) *überflüssig geworden, sie ist aber leider nur schwer zu verdrängen.*

**3.4 Aminosäuren, Peptide, Proteine**

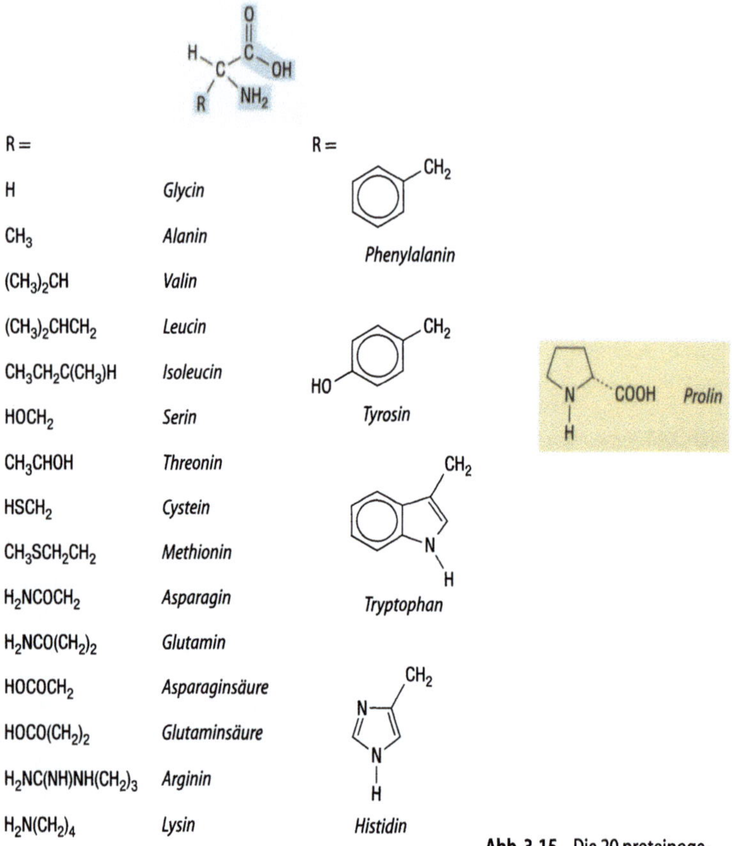

| R = | | R = | |
|---|---|---|---|
| H | Glycin | –CH₂–C₆H₅ | Phenylalanin |
| CH₃ | Alanin | | |
| (CH₃)₂CH | Valin | | |
| (CH₃)₂CHCH₂ | Leucin | –CH₂–C₆H₄–OH | Tyrosin |
| CH₃CH₂C(CH₃)H | Isoleucin | | |
| HOCH₂ | Serin | | |
| CH₃CHOH | Threonin | –CH₂–(Indol) | Tryptophan |
| HSCH₂ | Cystein | | |
| CH₃SCH₂CH₂ | Methionin | | |
| H₂NCOCH₂ | Asparagin | | |
| H₂NCO(CH₂)₂ | Glutamin | –CH₂–(Imidazol) | Histidin |
| HOCOCH₂ | Asparaginsäure | | |
| HOCO(CH₂)₂ | Glutaminsäure | | |
| H₂NC(NH)NH(CH₂)₃ | Arginin | | |
| H₂N(CH₂)₄ | Lysin | | |

Prolin

**Abb. 3.15.** Die 20 proteinogenen α-Aminosäuren

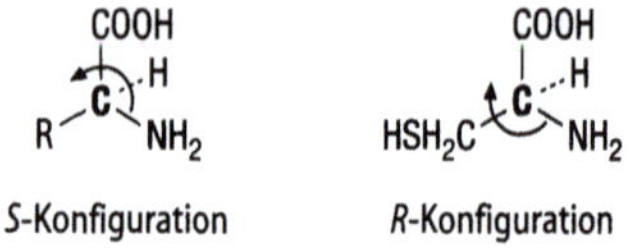

S-Konfiguration     R-Konfiguration

**Abb. 3.16.** Das stereogene Zentrum in natürlich vorkommenden Aminosäuren

Definitionsgemäß enthalten also Aminosäuren zwei solche funktionelle Gruppen, die von ihren Säure-Basen-Eigenschaften her genau ge-

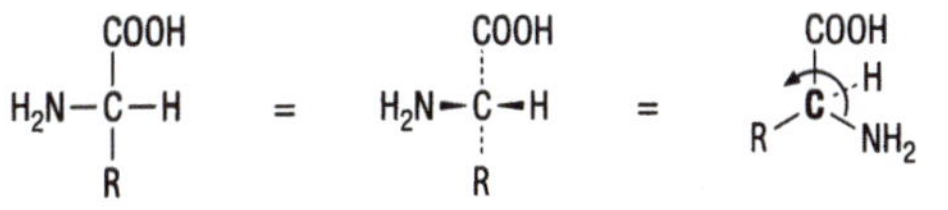

**Abb. 3.17.** Fischer-Projektion (Zuordnung zur L- oder D-Reihe)

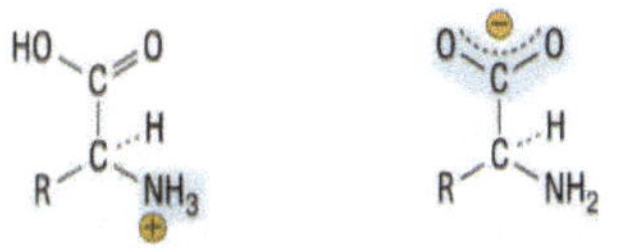

„L-Aminosäure" (Fischer-Projektion)   S-Konfiguration

kationische „Form"   anionische „Form"

**Abb. 3.18.** Struktur von Aminosäuren in stark saurer bzw. stark alkalischer Lösung

gensätzlich sind: Die OH-Gruppe der Carboxylgruppe gibt leicht das Proton ab, während das freie Elektronenpaar des Amino-N-Atoms entsprechend leicht ein Proton bindet. Dies führt dazu, dass Aminosäuren in wässriger Lösung in Abhängigkeit des pH-Wertes in verschiedenen Formen vorliegen. In stark saurer Lösung liegen die Moleküle als (Ammonium-)Kationen, in stark alkalischer Lösung als (Carboxylat-)Anionen vor (Abb. 3.18).

Neutralisiert man nun eine solche saure Lösung durch Zugabe von z. B. Natronlauge, dann wird erwartungsgemäß das acidere Proton, d. h. in diesem Fall das Proton der Carboxylgruppe, abgespalten. Dementsprechend wird bei der Neutralisation einer alkalischen Lösung durch Zugabe von z. B. HCl zuerst das basischere Zentrum, d. h. das Amino-N-Atom, protoniert. Das Ergebnis dieser beiden Reaktionen (Gl. 3.10) ist die neutrale Zwitterionform einer Aminosäure, die tatsächlich in neutraler wässriger Lösung überwiegt. Es handelt sich hier also um zwei gekoppelte Säure-Basen-Gleichgewichte mit zwei Säuredissoziationskonstanten $K_{S(1)}$ und $K_{S(2)}$, bzw. den entsprechenden $pK_S$-Werten, i. e. $pK_{S(1)} \approx 4$ ($RCO_2H$) und $pK_{S(2)} \approx 9$ ($RNH_3^+$).

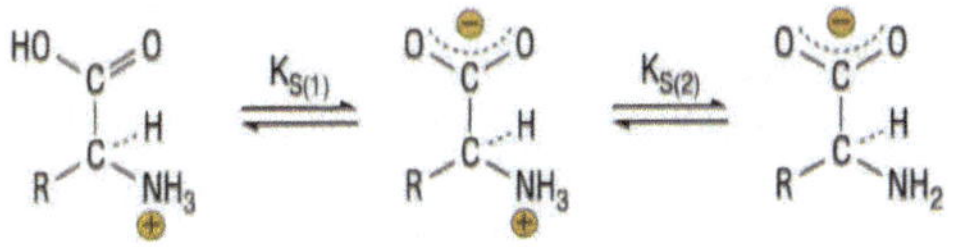

Zwitterion

**(Gl. 3.10.** Säure-Basen-Gleichgewicht von α-Aminosäuren in wässriger Lösung)

### 3.4 Aminosäuren, Peptide, Proteine

Es existiert für jede beliebige Aminosäure genau ein pH-Wert, bei dem die jeweiligen Konzentrationen der kationischen bzw. der anionischen Form der Verbindung *gleich* sind. Diesen Zahlenwert bezeichnet man als den *isoelektrischen Punkt* (IEP) einer Aminosäure und er berechnet sich in erster Näherung aus der Hälfte der Summe der beiden $pK_S$-Werte. Der genaue Wert für *Glycin* ist IEP = 5.97, bzw. für *Alanin* IEP = 6.00. Erwartungsgemäß verschiebt sich der IEP für Aminosäuren wie *Asparaginsäure* (IEP = 2.77) oder *Glutaminsäure* (IEP = 3.22), also Verbindungen, die eine zusätzliche sauer-reagierende Funktionalität im Rest R aufweisen, zahlenmäßig zu kleineren Werten, und ebenso für *Lysin* (IEP = 9.59) oder *Arginin* (IEP = 11.15), also Verbindungen, die eine zusätzliche basisch-reagierende funktionelle Gruppe im Rest R aufweisen, zu höheren Werten. Dementsprechend teilt man die Aminosäuren nach ihrem IEP in „neutrale", „saure" und „basische" Aminosäuren ein.

**Synthese von Aminosäuren ▸** Da der Bedarf an essentiellen Aminosäuren stetig zunimmt, liegt es nahe, synthetische Methoden zu entwickeln, die es erlauben, solche Verbindungen aus einfachen Ausgangsmaterialien herzustellen. Als erstes Beispiel soll die Darstellung von *Glycin* (Aminoethancarbonsäure) aus *Essigsäure* (Ethancarbonsäure) diskutiert werden. Formal geht es dabei um den Ersatz eines H-Atoms an einem tetraedrischen C-Atom durch eine $NH_2$-Gruppe (Gl. 3.11).

(Gl. 3.11. Synthese einer α-Aminosäure aus der entsprechenden Carbonsäure)

Die hierfür vorgeschlagene Sequenz beinhaltet den Ersatz eines H-Atoms durch ein Cl-Atom mittels einer lichtinduzierten „radikalischen Substitution", gefolgt von einem Austausch von $Cl^-$ durch $NH_3$ mittels einer „nucleophilen Substitution" (s. Kap. 2.6). Der erste Schritt (Gl. 3.12) stellt also die Umwandlung von *Essigsäure* in *Chloressigsäure* dar. Jetzt ist allerdings zu beachten, dass eine Reaktion mit $NH_3$ ausschließlich zur Salzbildung führen würde (Säure-Basen-Reaktion) und nicht zum gewünschten Ersatz der C-Cl- durch eine C-N-Bindung. Um diese schnell ablaufende Neutralisationsreaktion zu unterbinden, muss die Carbonsäure zuerst in einen Carbonsäureester überführt werden, d.h. *Chloressigsäure* reagiert in einer säurekatalysierten Reaktion mit Methanol zu *Chloressigsäureme-*

*thylester*. Jetzt kann die Reaktion mit Ammoniak unter Bildung von *Glycinmethylester* erfolgen. Als letzter Schritt folgt dann noch die Hydrolyse des Aminosäureesters zur Aminosäure.

(Gl. 3.12. Mehrstufige Synthese von Glycin aus Essigsäure)

Diese Sequenz ist nicht auf die Synthese anderer Aminosäuren, wie z. B. *Alanin*, übertragbar. Der Grund hierfür ist, dass die radikalische Chlorierungsreaktion unselektiv abläuft, genauer gesagt, dass Cl-Atome ohne jegliche Bevorzugung C-H-Bindungen homolytisch spalten. Im speziellen Fall heißt das (Gl. 3.13), dass man aus Propancarbonsäure und Chlor in Gegenwart von Licht ein Gemisch der konstitutionsisomeren 2-Chlorpropancarbonsäure und 3-Chlorpropancarbonsäure erhält, was nach Ver-

(Gl. 3.13. Die radikalische Chlorierung von Alkylseitenketten verläuft *nicht* selektiv)

esterung, Umsatz mit Ammoniak und Hydrolyse wiederum zu einem Gemisch von *Alanin* und *β-Alanin* (3-Aminopropancarbonsäure) führt.

Erwartungsgemäß ist bei längerkettigen Carbonsäuren die Situation noch hoffnungsloser, da die Zahl der mit Cl-Atomen reagierenden C-H-Bindungen noch viel größer wird. Deshalb ist es nahe liegend, nach Synthesemethoden zu suchen, die – von einer einfachen Stoffklasse, z. B. einem Aldehyd (Gl. 3.14) ausgehend – es erlauben, unter Beibehaltung der Reaktionssequenz, jede beliebige Aminosäure herzustellen.

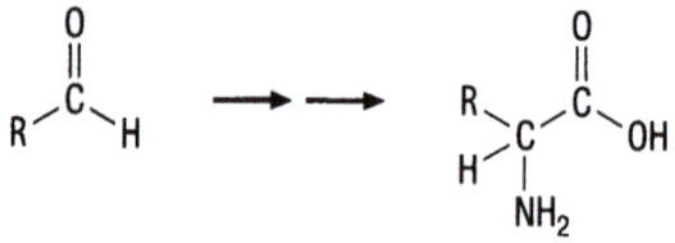

(Gl. 3.14. Umwandlung eines Aldehyds in eine α-Aminosäure)

Eine von inzwischen vielen solchen Methoden ist die so genannte *Strecker'sche Aminosäuresynthese* (Gl. 3.15). Dabei wird der Aldehyd mit einem Gemisch aus Natriumcyanid und Ammoniak zu einem 2-Aminocarbonsäurenitril umgesetzt (diese Umwandlung beinhaltet die Addition des nucleophilen Cyanid-Anions an das C-Atom der Carbonylgruppe *und* einen nucleophilen Austausch der OH-Gruppe durch die $NH_2$-Gruppe). Danach wird das Carbonsäurenitril (R-C ≡ N) hydrolysiert, und zwar entsteht zuerst durch säurekatalysierte Wasseraddition ein Carbonsäureamid, welches dann durch saure Hydrolyse in die Carbonsäure überführt wird.

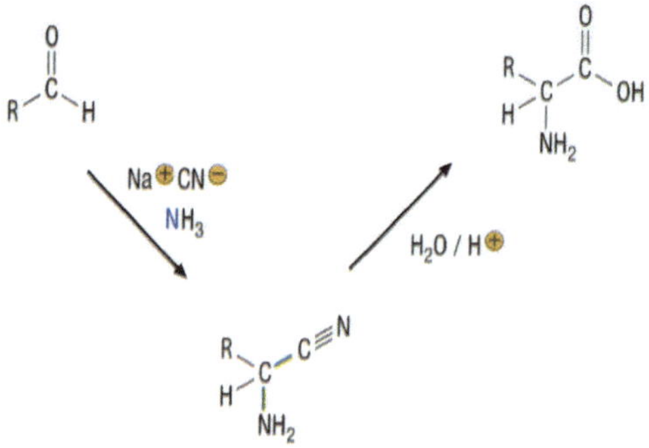

(Gl. 3.15. Strecker'sche Aminosäuresynthese)

**Peptide▶** Die Umsetzung zweier Aminosäuren beinhaltet formal die Reaktion einer (primären) Aminogruppe des einen Moleküls mit der Carboxylgruppe des zweiten Moleküls. Allerdings führt eine solche Reaktion ausschließlich zur Bildung eines Salzes (Gl. 3.16), aber *nicht* zu der gewünschten (Carbonsäureamid-) Verknüpfung.

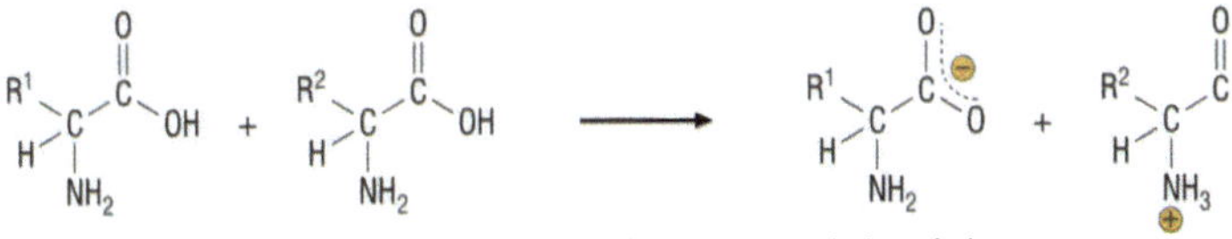

(**Gl. 3.16.** Salzbildung bei der Reaktion zweier Aminosäuren miteinander)

Wie in Kapitel 2 erörtert werden Carbonsäureamide eben *nicht* aus Carbonsäuren und Ammoniak (bzw. Aminen), sondern aus geeigneten Carbonsäurederivaten, wie Carbonsäureester oder Carbonsäurechloriden, erhalten. Dementsprechend muss für die Verknüpfung zweier Aminosäuren die eine erst in ein solches Carbonsäurederivat überführt werden. Die nun resultierende Carbonsäureamidfunktion nennt man hier eine *Peptidbindung* (Gl. 3.17).

(**Gl. 3.17.** Peptidbildung bei der Reaktion eines Aminosäureesters mit einer Aminosäure)

Eine *intramolekulare Wechselwirkung* der beiden funktionellen Gruppen (Carbonsäurederivat und Amin, Gl. 3.18) erfolgt insofern sehr langsam, da das resultierende Lactam (cyclisches Carbonsäureamid) als Dreiringverbindung sehr stark gespannt wäre.

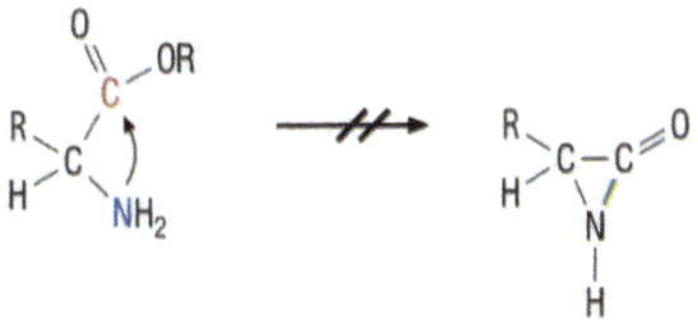

ein „α-Lactam"

(**Gl. 3.18.** *Nicht* stattfindende (intramolekulare) α-Lactambildung)

Somit gelingt es, aus den (bifunktionellen) α-Aminosäuren zuerst ein Dipeptid, dann ein Tripeptid und schließlich ein Polypeptid zu synthetisieren (Gl. 3.19). Für die Darstellung der Polypeptide bedient man sich der so genannten „Festphasensynthese", in der die erste Aminosäure über ihre Carboxylgruppe als Ester an ein polymeres Harz gebunden wird, wobei dann in einzelnen Schritten die weiteren Aminosäuren (als Ester) angeknüpft werden. Als letzter Schritt erfolgt dann die Ablösung des Peptids vom polymeren Träger. Jedes dieser Moleküle verhält sich in wässriger Lösung wie eine einfach Aminosäure, da es – unabhängig von der Zahl der Peptidbindungen – immer eine freie Amino- und eine freie Carbonsäuregruppe enthält. Somit liegen Peptide in wässriger Lösung ebenfalls als Zwitterionen vor und weisen einen charakteristischen isoelektrischen Punkt auf.

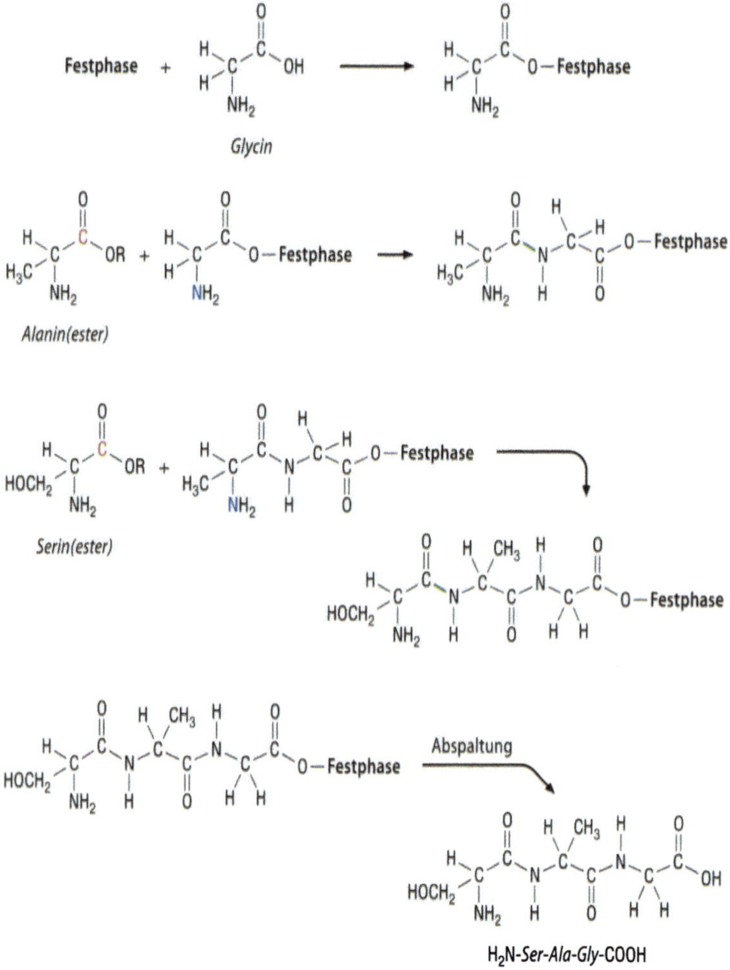

(Gl. 3.19. Sequentieller Aufbau eines Polypeptids an einer Festphase)

Im Organismus erfolgt die Verknüpfung der Aminosäuren zu Peptiden mit Hilfe von Enzymen. Als **Proteine** bezeichnet man dabei Polypeptide ab etwa 50 Aminosäuren. Bei solchen Molekülen unterscheidet man zum einen die so genannte Primärstruktur, d.h. die Aminosäuresequenz im Molekül, von räumlichen Aspekten, die sich in den Begriffen „Sekundär-, Tertiär-, und Quartärstruktur" widerspiegeln (s. *Löffler*). Das menschliche Gewebe besteht zu etwa 17% aus Proteinen.

### Resümee

Aminosäuren sind Carbonsäuren, die eine (oder mehrere) Aminogruppe(n) enthalten. Im engeren Sinn sind damit die 20, am Aufbau von Proteinen (= *proteinogenen*), fast immer nur als Enantiomere mit S-Konfiguration vorliegenden, 2-Aminocarbonsäuren gemeint. In neutraler wässriger Lösung liegen sie als Zwitterion, in saurer Lösung als Ammoniumionen und in alkalischer Lösung als Carboxylat-Ionen vor. Die unter geeigneten Bedingungen ablaufende *intermolekulare Verknüpfung* der Aminogruppe eines Moleküls mit dem modifizierten Carboxyl-C-Atom einer zweiten Aminosäure ergibt eine neue Carbonsäureamidfunktionalität, wobei die neue C-N-Bindung als „Peptidbindung" bezeichnet wird.

## 3.5 Kohlenhydrate, Mono- und Polysaccharide

### Lernziele

- Klassifizierung
- Furanosen und Pyranosen
- Struktur und Konformation

**Kohlenhydrate▶** Kohlenhydrate bilden neben den Proteinen, Nucleinsäuren (in denen ebenfalls Kohlenhydrate vorkommen) und Lipiden als vierte Stoffklasse die Grundlage allen uns bekannten Lebens. Bei den natürlich vorkommenden monomeren Kohlenhydraten handelt es sich um fünf- oder sechsgliedrige cyclische Halbacetale, die zusätzlich noch mehrere Alkoholgruppen im Molekül enthalten. Der Begriff „Kohlenhydrat" bezieht sich ganz allgemein auf Verbindungen, die der Summenformel $C_nH_{2n}O_n$ entsprechen und die formal durch Reduktion von $CO_2$ gebildet werden können. Tatsächlich werden bei der Photosynthese, ausgelöst durch Lichtabsorption durch das Chlorophyll der Pflanzen, in einer Mehrstufenredoxreaktion $CO_2$ reduziert und $H_2O$ oxidiert, wobei sich aus dem $CO_2$ Kohlenhydrate mit n = 5 oder 6 bilden und aus Wasser molekularer Sauerstoff entsteht (Gl. 3.20). Durch diesen lebensnotwendigen Prozess wird mittels Lichtenergie die unter Freisetzung von Energie ablaufende Oxidation von Kohlenwasserstoffverbindungen zu $CO_2$ und $H_2O$ gewissermaßen „umgepolt". Da bei der Oxidation von zwei Molekülen Wasser zu einem Molekül $O_2$ genau vier Elektronen abgegeben werden, nimmt $CO_2$ ebenso vier Elektronen auf.

Reduktion: $nCO_2 + 4ne^- + 4nH^+ \longrightarrow C_nH_{2n}O_n + nH_2O$

Oxidation: $2nH_2O \longrightarrow nO_2 + 4ne^- + 4nH^+$

Gesamtredoxreaktion: $nCO_2 + nH_2O \longrightarrow C_nH_{2n}O_n + nO_2$

(**Gl. 3.20.** Redox-Teilschritte und Gesamtbilanz bei der Photosynthese)

Für n = 1 würde diese Sequenz der Reduktion von $CO_2$ zu Methanal *(Formaldehyd)* entsprechen. Tatsächlich (s. Kap. 2.6) unterscheiden sich die formalen Oxidationsstufen der C-Atome in beiden Verbindungen um genau 4 Einheiten. Entscheidend bei der photosynthetischen Reduktion von $CO_2$ ist die Tatsache, dass sich radikalische Zwischenstufen, wie z. B. $CH_2OH$ bilden, die dann unter C-C-Verknüpfung reagieren. In ◉ Abbildung 3.19 sind Beispiele für Kohlehydrate mit 2 bzw. 3 C-Atomen angegeben.

Die beiden C(3)-Verbindungen können aus Glycerin durch Oxidation der primären bzw. der sekundären Alkoholfunktion zu einer Carbonylgruppe hergestellt werden (Gl. 3.21). Als Kohlenhydrate mit drei C-Atomen werden sie als *Triosen* bezeichnet. Von den beiden Produkten enthält nur der *Glycerinaldehyd* ein stereogenes Zentrum, und deshalb gibt es von dieser Verbindung zwei Enantiomere. Handelt es sich bei der Carbonylverbindung um ein Aldehyd, spricht man von einer *Aldose*, bei einem Keton von einer *Ketose*.

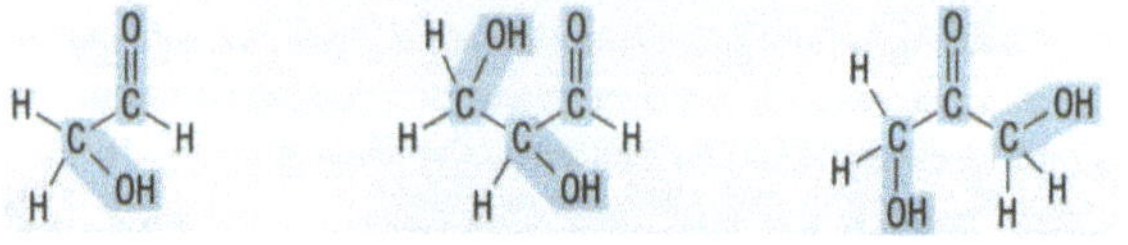

2-Hydroxyethanal
*(Glycolaldehyd)*

2,3-Dihydroxypropanal
*(Glycerinaldehyd)*

1,3-Dihydroxypropanol
*(Dihydroxyaceton)*

**Abb. 3.19.** Hydroxy- und Dihydroxycarbonylverbindungen

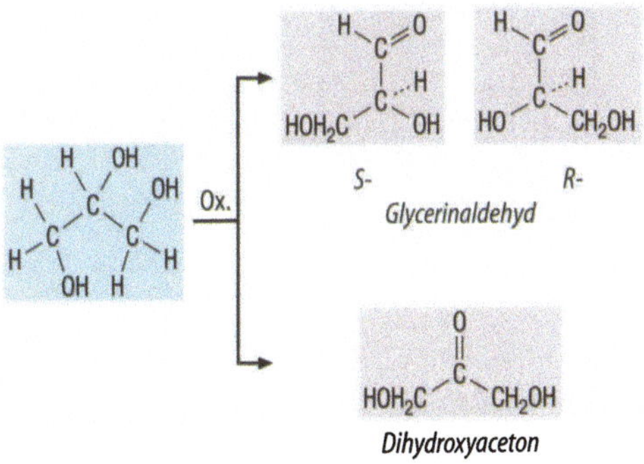

**(Gl. 3.21.** Oxidation von Glycerol (Glycerin) zu Glycerinaldehyd bzw. zu Dihydroxyaceton)

Auch bei Kohlenhydraten wird die Enantiomerenzuordnung leider noch allzu oft nach dem, bei den Aminosäuren angedeuteten (s. Kap. 3.4), relativen System der L-Reihe bzw. D-Reihe getroffen. Auch hier werden zur Erläuterung beide enantiomeren Glycerinaldehyde in so genannten *Fischer-Projektionen* vorgestellt (● Abb. 3.20). In dieser – zeitlich überholten – Zuordnung gehören definitionsgemäß alle Kohlenhydrate, bei denen in dieser Fischer-Projektion die OH-Gruppe am untersten stereogenen Zentrum nach rechts steht, der D-Reihe an. Diese Benennung ist auch schon deshalb ungünstig, weil sie auch für Kohlenhydrate mit 5 bzw. 6 C-Atomen angewandt wird, obwohl diese (s. weiter vorn) gar nicht als offenkettige Verbindungen vorliegen!

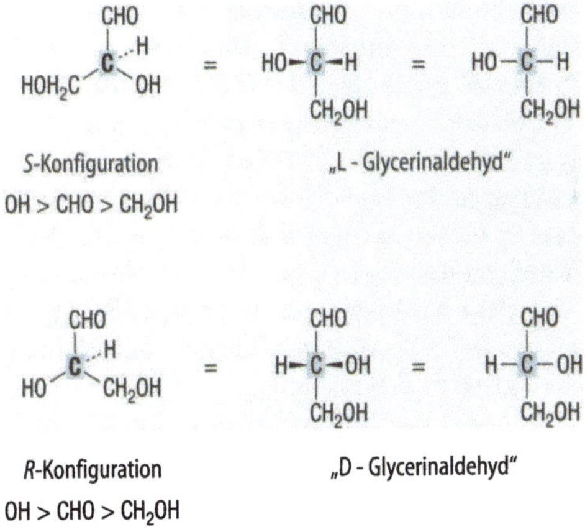

**Abb. 3.20.** Beschreibung des stereogenen Zentrums im Glycerinaldehyd (Fischer-Projektion)

## 3.5 Kohlenhydrate, Mono- und Polysaccharide

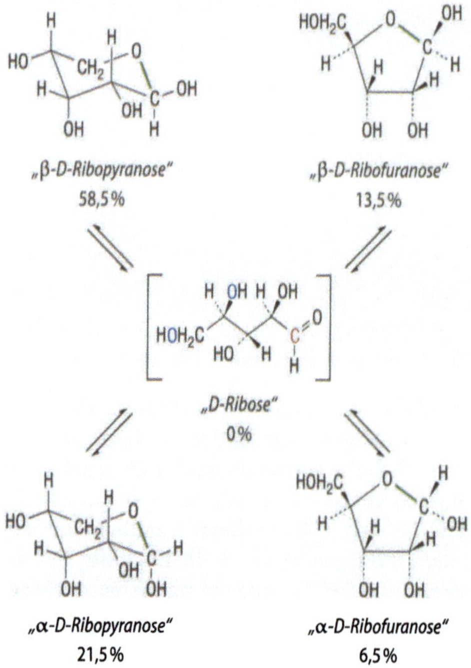

"β-D-Ribopyranose"
58,5 %

"β-D-Ribofuranose"
13,5 %

"D-Ribose"
0 %

"α-D-Ribopyranose"
21,5 %

"α-D-Ribofuranose"
6,5 %

(Gl. 3.22. Cyclisierungsgleichgewichte von „D-Ribose" in wässriger Lösung)

**Furanosen und Pyranosen▶** Die wichtigste bei der Photosynthese gebildete *Pentose*, die *Ribose*, liegt in wässriger Lösung als ein Gemisch von vier cyclischen Halbacetalen vor, die durch Cyclisierung von (2R,3R,4R)-2,3,4,5-Tetrahydroxypentanal (Gl. 3.22) entstehen. Man erkennt dabei, dass die Sechsringform *(Pyranose)* gegenüber der Fünfringform *(Furanose)* überwiegt, und dass bei beiden Cyclisierungsreaktionen (s. Gl. 2.92) dasjenige Diastereoisomere präferentiell gebildet wird, in dem die Halbacetal-OH-Gruppe *trans* in Bezug zu der benachbarten OH-Gruppe steht, was wiederum bedeutet, dass in diesen beiden Verbindungen die Halbacetal-C-Atome jeweils *R*-Konfiguration aufweisen. Für die Nummerierung der Atome in den cyclischen Verbindungen wird traditionell die identische Nummerierung aus der „offenkettigen Form" beibehalten, d. h. das Halbacetal-C-Atom wird als C(1) bezeichnet.

Etwas einfacher liegt das Bild bei der wichtigsten *Hexose*, der „*Glucose*", die in wässriger Lösung in Form von nur zwei sechsringförmigen Halbacetalen vorliegt, die formal durch Cyclisierung von (2R,3S,4R,5R)-2,3,4,5,6-

Pentahydroxypentanal gebildet werden (Gl. 3.23). Auch hier wird das Diastereoisomere präferentiell gebildet, in dem die halbacetalische OH-Gruppe *trans* in Bezug auf die benachbarte OH-Gruppe angeordnet ist.

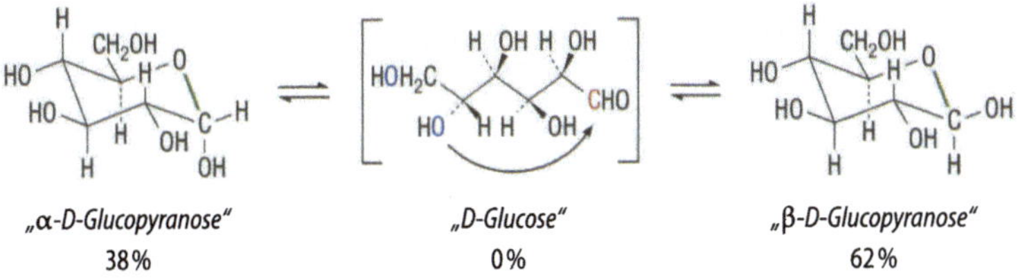

„α-D-Glucopyranose"     „D-Glucose"     „β-D-Glucopyranose"
38 %                    0 %             62 %

(**Gl. 3.23.** Gleichgewicht zwischen α- und β-D-Glucopyranose in wässriger Lösung)

Der Tetrahydropyranring der cyclischen Halbacetale liegt – analog dem Cyclohexanring (● Abb. 2.4) – in einer Sesselform vor. Bei der Diskussion der Konformation des Cyclohexans wurde erwähnt, dass für substituierte Verbindungen ein Gleichgewicht zweier Konformationsisomere besteht, wobei bei monosubstituierten Verbindungen die stabilere Form diejenige ist, in der der Substituent eine äquatoriale Stellung einnimmt.

Erwartungsgemäß besteht auch ein solches Gleichgewicht für alle Pyranosen, wobei auch hier die stabilere Form im Allgemeinen diejenige ist, in der mehr Gruppen äquatoriale Stellungen einnehmen. Dies soll am Beispiel der *α-D-Glucopyranose* genauer erläutert werden. Die Konformation des stabileren Isomeren wird als $^4C_1$-Konformation bezeichnet, da das C(4)-Atom oberhalb der C(2)-C(3)-C(5)-O-Ebene und das halbacetalische C(1) unter dieser Ebene liegt. Das weniger stabile Konformationsisomere liegt in der so genannten $^1C_4$-Konformation vor (● Abb. 3.21).

Weitere nennenswerte *Aldohexosen* sind die *Mannose* = (2S,3S,4R,5R)-2,3,4,5,6-Pentahydroxyhexanal und die *Galactose* = (2R,3S,4S,5R)-2,3,4,5,6-Pentahydroxyhexanal. Die bedeutendste *Ketohexose* ist die *Fructose* = (3S,4R,5R)-1,3,4,5,6-Pentahydroxypentan-2-on. Auch diese Verbindungen liegen ausschließlich als cyclische Halbacetale vor, wobei in Glei-

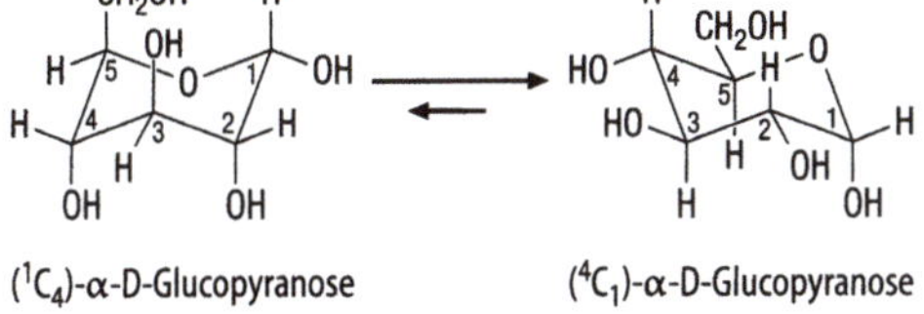

($^1C_4$)-α-D-Glucopyranose     ($^4C_1$)-α-D-Glucopyranose

**Abb. 3.21.** Verschiedene Konformationen einer Pyranose

chung 3.24 die jeweils in wässriger Lösung prädominante Form angegeben ist. Zu beachten ist dabei, dass Fructose in der $^2C_5$-Konformation (und nicht in der $^5C_2$-Konformation) vorliegt.

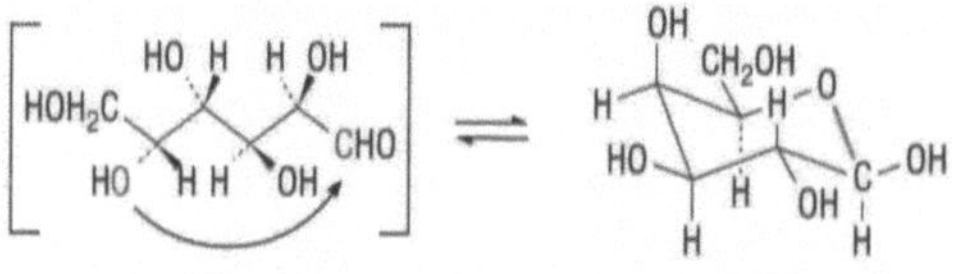

„D-Galactose"   „β-D-Galactopyranose"

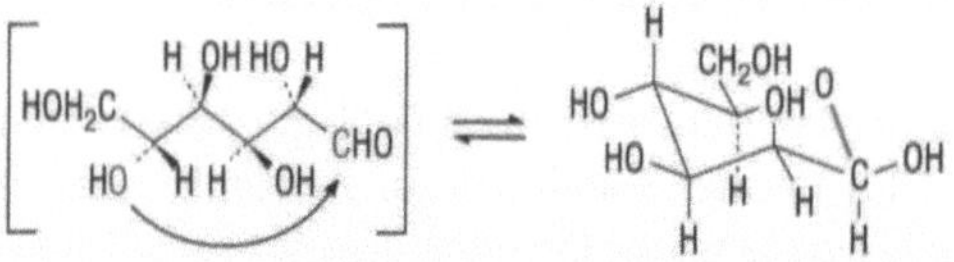

„D-Mannose"   „β-D-Mannopyranose"

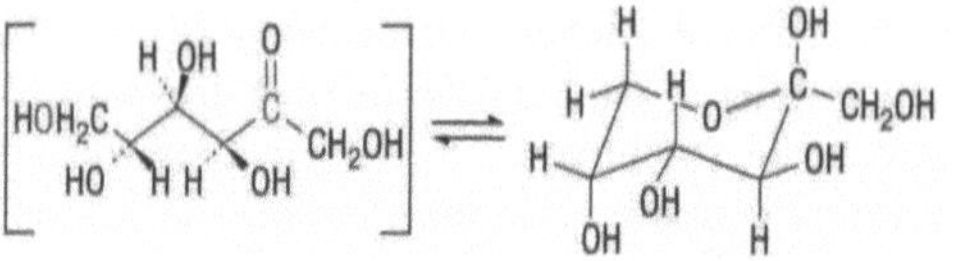

„D-Fructose"   „β-D-Fructopyranose"

(Gl. 3.24. Prädominante cyclische Strukturen einiger Hexosen)

Alle diese als Halbacetale vorliegenden Aldohexosen lassen sich einerseits durch Reduktion der Aldehydfunktion in eine primäre ($CH_2OH$) Alkoholgruppe – in so genannte *Zuckeralkohole* – andererseits durch Oxidation der Aldehydfunktion zu einer Carboxylgruppe, in so genannte *Onsäuren*, umwandeln; so entsteht z. B. aus der „D-Glucose" durch Reduktion der *D-Sorbit* = (2R,3S,4R,5R)-1,2,3,4,5,6-Hexahydroxyhexan, und durch Oxidation die *D-Gluconsäure* = (2R,3S,4R,5R)-2,3,4,5,6-Pentahydroxyhexancarbonsäure (Gl. 3.25).

Nicht alle natürlich vorkommenden Monosaccharide haben die für Kohlenhydrate typische Summenformel $C_nH_{2n}O_n$. So enthalten manche Aldopentosen anstelle einer OH-Gruppe ein H-Atom, wie z. B. die im Aufbau der Desoxyribonucleinsäuren (s. Kap. 3.6) beteiligte Furanose „2-Desoxy-D-ribose". Andere, so genannte *Aminozucker*, wie z. B. das *D-Glu-*

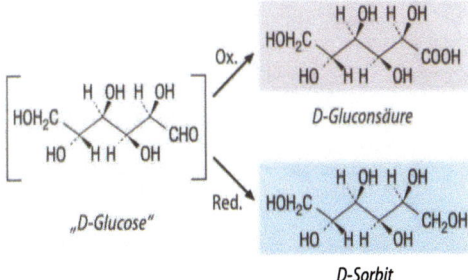

(Gl. 3.25. Reduktion von Glucose zu Sorbit und Oxidation zur Gluconsäure)

*cosamin* sind solche, in denen anstelle einer alkoholischen OH-Gruppe eine Aminogruppe vorliegt (● Abb. 3.22).

Die verschiedenen cyclischen Hexosen bilden als Monosaccharide die einzelnen Bestandteile für den Aufbau von Disacchariden und dann auch von Polysacchariden (s. Kap. 2.1). Bei den beiden funktionellen Gruppen, die eine Verknüpfung zwischen zwei Molekülen ermöglichen, handelt es sich einerseits um die Halbacetalfunktion und andererseits meistens um eine alkoholische OH-Gruppe, wobei daraus als neue funktionelle Gruppe ein Acetal (s. Kap. 2.11) resultiert. Eine *intramolekulare Wechselwirkung* solcher beiden Gruppen unterbleibt, weil der Tetrahydropyranring für solche Reaktionen entsprechend energetisch ungünstige Konformatio-

intermolekulare Acetalbildung

(Gl. 3.26. Bevorzugte *intermolekulare* Acetalbildung gegenüber intramolekularen Reaktionen)

3.5 Kohlenhydrate, Mono- und Polysaccharide

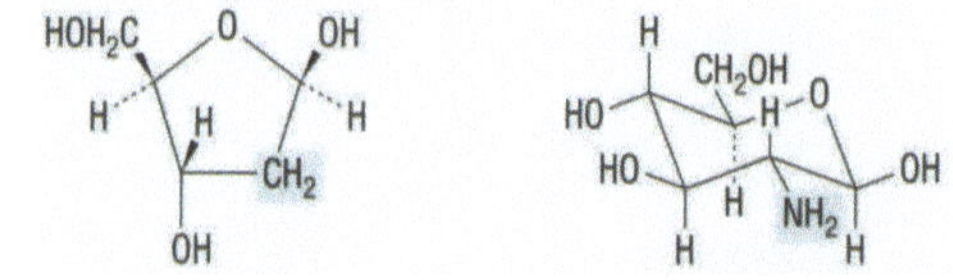

*2-Desoxy-β-D-ribofuranose*

*2-Amino-2-desoxy-
β-D-glocopyranose
(D-Glucosamin)*

**Abb. 3.22.** Beispiele für Kohlenhydrate, die nicht der allgemeinen Summenformel entsprechen

nen einnehmen müsste, oder aber weil der zusätzlich gebildete Ring zu gespannt wäre (Gl. 3.26).

**Di- und Polysaccharide▶** Erwartungsgemäß gibt es eine Vielzahl von Verknüpfungsmodalitäten zwischen zwei Monosaccharideinheiten, da prinzipiell alle alkoholischen OH-Gruppen des einen Zuckers mit dem Halbacetal-C-Atom des anderen Zuckers reagieren können. Tatsächlich überwiegen aber die so genannte 1,4- und die 1,6-Verknüpfung (Gl. 3.27). Diese Bezeichnungen kommen daher, dass, wie schon erwähnt, in cyclischen Aldohexosen das Halbacetal-C-Atom (und ehemalige Aldehyd-C-Atom) als C(1) nummeriert wird. Je nachdem, ob die neue acetalische C-O-Bindung axial oder äquatorial vorliegt, spricht man von einer α-glykosidi-

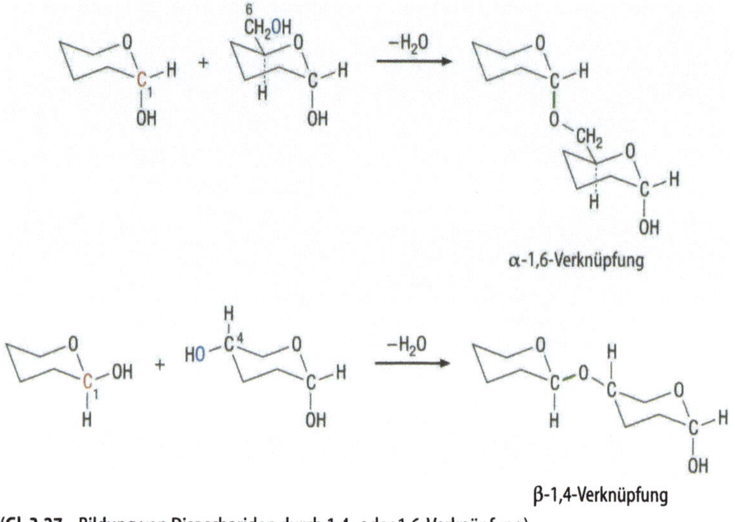

α-1,6-Verknüpfung

β-1,4-Verknüpfung

(Gl. 3.27. Bildung von Disacchariden durch 1,4- oder 1,6-Verknüpfung)

3 Chemie biologisch- und medizinisch-relevanter Naturstoffe

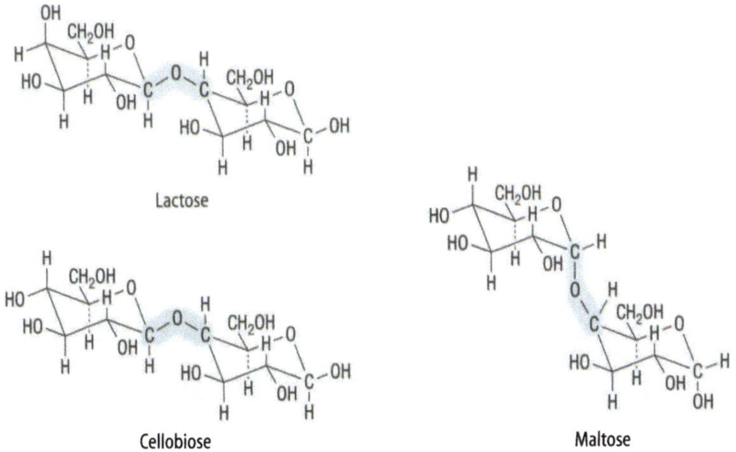

**Abb. 3.23.** Disaccharide, Beispiele

schen oder $\beta$-glykosidischen Bindung. Alle Disaccharide reagieren entweder durch saure Hydrolyse oder durch enzymatische Spaltung zurück zu den einzelnen Monosacchariden.

Beispiele für solche Disaccharide sind die *Maltose* (zwei α-D-Glucopyranoseeinheiten 1,4-verknüpft), die *Lactose* (eine $\beta$-D-Galactopyranoseeinheit 1,4-verknüpft mit einer $\beta$-D-Glucopyranoseeinheit) und die *Cellobiose* (zwei $\beta$-D-Glucopyranoseeinheiten 1,4-verknüpft; Abb. 3.23). Alle diese Disaccharide enthalten auch weiterhin ein (reaktives) Halbacetal-C-Atom, so dass durch Reaktion mit der alkoholischen OH-Gruppe eines weiteren Monosaccharids die Aufbaureaktion zu einem Trisaccharid, und durch entsprechende Wiederholung des Vorganges schließlich zu einem Polysaccharid, stattfinden kann.

Es gibt auch einige so genannt „nichtreduzierende" Disaccharide, die durch eine Verknüpfung zustande kommen, worin das Halbacetal-C-Atom eines Monosaccharids mit der Halbacetal-OH-Gruppe eines zweiten Monosaccharids reagiert. Da solche Verbindungen nun *keine* freie Halbacetalfunktion mehr aufweisen, können sie auch keine weiteren entsprechenden Reaktionen eingehen. Ein Beispiel eines solchen Zuckers ist die *Saccharose*, in der eine α-D-Glucopyranose- und eine $\beta$-D-Fructofuranoseeinheit auf diese Weise verknüpft vorkommen (Abb. 3.24).

Als wichtige Polysaccharide sind die *Stärke*, das *Glykogen* und die *Cellulose* hervorzuheben. Die ersten beiden sind aus sehr vielen α-D-Gluco-

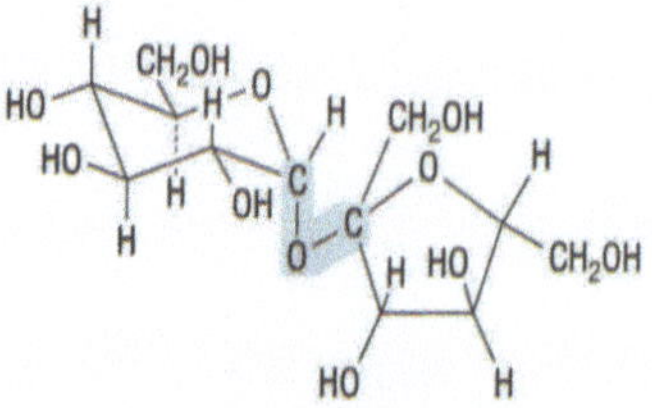

**Saccharose (Rohrzucker)**

**Abb. 3.24.** Saccharose als Beispiel eines „nicht-reduzierenden" Zuckers

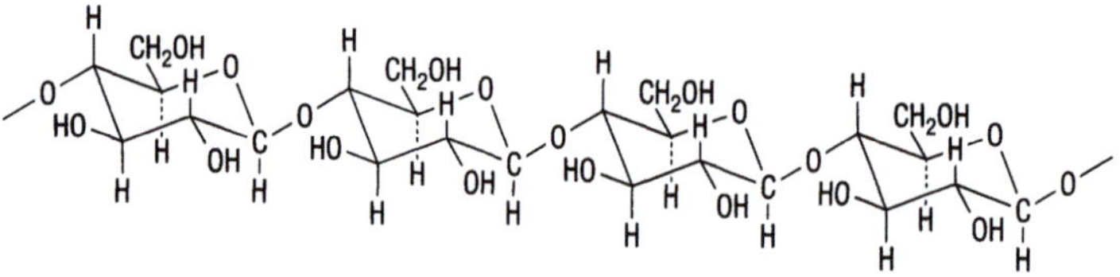

Teilausschnitt eines Cellulosemoleküls

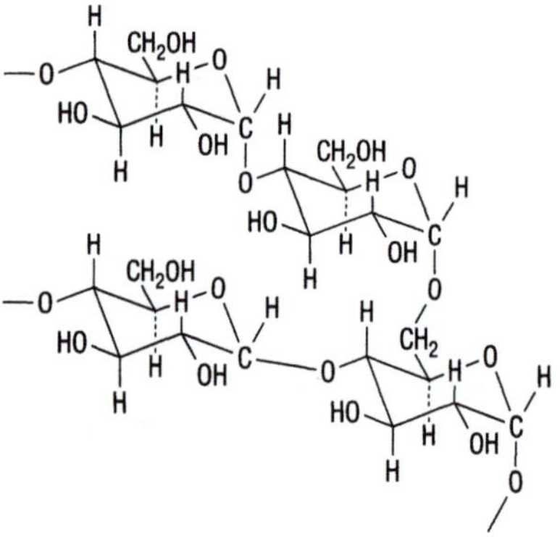

Teilausschnitt aus Stärke

**Abb. 3.25.** Polysaccharide – Strukturausschnitte, Beispiele

pyranoseeinheiten, die miteinander sowohl 1,4- wie auch 1,6-verknüpft sind, aufgebaut, während die Cellulose aus entsprechend vielen $\beta$-D-Glucopyranoseeinheiten, die miteinander 1,4-verknüpft sind, zusammengesetzt ist. Somit ergibt sich auch, dass in der Stärke und im Glykogen die Moleküleinheiten spiralartig angeordnet sind, während die Cellulose lange gebündelte Ketten bildet. Die Unterscheidung zwischen Stärke und Glykogen liegt darin, dass Stärke nur von Pflanzen aufgebaut wird, während das Glykogen in tierischen Organismen produziert wird ( Abb. 3.25).

## Resümee

Als Primärprodukte der Photosynthese in Pflanzen, Algen und einigen Bakterien stellen Kohlenhydrate den größten Anteil aller Biomoleküle dar. Jährlich werden in der Natur über 100 Millionen Tonnen produziert. Sie dienen als Brennstoff zur Energiegewinnung (Glucose), als Energiespeicher (Stärke, Glykogen) sowie als Gerüststoffe (Cellulose).

Bei den wichtigsten Monosacchariden – das sind die „Einzelbausteine" im Aufbau der Polysaccharide – handelt es sich um polyhydroxylierte Carbonylverbindungen, die als fünfgliedrige *(Furanosen)* oder sechsgliedrige *(Pyranosen)* cyclische Halbacetale vorliegen. Die Verknüpfung der Einzelbausteine erfolgt durch eine Acetalbildung, indem sich die Halbacetalfunktion eines Monosaccharids mit einer Alkoholgruppe eines zweiten Monosaccharids – unter formaler Wasserabspaltung – verbindet.

## 3.6 | Nucleoside, Nucleotide, Nucleinsäuren

### Lernziele

- Basen
- Pentosen und Phosphorsäure als Komponenten der Nucleinsäuren
- RNA und DNA

*Nucleinsäuren* sind Biomoleküle, die den Aufbau von Proteinen aus Aminosäuren steuern. In den ***Desoxyribonucleinsäuren*** (***DNA*** = ***d***eoxyribo***n***ucleic ***a***cid) ist die gesamte genetische Information gespeichert, während die ***Ribonucleinsäuren*** (***RNA*** = ***r***ibo***n***ucleic ***a***cid) am Transport dieser genetischen Information beteiligt sind. Chemische Bestandteile dieser Nucleinsäuren sind die so genannten *Nucleotide*, die sich aus den so genannten *Nucleosiden* und Phosphorsäure zusammensetzen. Die Nucleoside bestehen aus einem Pentoseanteil (s. Kap. 3.5), entweder $\beta$-D-Ribofuranose oder 2-Desoxy-$\beta$-D-ribofuranose, in Verknüpfung mit einem substituierten Pyrimidin- oder Purinderivat (s. Kap. 2.17). Bei der durch diese Verknüpfung resultierenden funktionellen Gruppe (Gl. 3.28) handelt es sich um ein N,O-Acetal (s. Kap. 2.11).

Als Stickstoffkomponenten – die so genannten „Basen" in der DNA – treten die Pyrimidinderivate *Cytosin* und *Thymin* sowie die Purinderivaein N,O-Acetal

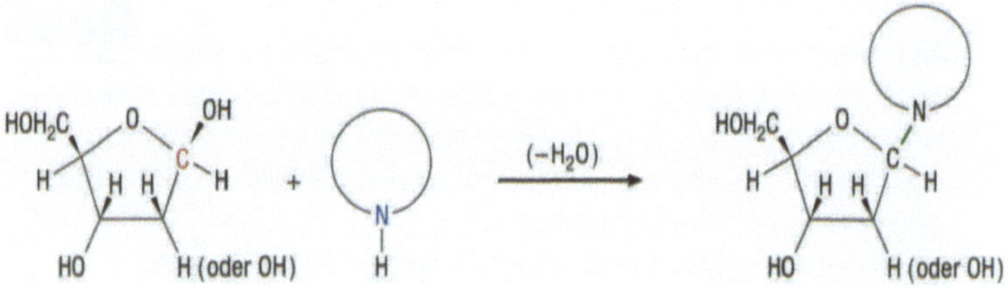

(Gl. 3.28. Allgemeine Reaktionsgleichung für die Bildung eines Nucleosids aus Desoxyribose (oder Ribose) und einer beliebigen „Base" (einem sekundären Amin))

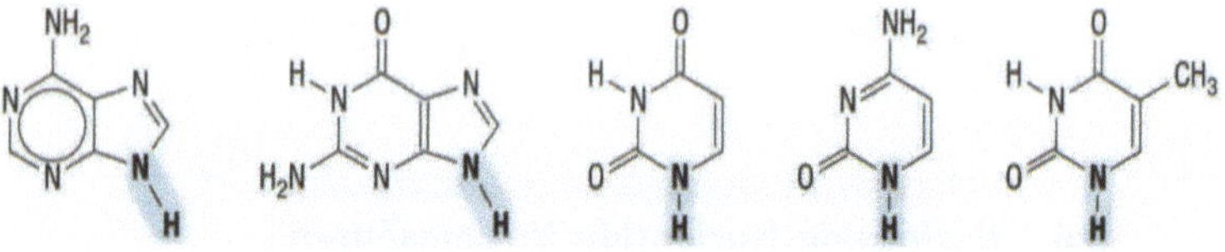

Adenin (**A**) Guanin (**G**) Uracil (**U**) Cytosin (**C**) Thymin (**T**)

**Abb. 3.26.** Die in Nucleosiden vorkommenden „Stickstoffbasen"

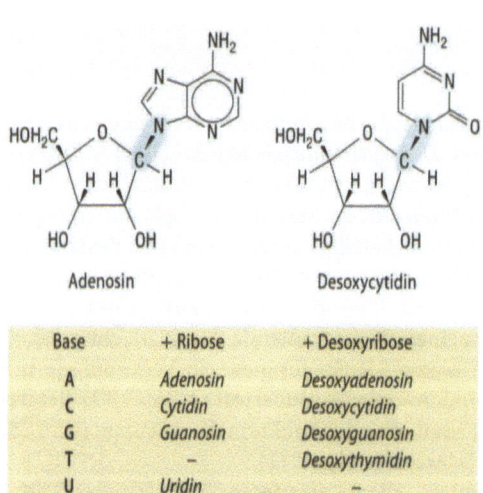

Adenosin Desoxycytidin

| Base | + Ribose | + Desoxyribose |
|---|---|---|
| A | *Adenosin* | *Desoxyadenosin* |
| C | *Cytidin* | *Desoxycytidin* |
| G | *Guanosin* | *Desoxyguanosin* |
| T | – | *Desoxythymidin* |
| U | *Uridin* | – |

**Abb. 3.27.** Nucleoside, Benennung

| Base | + Ribose-5-phosphat | + Desoxyribose-5-phosphat |
|---|---|---|
| A | AMP (Adenosinmonophosphat) | dAMP (Desoxyadenosinmonophosphat) |
| C | CMP | dCMP |
| G | GMP | dGMP |
| T | – | dTMP |
| U | UMP | – |

**Abb. 3.28.** Nucleotide, Benennung

te *Adenin* und *Guanin* auf. In der RNA findet sich anstelle des Thymins das *Uracil*. Diese „Basen" werden auch durch ihre Anfangsbuchstaben (●Abb. 3.26) gekennzeichnet.

Die Nucleoside resultieren durch Verknüpfung einer solchen „Base" mit einer der beiden oben angegebenen Pentosen. Ihre Namen sowie Formelbeispiele sind in ●Abbildung 3.27 dargestellt.

Bei den *Nucleotiden* handelt es sich um Monoester der Phosphorsäure (s. Kap. 2.15), und zwar reagiert dabei die primäre Alkoholfunktion, d.h. diejenige an C(5') der Pentose. Bei diesen Monophosphorsäureestern handelt es sich um starke, zweiprotonige Säuren mit $pK_S$-Werten von ≈ 1 und ≈ 6. Somit liegen diese Verbindungen bei pH = 7 fast vollständig als Dianionen vor (Gl. 3.29). Die Nucleotide sind namentlich in ●Abbildung 3.28 zusammengefasst.

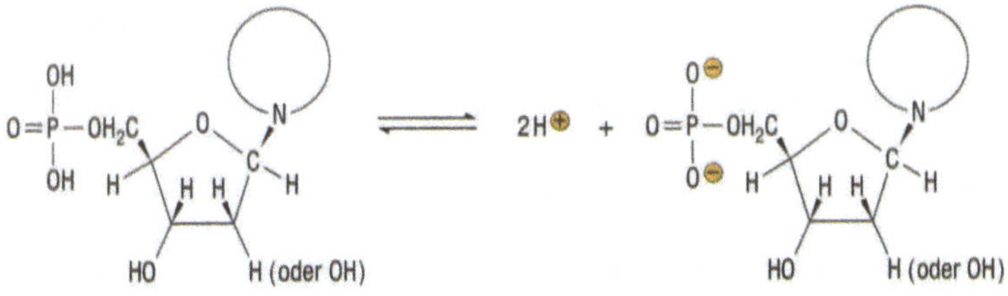

(Gl. 3.29. Dissoziation eines Nucleotids, d. h. eines Phosphorsäuremonoesters, in ein Dianion)

Bei den *Nucleinsäuren* handelt es sich nun um aus Nucleotiden aufgebaute Biopolymere. Die Verknüpfung zwischen den einzelnen Bausteinen besteht jeweils in einer zusätzlichen Esterbildung zwischen der Phosphorsäurefunktion des einen Nucleotids und der alkoholischen OH-Gruppe an C(3') eines zweiten Nucleotids (Gl. 3.30).

Somit handelt es sich bei einem Nucleinsäurestrang um einen „Polydiester" der Phosphorsäure. Aus zwei solchen helikalen Strängen bildet sich nun eine so genannte *„Doppelhelix"*, die durch zwischen den

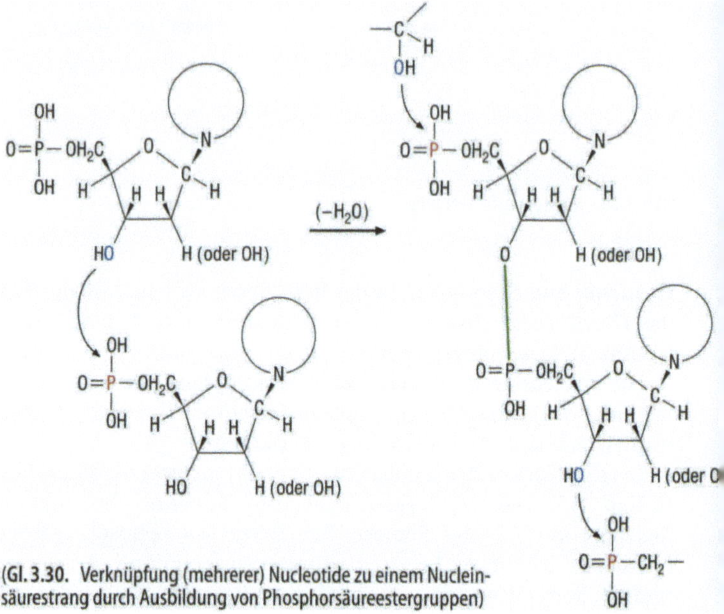

(**Gl. 3.30.** Verknüpfung (mehrerer) Nucleotide zu einem Nucleinsäurestrang durch Ausbildung von Phosphorsäureestergruppen)

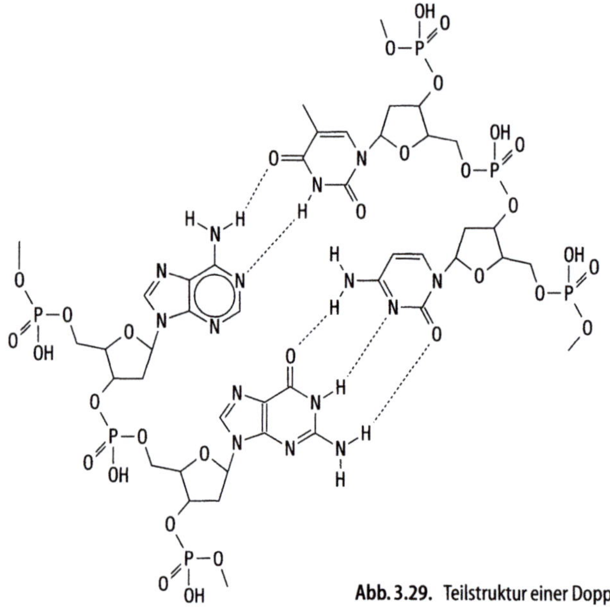

**Abb. 3.29.** Teilstruktur einer Doppelhelix der DNA

nach innen gerichteten komplementären Basenpaaren (G und C sowie A und T) ausgebildeten Wasserstoffbrückenbindungen stabilisiert wird (● Abb. 3.29).

## Resümee

Nucleoside sind N,O-Acetale, die aus einer cyclischen Pentose (Ribose oder Desoxyribose) und einer N-haltigen Base, einem Pyrimidin- oder Pyridinderivat, bestehen. Nucleotide sind Phosphorsäureester der Nucleoside, wobei die Esterbindung über die primäre alkoholische OH-Gruppe an C(5′) der Zuckerkomponente erfolgt.

Nucleotide werden nun durch Phosphorsäurediesterbindungen miteinander zu Nucleinsäuren verknüpft, wobei die zweite Esterbindung über die alkoholische OH-Gruppe an C(3′) der aufeinander folgenden Zuckerkomponente stattfindet. Die Doppelhelixstruktur der DNA resultiert durch Ausbildung von Wasserstoffbrückenbindungen zwischen „komplementären" Basenpaaren, nämlich Guanin und Cytidin einerseits und Adenin und Thymin andererseits.

# Anhang

## Übungsfragen und Lösungen

Die Übungsaufgaben sind Antwortwahlaufgaben. Sie entsprechen dem Stil nach solchen, wie sie auch im schriftlichen Teil der Ärztlichen Vorprüfung eingesetzt werden.

Die beste Antwort ist diejenige, die im Vergleich der fünf Antwortmöglichkeiten die Aufgabe am umfassendsten beantwortet.

Bei den im Anschluss aufgeführten Lösungen wird auf die jeweiligen relevanten Textseiten im Buch verwiesen.

## Übungsfragen

### Fragen zu Teil 1

1. Welche Aussage zu den Elementen C (Kohlenstoff) und O (Sauerstoff) trifft zu?

   A  Sie haben beide ungerade Ordnungszahlen.

   B  Die Zahl der p-Elektronen in der zweiten Schale ist für beide Atomarten gleich.

   C  Kohlenstoff ist elektronegativer als Sauerstoff.

   D  Alle Sauerstoffisotope haben dieselbe Elektronenkonfiguration ($1s^2\ 2s^2\ 2p^4$).

   E  Beide Elemente stehen in der ersten Periode des Periodensystems.

**2. Welche Aussage über eine kovalente Bindung trifft zu?**

A Kovalente Bindungen bilden sich zwischen Elementen, die sich in ihren Elektronegativitäten stark unterscheiden.

B In wässriger Lösung wird eine kovalente Bindung spontan gespalten.

C Kovalente Bindungen können homolytisch gespalten werden.

D Kovalente Bindungen entstehen ausschließlich zwischen zwei gleichen Atomen.

E Alle kovalenten Bindungen weisen dieselbe Bindungsenergie auf.

**3. Welche Aussage zu Wasserstoffbrückenbindungen trifft zu?**

A Die Bindungsenergie einer H-O-Wasserstoffbrückenbindung entspricht der einer kovalenten O-H-Bindung.

B Wasserstoffbrückenbindungen können inter- und intramolekular vorliegen.

C Wassersoffbrückenbindungen haben keinen Einfluss auf den Siedepunkt einer Verbindung.

D In flüssigem Iodwasserstoff (HI) weisen die Wasserstoffbrückenbindungen eine wesentlich höhere Bindungsenergie als in flüssigem Fluorwasserstoff (HF) auf.

E Wasserstoffbrückenbindungen können nur zwischen gleichartigen Molekülen gebildet werden.

**4. Welche der folgenden Reaktionen ist *keine* Redoxreaktion?**

A $CaCO_3 \rightarrow CaO + CO_2$

B $2\,Na + 2\,H_2O \rightarrow 2\,NaOH + H_2$

C  $2\,Ag + Cl_2 \to 2\,AgCl$

D  $Cl_2 + 2\,NaBr \to Br_2 + 2\,NaCl$

E  $2\,H_2O_2 \to 2\,H_2O + O_2$

5. **Was sagt die Nernst'sche Gleichung aus? Sie beschreibt den Zusammenhang zwischen**

A  der Geschwindigkeitskonstanten einer Reaktion und der Temperatur,

B  des gemessenen Potentials und den Konzentrationen der Komponenten einer Redoxreaktion,

C  den Unterschieden der freien Gibbs'schen Energie ($\Delta G$) und denen der Entropie ($\Delta S$),

D  der Gleichgewichtskonstanten und dem Konzentrationsverhältnis Produkte/Edukte,

E  dem pH-Wert einer wässrigen Lösung und der Zusammensetzung des Puffers.

6. **Was bewirkt ein Katalysator bei einer reversiblen Reaktion?**

A  Die ausschließliche Beschleunigung der Hinreaktion

B  Die ausschließliche Beschleunigung der Rückreaktion

C  Eine Herabsetzung der Aktivierungsenergie

D  Eine Erhöhung der Produktausbeute

E  Eine Veränderung der Gleichgewichtskonstanten

7. Welches der folgenden Moleküle/Anionen stellt *keinen* einzähnigen Liganden dar?

   A  Wasser

   B  Ammoniak

   C  Cyanid-Ion

   D  Ethylendiamin

   E  Acetat-Ion

8. Was versteht man unter einer Pufferlösung?

   A  Das Gemisch einer starken Säure und einer starken Base

   B  Das Gemisch der wässrigen Lösung des Salzes einer starken Säure und der dieser starken Säure

   C  Die wässrige Lösung eines Farbindikators

   D  Das Gemisch einer schwachen Säure und einem Salz dieser Säure

   E  Ein Gemisch, dass das Oxidationspotential herabsenkt

### Fragen zu Teil 2

9. Welche Aussage über „Elektrophile und Nucleophile" trifft zu?

   A  Alkene können als Lewis-Basen reagieren.

   B  Lewis-Basen sind Elektrophile.

   C  Protonen sind Nucleophile.

D Alkine können als Elektrophile reagieren.

E Benzen *(Benzol)* ist eine Lewis-Säure.

10. **Welche Aussage zu Halogenkohlenwasserstoffen trifft *nicht* zu?**

    A FCKWs (Fluorchlorkohlenwasserstoffe) sind Halogenalkane.

    B Sie reagieren mit Elektrophilen unter Ersatz des Halogens.

    C Die Reaktion von Ethen mit Brom ergibt ein Halogenalkan.

    D Die Reaktion von Ethen mit HBr ergibt ein Halogenalkan.

    E Die Reaktion von Methan und Chlor in Gegenwart von Licht ergibt ein Gemisch an Halogenkohlenwasserstoffen.

11. **Welche Aussage zu Fluorchlorkohlenwasserstoffen (FCKWs) trifft *nicht* zu?**

    A Sie tragen zum Abbau des in der Stratosphäre vorhandenen Ozons bei.

    B 1-Chlor-2-fluorethan ist ein FCKW.

    C Die Bildung der C-F-Bindung erfolgt durch Reaktion eines Alkans mit NaF.

    D Die Bildung der C-Cl-Bindung erfolgt durch Reaktion eines Alkans mit Chlor unter Einwirkung von Licht.

    E Das Halogenatom kann in einer nucleophilen Substitution als Anion abgespalten werden.

12. **Welche Aussage über Alkohole trifft *nicht* zu?**

    A Alkoholmoleküle assoziieren in flüssiger Phase über H-Brücken.

    B Primäre Alkohole lassen sich zu Aldehyden oxidieren.

C Sekundäre Alkohole lassen sich zu Ketonen oxidieren.

D Tertiäre Alkohole können unter keinen Umständen oxidiert werden.

E Bei einem Alkohol ist die OH-Gruppe immer an ein tetraedrisches (sp$^3$-hybridisiertes) C-Atom gebunden.

13. **Welche Angabe zu den Verbindungen (1) und (2) trifft *nicht* zu?**
    (1) H$_3$C-CH$_2$-CHOH-CH$_3$ (2) H$_3$C-O-CH$_2$CH$_3$

    A (1) und (2) sind Konstitutionsisomere.

    B (2) heißt Ethylmethylether (Methoxyethan).

    C (1) hat einen höheren Siedepunkt als (2).

    D (1) kann zu einem Keton oxidiert werden.

    E (1) ist eine stärkere Säure als (2).

14. **Welche Angabe zu den Verbindungen (1) und (2) trifft zu?**
    (1) H$_3$C-CH$_2$-CHOH-CH$_3$ (2) H$_3$C-CH$_2$-O-CH$_2$-CH$_3$

    A (1) und (2) sind Tautomere.

    B (1) ist ein tertiärer Alkohol.

    C (1) hat einen höheren Siedepunkt als (2).

    D (1) kann zu einem Aldehyd oxidiert werden.

    E (2) ist eine stärkere Brönsted-Säure als (1).

**15.** Welche Angabe zu den Verbindungen (1) und (2) trifft zu?
(1) $H_3C-CO-CH_3$                (2) $H_3C-O-CH_3$

**A** (1) und (2) sind Konstitutionsisomere.

**B** (2) heißt Ethylmethylether (Methoxyethan).

**C** (1) heißt Propanal.

**D** (2) kann zu einem Keton oxidiert werden.

**E** (1) ist eine stärkere Säure als (2).

**16.** Welche Aussage zu Alkoholen trifft *nicht* zu?

**A** *Glycerin* ist ein Alkohol.

**B** Methanol ist ein primärer Alkohol.

**C** Alkohole sind in wässriger Lösung stärkere Brönsted-Säuren als Phenole.

**D** *Ethylenglycol* ist ein Alkohol.

**E** 1-Propanol und 2-Propanol sind Konstitutionsisomere.

**17.** Welche Aussage zur folgenden Verbindung trifft *nicht* zu?

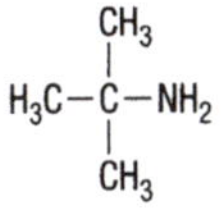

$$H_3C-\underset{\underset{CH_3}{|}}{\overset{\overset{CH_3}{|}}{C}}-NH_2$$

**A** Das N-Atom trägt ein freies Elektronenpaar.

**B** Die Verbindung ist eine Brönsted-Base.

**C** Die Verbindung ist ein tertiäres Amin.

D Die Verbindung ist eine Lewis-Base.

E Die Verbindung bildet mit Schwefelsäure ein Salz.

18. **Welche Aussage zu Carbonylverbindungen trifft *nicht* zu?**

    A Aldehyde und Ketone sind Carbonylverbindungen.

    B Carbonylverbindungen können zu Alkoholen reduziert werden.

    C Carbonylverbindungen reagieren mit Alkoholen zu Halbacetalen.

    D Ammoniak addiert an das C-Atom der C=O-Bindung

    E Ketone reagieren mit milden Oxidationsmitteln, Aldehyde nicht.

19. **Welches der folgenden Aldehyde geht in Gegenwart von Basen *keine* Aldolreaktion ein?**

    A Ethanal

    B Propanal

    C 2-Methylpropanal

    D Butanal

    E Methanal

**20. Welche Aussage trifft *nicht* zu?**

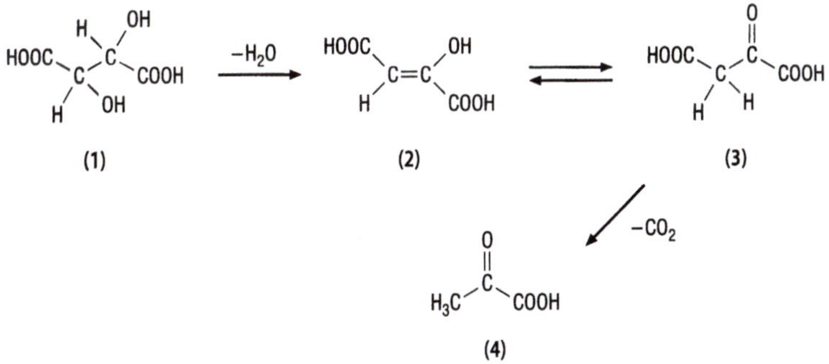

$$\text{HOOC}-\underset{H}{\underset{|}{C}}(OH)-\underset{OH}{\underset{|}{C}}(H)-\text{COOH} \xrightarrow{-H_2O} \text{HOOC}-\underset{H}{C}=\underset{COOH}{C}-OH \rightleftharpoons \text{HOOC}-\underset{H}{\underset{|}{C}}(H)-\underset{}{\overset{O}{\overset{\|}{C}}}-\text{COOH}$$

(1) (2) (3)

$$\xrightarrow{-CO_2} H_3C-\overset{O}{\overset{\|}{C}}-\text{COOH}$$

(4)

**A** Die Reaktion (1) → (2) ist eine Eliminierung.

**B** Die Reaktion (2) → (3) ist eine Oxidation.

**C** Die Reaktion (3) → (4) ist eine Decarboxylierung.

**D** (3) ist die Ketoform von (2).

**E** (4) ist eine α-Ketocarbonsäure.

**21. Welche Aussage zur Hydrolyse (Verseifung) von Carbonsäureestern trifft *nicht* zu?**

**A** Die alkalische Esterhydrolyse ist irreversibel.

**B** Die saure Esterhydrolyse ist reversibel.

**C** Bei der sauren Esterhydrolyse senken $H^+$-Ionen die Aktivierungsenergie der Reaktion.

**D** Bei beiden Hydrolysereaktionen stellt sich ein Gleichgewicht ein.

**E** Bei der alkalischen Esterhydrolyse werden Hydroxyd-Anionen verbraucht.

**22. Bei der Reaktion von Benzoesäure (Benzencarbonsäure) mit Dimethylamin entsteht:**

A  N,N-Dimethylanilin

B  N,N-Dimethylbenzoesäureamid

C  Phenylalanin (eine α-Aminosäure)

D  ein Salz

E  4-N,N-Dimethylaminobenzoesäure

**23. Welche Aussage zur abgebildeten Verbindung trifft zu?**

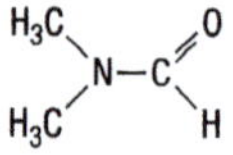

$$\begin{array}{c} H_3C \\ \phantom{H_3C}\diagdown \\ \phantom{H_3C}\phantom{xx}N-C \\ \phantom{H_3C}\diagup \phantom{xxxx} \diagdown \\ H_3C \phantom{xxxxxxx} H \end{array} \begin{array}{c} \phantom{x} \\ O \\ \phantom{x} \end{array}$$

A  Es handelt sich um einen Aldehyd.

B  Es handelt sich um ein tertiäres Amin.

C  Es handelt sich um ein Keton.

D  Es handelt sich um ein Carbonsäureamid.

E  Keine der oben angegeben Lösungen trifft zu.

**24. Carbonsäure und Alkohol werden in Gegenwart von starken Säuren verestert. Welche der folgenden Aussagen trifft *nicht* zu?**

A  Protonen erniedrigen die Aktivierungsenergie der Hin- und Rückreaktion.

B  Temperaturerhöhung beschleunigt die Gleichgewichtseinstellung.

C  Protonen erniedrigen die Geschwindigkeit der Rückreaktion.

**D** Protonen beschleunigen die Gleichgewichtseinstellung.

**E** Die Entfernung von Wasser aus dem Reaktionsansatz erhöht die Ausbeute der Esterbildung.

25. **Welche Aussage zu Harnstoff trifft *nicht* zu?**

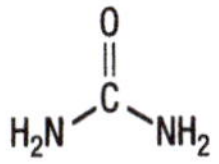

$$H_2N-\underset{\underset{O}{\|}}{C}-NH_2$$

**A** Harnstoff ist das Diamid der Kohlensäure.

**B** Es entsteht beim Erhitzen von Ammoniumcyanat ($NH_4^+$ $NCO^-$).

**C** Harnstoff bildet sich aus Phosgen ($COCl_2$) und Ammoniak.

**D** Harnstoff ist ein primäres Amin.

**E** Harnstoff findet als Düngemittel Verwendung.

26. **Harnstoff entsteht bei der Umsetzung von Phosgen mit einem Überschuss an $NH_3$. Phosgen selbst bildet sich aus:**

**A** $CO + Cl_2$

**B** $CO_2 + Cl_2$

**C** $CO + HCl$

**D** $CO_2 + HCl$

**E** $CO + O_3$

27. **Welche Aussage zur Verbindung $CO_2$ (Kohlenstoffdioxid) trifft *nicht* zu?**

**A** Bei der Photosynthese wird $CO_2$ reduziert.

**B** Es entsteht durch Oxidation von Alkanen mit Sauerstoff.

C Es entsteht durch Oxidation von Kohlenmonoxid (CO) mit Sauerstoff.

D Das C-Atom ist $sp^2$-hybridisiert.

E Die drei Atome sind linear angeordnet.

28. **Welche der folgenden Verbindungen enthält mindestens ein tetraedrisches ($sp^3$-hybridisiertes) C-Atom?**

    A Methylbenzen *(Toluol)*

    B Chlorbenzen *(Chlorbenzol)*

    C 1,3-Butadien

    D Phenol

    E Furan

29. **Bei der Reaktion von Benzen *(Benzol)* mit Chlor in Gegenwart von $AlCl_3$ entsteht:**

    A Phenol

    B 1,2-Dichlorcyclohexan

    C Chlorcyclohexan

    D Chlorbenzen

    E 1,2,3,4,5,6-Hexachlorcyclohexan

30. **Welche Aussage zu folgenden Verbindungen trifft *nicht* zu (es handelt sich jeweils um eine Fischer-Projektion)?**

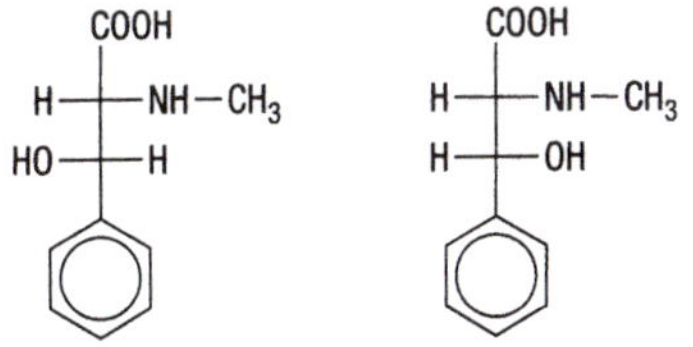

A  Es handelt sich um Enantiomere.

B  Es handelt sich um sekundäre Amine.

C  Es handelt sich um sekundäre Alkohole.

D  Die Verbindungen enthalten jeweils zwei stereogene Zentren (Chiralitätszentren).

E  Es handelt sich um Aminosäuren.

31. **Welche Aussage zu den abgebildeten Verbindungen (1) und (2) trifft zu?**

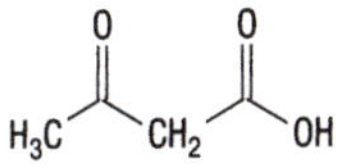

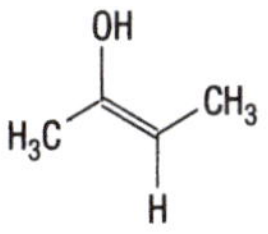

A  (2) ist das Enol von (1).

B  (1) ist eine β-Ketocarbonsäure.

C  (1) und (2) sind Diastereomere.

D  (1) und (2) sind Enantiomere.

E  (2) ist eine stärkere Säure als (1).

**32.** Welches der folgenden Ketone reagiert mit Ethanol zu einem Halbacetal, das ein stereogenes Zentrum (Chiralitätszentrum) enthält?

A Aceton

B Pentan-3-on

C Benzophenon (Diphenylketon)

D Butan-2-on

E Heptan-4-on


**33.** Welche der folgenden Carbonsäuren enthält ein stereogenes Zentrum (Chiralitätszentrum)?

A Chloressigsäure

B Dichloressigsäure

C Chlorfluoressigsäure

D 2,2-Dichlorpropancarbonsäure

E 3-Chlorpropancarbonsäure


**34.** Welche Aussage zur abgebildeten Verbindung (Acetessigsäure) trifft *nicht* zu? Die Verbindung

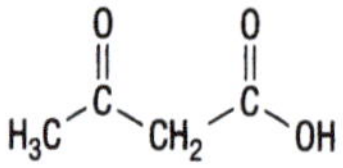

$$H_3C-\overset{\overset{O}{\|}}{C}-CH_2-\overset{\overset{O}{\|}}{C}-OH$$

A ist eine $\beta$-Ketocarbonsäure,

B kann zu Propanon *(Aceton)* decarboxylieren,

C kann Keto-Enol-Tautomerie eingehen,

D kann zu 3-Hydroxybutansäure *(3-Hydroxybuttersäure)* reduziert werden,

E enthält ein stereogenes Zentrum (Chiralitätszentrum).


35. **Welche Aussage trifft *nicht* zu? Die abgebildete Verbindung (das Pharmakon *Paracetamol*)**

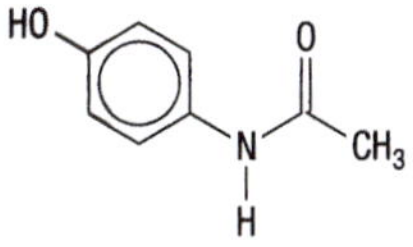

A enthält einen 1,4-disubstituierten Benzen*(Benzol)*ring,

B ist ein Carbonsäureamid,

C ist ein (Methyl-) Keton,

D kann aus Acetanhydrid und 4-Aminophenol hergestellt werden,

E ist in wässriger NaOH-Lösung löslich.


36. **Welche Angabe zu den funktionellen Gruppen der abgebildeten Verbindung (das Pharmakon *Labetalol*) trifft *nicht* zu? Die Verbindung enthält:**

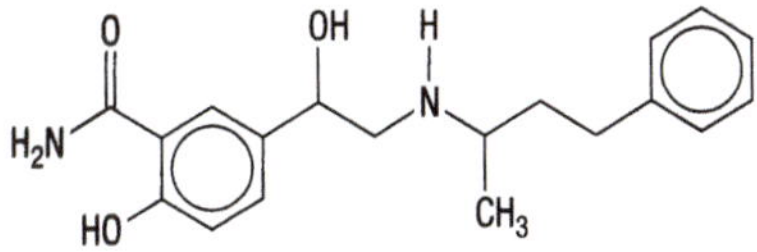

A eine Carbonsäureamidgruppe,

B eine sekundäre Amingruppe,

C eine primäre Amingruppe,

D eine sekundäre Alkoholgruppe,

E eine phenolische Hydroxylgruppe.

37. **Welche Aussage zum Desinfektionsmittel *Halazon* trifft *nicht* zu?**

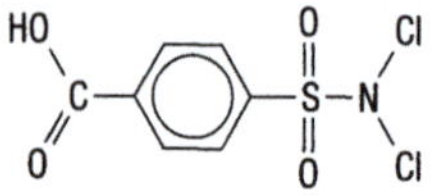

A Es handelt sich um ein aromatisches Sulfonsäurederivat.

B Es handelt sich um eine aromatische Carbonsäure.

C Es enthält einen disubstituierten Benzen(*Benzol*)ring.

D Der aromatische Ring kann zu einem Cyclohexanring reduziert werden.

E Die desinfizierende Wirkung beruht auf der spontan ablaufenden Decarboxylierung (Abspaltung von $CO_2$).

### Fragen zu Teil 3

38. **Welche Aussage zu Lipiden *(Fetten)* trifft *nicht* zu?**

A Es handelt sich um Carbonsäureester.

B Die Carbonsäurekomponenten sind Fettsäuren (langkettige Carbonsäuren).

C Die Alkoholkomponente ist meistens *Glycol* (1,2-Ethandiol).

D Bei der alkalischen Hydrolyse von Fetten bilden sich Salze der Fettsäuren.

E Fette sind im Allgemeinen wasserunlöslich.

39. **Welche Aussage zu Fettsäuren trifft *nicht* zu?**

   A Fettsäuren sind langkettige aliphatische Carbonsäuren.

   B Hexadecansäure *(Palmitinsäure)* ist in wässriger Lösung, auf Grund des positiven induktiven Effektes (+I-Effektes), eine stärkere Säure als Ethansäure *(Essigsäure)*.

   C Fettsäuren weisen immer eine gerade Zahl von C-Atomen auf.

   D Die Alkalisalze von Fettsäuren werden als Seifen bezeichnet.

   E Fettsäuren können durch saure Hydrolyse von Fetten hergestellt werden.

40. **Bei der alkalischen Hydrolyse (Verseifung) eines Fettes entstehen neben dem Alkohol (Glycerin) drei weitere Produkte; es handelt sich dabei um:**

   A Carbonsäuren,

   B Carbonsäureamide,

   C Carbonsäureester,

   D Salze von Carbonsäuren,

   E keine der obigen Angaben trifft zu.

41. **Welche Aussage zur folgenden Verbindung trifft *nicht* zu?**

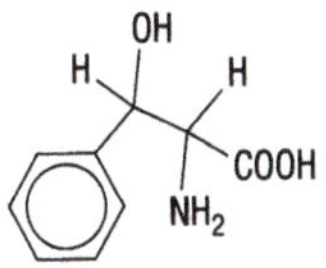

   A Kann in einer Meso-Form vorliegen.

   B Enthält eine primäre Amin-Gruppe.

C Enthält eine sekundäre Alkohol-Gruppe.

D Enthält zwei stereogene Zentren (Chiralitätszentren).

E Ist eine α-Aminosäure.

42. **Welche Aussage trifft *nicht* zu? Gegeben sei ein aus den drei α-Aminosäuren *Glycin, Alanin* und *Cystein* gebildetes Tripeptid.**

A Das Tripeptid enthält zwei stereogene Zentren (Chiralitätszentren).

B Das Tripeptid weist einen isoelektrischen Punkt auf.

C Zur Hydrolyse des Tripeptids werden drei Äquivalente Wasser benötigt.

D *Alanin* enthält ein stereogenes Zentrum (Chiralitätszentrum).

E Die Verbindung kann mit weiteren Aminosäuren zu einem Oligopeptid reagieren.

43. **Welche der folgenden Verbindungen liegt in wässriger Lösung als Zwitterion vor?**

A Acetamid (Essigsäureamid)

B Ammoniumpalmitat (Ammoniumsalz der Palmitinsäure)

C 8-Aminooctancarbonsäure

D Benzamid (Benzoesäureamid)

E Methylammoniumchlorid

**44. Welche Aussage zur abgebildeten Verbindung trifft *nicht* zu?**

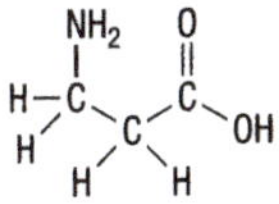

A  Sie heißt *β-Alanin* (3-Aminopropancarbonsäure).

B  Sie weist einen isoelektrischen Punkt auf.

C  Sie enthält ein stereogenes Zentrum.

D  Sie kann in wässriger Lösung als Zwitterion vorliegen.

E  *β-Alanin* und *Alanin* sind Konstitutionsisomere.

**45. Welche Angabe zur abgebildeten Verbindung trifft *nicht* zu?**

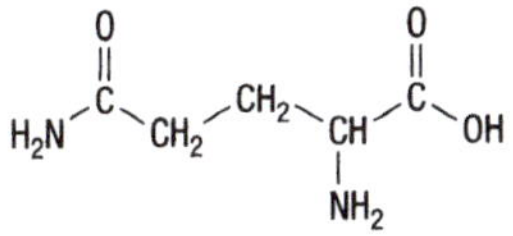

A  Es handelt sich um die natürlich vorkommende α-Aminosäure *Glutamin*.

B  Es handelt sich um ein Dipeptid.

C  Die Verbindung weist einen isoelektrischen Punkt auf.

D  Es handelt sich um eine neutrale Aminosäure.

E  In wässriger Lösung kann die Verbindung als Zwitterion vorliegen.

46. **Welche Aussage zum abgebildeten Molekül trifft *nicht* zu?**

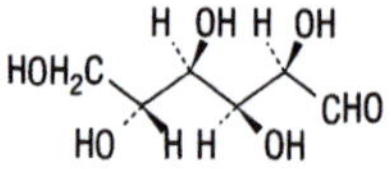

A  Es handelt sich um D-Glucose in der offenkettigen Form.

B  Es ist eine Aldohexose.

C  Es kann an $C_1$ zu einer Carbonsäure (Gluconsäure) oxidiert werden.

D  Es hat 4 stereogene Zentren (Chiralitätszentren).

E  Es cyclisiert zu zwei Verbindungen, die sich wie Bild und Spiegelbild (Enantiomere) verhalten.

47. **Welche Aussage trifft für Sorbit *nicht* zu?**

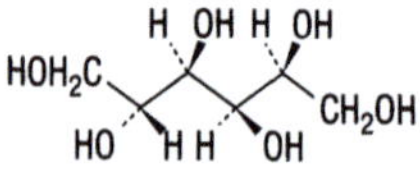

A  Sorbit ist ein Zuckeralkohol.

B  Sorbit hat vier stereogene Zentren (Chiralitätszentren).

C  Sorbit hat vier sekundäre Hydroxylgruppen.

D  Sorbit entsteht aus D-Glucose durch Addition von Wasser.

E  Mannit ist ein Steroisomer von Sorbit.

**48. Welche Aussage zu Monosacchariden trifft *nicht* zu?**

A Monosaccharide, deren Gerüst aus drei bzw. vier C-Atomen besteht, nennt man Triosen bzw. Tetrosen.

B Triosen und Tetrosen kommen meistens in Ringform (cyclisches Halbacetal) vor.

C Hexosen besitzen mehrere stereogene Zentren (Chiralitätszentren).

D Glucose kann $Cu^{2+}$- und $Ag^+$-Ionen reduzieren.

E Bei Diabetes mellitus kommt es zu Glucoseausscheidung im Urin.

**49. Welche Aussage zum abgebildeten Molekül trifft *nicht* zu?**

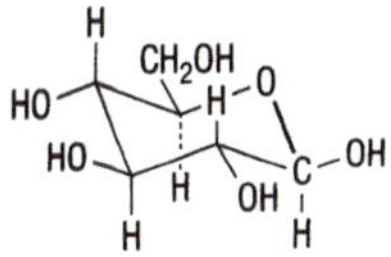

A Es handelt sich um $\beta$-D-Glucose.

B Es ist in der offenkettigen Form eine Aldohexose.

C Es kann an $C_1$ zu Gluconsäure oxidiert werden.

D Es hat 5 stereogene Zentren (Chiralitätszentren).

E Die OH-Gruppe an C(1) liegt in axialer Position vor.

**50. Welche Aussage trifft *nicht* zu? Unter Wasserabspaltung verläuft die formale Bildung**

A von Ethin aus Ethen,

B eines Dipeptids aus zwei Aminosäuren,

C eines Disaccharids aus zwei Monosacchariden,

D von Diethylether aus zwei Molekülen Ethanol,

E eines Acetals aus einem Halbacetal und einem Alkohol.

# Lösungen

## Lösungen zu Teil 1

1. **D** Isotope unterscheiden sich *nur* in der Neutronenzahl, nicht in der Elektronenkonfiguration (s. S. 8).

2. **C** (s. S. 15)

3. **B** (s. S. 28)

4. **A** Bei einer Redoxreaktion ändern sich die Oxidationsstufen der Reaktanden (s. S. 62).

5. **B** (s. S. 67)

6. **C** (s. S. 36)

7. **D** (s. S. 73)

8. **D** (s. S. 56)

## Lösungen zu Teil 2

9. **A** (s. S. 96)

10. **B** Halogenalkane reagieren mit *Nucleophilen* unter Ersatz des Halogens (s. S. 103).

11. **C** Alkane reagieren mit Halogenatomen, nicht mit Halogenid-Ionen (s. S. 93).

12. **D** *Jedes* C-haltige Molekül reagiert mit geeigneten Oxidationsmitteln zu $CO_2$ (s. S. 111).

13. **A** Die beiden Verbindungen haben *nicht* dieselbe Summenformel (s. S. 81).

**14. C** Alkohole assoziieren in flüssiger Phase über H-Brücken (s. S. 107).

**15. E** Zur C-H-Acidität von Carbonylverbindungen (s. S. 125).

**16. C** Phenole sind stärkere Säuren als Alkohole (s. S. 153).

**17. C** Es handelt sich um ein primäres Amin (s. S. 114).

**18. E** Im Gegenteil, Aldehyde werden leicht oxidiert, Ketone nicht (s. S. 120).

**19. E** Methanal besitzt kein H-Atom an einem zum Carbonyl-C-Atom benachbarten C-Atom (s. S. 125).

**20. B** Bei der Reaktion handelt es sich um ein Tautomeriegleichgewicht (s. S. 124).

**21. D** Die alkalische Esterhydrolyse ist irreversibel (s. S. 141).

**22. D** Carbonsäuren reagieren mit Stickstoffbasen ausschließlich zu Salzen (s. S. 134).

**23. D** Es handelt sich um N,N-Dimethylformamid (s. S. 137).

**24. C** Ein Katalysator beschleunigt immer beide Teilschritte einer reversiblen Reaktion (s. S. 36, 37).

**25. D** In Aminen ist das N-Atom nicht zu einer Carbonylgruppe benachbart (s. S. 113).

**26. A** (s. S. 144)

**27. D** Das C-Atom ist *sp*-hybridisiert, das Molekül linear gebaut (s. S. 25).

**28. A** Formel (s. S. 150)

**29. D** Es handelt sich um eine so genannte *elektrophile Substitution* (s. S. 151).

30. **A** Die Verbindungen verhalten sich *nicht* wie Bild und Spiegelbild (s. S. 168).

31. **B** Muss richtig sein, da alle anderen Aussagen eindeutig falsch sind.

32. **D** Von den aufgeführten Verbindungen enthält nur Butan-2-on ein prostereogenes Zentrum (s. S. 170).

33. **C** Enthält als einziges Molekül ein tetraedrisches C-Atom mit vier verschiedenen Substituenten (s. S. 166).

34. **E** Keines der beiden tetraedrischen C-Atome bindet an vier verschiedene Substituenten (s. S. 166).

35. **C** Da Lösung „B" richtig ist, muss „C" falsch sein (s. S. 137).

36. **C** Da Lösung „A" richtig ist, muss „C" falsch sein (s. S. 137).

37. **E** $CO_2$ wirkt *nicht* desinfizierend, $Cl_2$ – als Oxidationsmittel in Schwimmbädern verwendet – hingegen schon!


### Lösungen zu Teil 3

38. **C** Die Alkoholkomponente ist „*Glycerin*" (s. S. 176).

39. **B** Der +I-Effekt einer Alkylgruppe bewirkt eine Herabsetzung der Acidität im Vergleich zur Essigsäure (s. S. 134).

40. **D** (s. S. 177)

41. **A** Meso-Formen gibt es nur in Molekülen, die zwei stereogene Zentren mit identischem Substitutionsmuster aufweisen (s. S. 169).

42. **C** Zur Hydrolyse eines Dipeptids wird *ein* Äquivalent Wasser benötigt, für die Hydrolyse eines Tripeptids entsprechend *zwei* Äquivalente (s. S. 196).

43. **C** Jede Aminosäure (s. S. 188) kann als Zwitterion (s. S. 191) vorliegen.

**44. C** $\beta$-Alanin enthält *kein* stereogenes Zentrum.

**45. B** Es handelt sich um die neutrale Aminosäure „Glutamin" (s. S. 190).

**46. E** α- und $\beta$-D-Glucose sind *Diastereomere* (s. S. 201).

**47. D** Sorbit entsteht durch Reduktion (= Hydrierung) von Glucose, nicht durch Wasseraddition (s. S. 203).

**48. B** Triosen und Tetrosen kommen wegen der Ringspannung bei Drei- und Vierringen *nicht* als cyclische Halbacetale vor (s. S. 199).

**49. E** In der $\beta$-D-Glucose liegt die OH-Gruppe an C(1) in äquatorialer Position vor (s. S. 201).

**50. A** Bei der Umwandlung von Ethen in Ethin handelt es sich um eine Dehydrierung, und nicht um eine Dehydratisierung (= Wasserabspaltung, s. S. 95).

# Sachverzeichnis

## A

Acetal(e) 126–130
– N,O-Acetale 130
– O,O-Acetale 130
Acetamid 137
Acetylchlorid 137, **140**
Acidität
– α-H-Acidität 125
– Carbonsäuren 131–134
Acrylsäure 131
Additionseliminierungssequenz **138, 150**
Addition(sreaktion)
– Alkine 99–100
– Carbonylverbindungen 116–118
– Diene 99
Adenin 208–209
Adenosin 208
Adenosindiphosphat (ADP) 174
Adenosintriphosphat (ATP) 174
Äquivalenzpunkt 48, **58**
Aggregatzustand, Materie 4–5
Aktivierungsenergie 35
Akzeptoratom 21
Alanin 190, **192**
– Synthese 193–194
Aldehyde 116
Aldohexosen 201
Aldolreaktion 126
Aldose 198
Alkalimetalle 12
Alkalische Hydrolyse 141
Alkalose 57
Alkane 79–81, 92
– Chlorierung, radikalische 93
– Dehydrierung 95
– Funktionalisierung 92
Alkanole s. Alkohole
Alkene **84–86**, 96
– Dimerisierung, Säure-induzierte 98
– Funktionalisierung 96–102
– Hydrierung 101–102
Alkine 87, **99–100**
– Additionsreaktionen 99–100

Alkohole **105**, 106–113
– Oxidation 110–111
– primäre, sekundäre und tertiäre 107
– Säure-Basen-Eigenschaften 107
– Wasserstoffbrückenbindung 107
Alkoholat-Ion 107
Alkylcarbanionen 121
Alkylgruppe **104**, 145
Alkylhydroperoxid 94
Alkylradikal **93**, 95
Ameisensäure 28, **130–131**, 142
Amine 113–116
– biogene 114
– primäre 114
– sekundäre 114–115
Aminobenzen 152
Aminocarbonsäure 164
Aminosäuren 188–197
– basische 192
– CIP-Regeln 189
– Fischer-Projektion **189**, 191
– IEP 192
– neutrale 192
– proteinogene **190**, 197
– Säure-Basen-Gleichgewicht 191
– Salzbildung 195
– saure 192
– Synthese 192
Aminosäuresynthese, Strecker'sche 193
Aminozucker 202
Ammoniak 28, 30, **49**, 105
Ammoniumchlorid 49
Ammoniumsalze, quartäre 115
Anabolische Reaktionen 173
Analyse, chemische 29
Androsteron **184**, 186
Anilin 152
Anionen 10
– Reaktion mit Wasser 56
– Struktur 54–55
Anode 64

Arachidonsäure 188
Arenamin 152
Arene 86, **149–152**
– Additionseliminierungsreaktionen 101
– Aromatizität 149–152
– Benzen 148
– Funktionalisierung 150–152
– Nitronium-Ion 151
– Phenyl-Gruppe 149
Arginin 190, **192**
Aromatische, elektrophile Substitution 150
Aromatizität 148–155
– Arene 149–152
– Chinone 154
– Heterocyclen 156–161
– Phenole 152–154
Arrhenius-Gleichung 35–36
Ascorbinsäure 175
Asparagin 190
Asparaginsäure 190, **192**
Aspirin 153
Astrophysik 2
Atome 4, 6
– Bauprinzip 7
– Bindung, chemische 14–19
Atomgewichte 8
– Elemente 8
Atomkern 7
Atomtheorie, Dalton'sche 6–7
ATP (Adenosintriphosphat) 174
Aufbauprinzip, Elektronenkonfiguration 11–12
Avogadro-Konstante 8
Axiale Substituenten, Cycloalkane 82
Azidose 57

## B

Basen 49–61
– konjugierte 56
– Protonakzeptoren 49
– schwache 52
– starke 52

Basendissoziationskonstante 52–53
Basenpaare
- DNA 207
- komplementäre, DNA 210–211
Benzen **86**, 101
- Arene 148
Benzol 86
Bernsteinsäure 131
Bindendes Elektronenpaar **16**, 23
Bindung
- chemische 14–19
- glykosidische 204–205
- koordinative 19–20, 70–74
- kovalente 15–17
- – nichtpolarisierte 90
- – polarisierte **17–18**, 88
- (un)polare 26
Bindungsbruch, hetero-/homolytischer 83
Bindungsenergie 16–17
Bindungslänge 16–17
Bindungsspaltung 83
Bindungswinkel, Moleküle, mehratomige 22–25
Biochemie 1
Biradikal **18**, 94
Blausäure 142
Brönsted-Basen 49
Brönsted-Säuren **49–50**, 96
- mehrprotonige 147
- pK$_S$-Wert 54
- schwache 50
- starke 50
Bromwasserstoffsäure 52
Butan 80
Buttersäure 130–131

## C

Cahn-Ingold-Prelog(CIP)-Regel **167**, 189
Calciumcarbonat 144
Calciumhydroxyd 52
Calorie 32
Carbanionen 121
Carbeniumionen 98
- Folgereaktionen mit Lewis-Basen 97–99
- Stabilität 128
Carbonsäureamid **139–140**, 144
Carbonsäureanhydrid 140
Carbonsäurechlorid 139
Carbonsäurederivate 137–141
Carbonsäureester **135–136**, 137–139
Carbonsäuren 130–136
- Acidität 131–134
- Carboxylation 133
- langkettige 131
- Neutralisation 134

- Säuredissoziationskonstante 133
- Veresterung 136
Carbonsäurethioester 139
Carbonylhydrat 118, **120**
Carbonylverbindungen 116–126
- Additionsreaktionen 116–118
- Alkohole 110
- säurekatalysierte Reaktion 118–119
Carboxylat-Ion 137
- Mesomeriestabilisierung 133
$\beta$-Carotin 181
C-Atom
- Elektrophilie 138
- Oxidationsstufe 108
Cellobiose 205
Cellulose 205–206
Celsius 6
Cerebroside 180
Cetylalkohol 177
CH-acide Verbindungen 125
Chelat-Effekt 74
Chelatkomplex 73
Chemie
- analytische 1
- anorganische 1
- organische 1
- physikalische 1
Chemische Bindung 14–19
Chemische Gleichung 29
Chemische Reaktion(en) 29–32
- Organismus 173–175
Chemisches Gleichgewicht 37
Chinon 154–155
Chiralität 165–166
Chiralitätszentrum 166
Chloral 119
Chloralhydrat 119
Chloressigsäure 192–193
Chloressigsäuremethylester 193
Chlorethan 97
Chlorierung, radikalische, Alkane 93
Chlorkohlenwasserstoff 26
Chlorophyll 73, 161
Cholesterol 184
Cholin 179
Cholsäure 184, 186
CH-Säuren 125
CIP-Regel 167
- Aminosäuren 189
cis-Isomere 83, 165
Citratcyclus 95
C-O-Doppelbindung, Elektrophilie 138
Corticoide 184–185
Cortison 185–186
Coulomb 7
Cumen 149, 153
Cumenhydroperoxid 153

Cyanide 142
- nucleophile Substitution 143
Cyanwasserstoff 141–145
Cyclisierungsreaktion 161, **162–165**, 181–182
Cycloaddition 161–162
Cycloalkane **81–84**, 92
- axiale/equatoriale Substituenten 82
Cycloalkene 84
Cyclobutan 81
Cyclohexan 81
1,3-Cyclopentadien 85
Cyclopentan 81
Cyclopenten 84
Cyclopropan 81
Cystein 111, 189–190
Cystin 111
Cytidin 208
Cytosin 207–209

## D

Dalton'sche Atomtheorie 6–7
Debye 26
Dehydrierung 95
Desoxyribonucleinsäuren 207
Desoxyzucker 208
D-Gluconsäure 202
D-Glucosamin 202–203
Dialkylperoxide 111
Dialyse 45
Diastereoisomere 168, 171
- Unterscheidung 171
1,2-Dibromethan 102
Diene 85–86
- Additionsreaktionen 99
Dihydroxycarbonylverbindungen 198
Dimethylcarbonat 144
Dimethylnitrosamin 115
2,2-Dimethylpropan 80
Diole 106
Dipeptid 195
Dipol-Dipol-Wechselwirkungen 26–27
Dipolmoment 26
Disaccharide 203, **204–205**, 207
Disulfan 111
Diterpene 181
DNA (deoxyribonucleic acid) 207
- Basenpaare 207
- – komplementäre 210–211
- Doppelhelix 209–210
- Wasserstoffbrückenbindungen 210–211
Donnan-Potential 45
Doppelbindung **17**, 21, 86
- konjugierte 85
Doppelhelix, DNA 209–210
Dreifachbindung 17
Druck, osmotischer 44

## E

Edelgase **10**, 15
Edelgaskonfiguration **12**, 15
Edukte 29
Eicosanoide 187
Einelektronentransfer 91
Einfachbindung 14–15, **17**, 21, 86
Einheiten, abgeleitete 5
E-Isomere **85**, 165
Elaidinsäure 132
Elektrische Ladung, Elementarteilchen 7
Elektrochemie 61
Elektrode 63–64
Elektrodenpotential 63–64
Elektrolyse 16
Elektrolyte 46–47
– schwache 46
– starke 46
Elektromotorische Kraft (EMK) 64
Elektronegativität, Elemente 17–18
Elektronen 7
– ungepaarte 18
Elektronenaffinität 10
Elektronenhülle 7
Elektronenkonfiguration 10–12
– Aufbauprinzip 11–12
Elektronenpaar
– bindendes **16**, 23
– freies **16**, 23
– nicht bindendes 16
Elektronenpaarakzeptor 20
– Lewis-Säuren 50
Elektronenpaardonator, Lewis-Basen 50
Elektronenpaardonor 20
Elektronensextett **20**, 25
Elektronentransfer 15
Elektronentransferreaktionen **61–62**, 110
Elektrophile 89
– Lewis-Säuren 90
Elektrophile Substitution, Aromatische 150
Elektrophilie
– C-Atom 138
– C-O-Doppelbindung 138
Elementarteilchen 7
– elektrische Ladung 7
– Masse 7
Elemente 7–10
– Atomgewichte 8
– Elektronegativität 17–18
– Gruppen 9
– Häufigkeit 2
– Periodensystem 4, **9**
– Symbole 8
Eliminierungsadditionssequenz 128–129

EMK (elektromotorische Kraft) 64
Enantiomere 166
– R/S-Konfiguration 167
– Unterscheidung 171
Endergoner Prozess 173
Endotherm 33
Energie, Verbrennung 32
Energiequellen 173
Enole 123–124
Enthalpie 33
Enthalpiediagramm 33
Entropie 39
Enzyme **40–42**, 174
Enzymkinetik 41
Enzym-Substrat-Komplex **41**, 174
Ergosterol 184–185
Essigsäure 130–131, 134, **192–193**
Essigsäuremethylester 137
Ester, Verseifung 140–141
Ethan 80
Ethanal 123
Ethanol 98, **123**
Ethanolamin 179
Ethen **84**, 98
Ether 104
Ethin 87
17α-Ethinylöstradiol 185–186
Ethyl-Carbeniumion 96
Ethylenglycol 106
Exergon 173
Exotherm 33

## F

Fällungsreaktionen 47
Faraday'sche Konstante 66
Feststoff 4
Fette, Verseifung 177
Fetthärtung 177
Fettsäureester 175
Fettsäuren 131
– gesättigte 131
– ungesättigte 131
Fischer-Projektion
– Aminosäuren **189**, 191
– Kohlenhydrate 199
Flüssigkeit(en) 4
– Löslichkeit von Gasen 44
Fluorchlorkohlenwasserstoffe (FCKW) 102
Fluoressigsäure 134
Folgereaktionen 31, **35–36**
Formaldehyd **109**, 198
Formamid 137, **142**
freies Elektronenpaar **16**, 23
Fructose 201
Fumarsäure 131
Funktionalisierung
– Alkane 92

– Alkene 96–102
– Arene 150–152
– Kohlenwasserstoffe 79
Funktionelle Gruppe 78
Furan 159
Furanosen 200–204

## G

Galactose 201
Gallensäuren 184
Gammaglobulin 4
Ganglioside 180
Gas 4
– Löslichkeit in Flüssigkeiten 44
Gemische 45
Geologie 2
Gesättigte Fettsäuren 131
Gesamtgleichgewichtskonstante 38
Geschwindigkeitsbestimmender Schritt 36
Geschwindigkeitsgesetz 34
– allgemeines 34
Geschwindigkeitskonstante **33**, 35
Gewicht 5
Gibbs'sche freie Energie 39–40
– Redoxreaktion 66
Gibbs-Helmholtz-Gleichung 39–40
Glaselektrode, pH-Meter 68
Gleichgewicht, chemisches 37
Gleichgewichtskonstante 38
Gleichung, chemische 29
D-Gluconsäure 202
α-D-Glucopyranose 201
D-Glucosamin 202–203
Glucose 200
Glutamin 190
Glutaminsäure 189–190, **192**
Glycerin **106**, 176, 179
Glycerinaldehyd 198
Glycin **189**, 190, 192
– Synthese 193
Glycinmethylester 193
Glycol 106
Glycolaldehyd 119
Glykogen 205–206
Glykosidische Bindung 204–205
Grenzstrukturen 22
Guanin 208–209
Guanosin 208

## H

Hämoglobin 161
Halbacetal 118, **126–130**
Halbneutralisationspunkt 59
Halbwertszeit 34
Halbzellen 63
– Standardreduktionspotential 67
Halogene 12

Halogenkohlenwasserstoffe 93, **102–105**
- nucleophile Substitution 102–104
Halothan 102
Harnstoff 144
Hauptgruppenelemente 9
Hauptquantenzahl 11
H-Brückenbindung s. Wasserstoffbrückenbindung
Henderson-Hasselbalch-Gleichung 56
Henry'sches Gesetz 44
Heterocyclen 156–161
- Aromatizität 156–161
Hexosen 200
Hybridisierung **24**, 25
- Alkane 80
Hydrierung, Alkene 101–102
Hydrochinon 154
Hydrogencarbonat 54
Hydrolase 174
Hydrolyse
- alkalische 141
- - Triacylglycerine 177
- saure **136**, 141
Hydronium-Ion 51
Hydroxycarbonylverbindungen 198
Hydroxyd-Ion **51**, 81, 137
2-Hydroxyethanal s. Glycolaldehyd
Hydroxypyridin, Tautomerie **157**, 159

**I**
IEP (isoelektrischer Punkt) 192
Imidazol 159–160
Iminol 142
Indikator 47
- pH-Wertbestimmung 58
Indol 160
induktiver Effekt **119**, 138
intramolekulare Wechselwirkung
- Peptide 195
Inversion 170
Ionen **10**, 46–47
Ionenbindung 15–16
Ionenprodukt, Wasser 51
Ionisierungsenergie 10
Isobar 33
Isoelektrischer Punkt (IEP) 192
Isoleucin 190
Isomere 81
- Unterscheidung 171
Isomerie 80
Isopren 85, **99**, 181
Isoprenlipide 181
Isoprenoide 181
Isotherm 33
Isoton 45
Isotope 8

IUPAC-Regeln 81

**J**
Joule **6**, 32

**K**
Kalibrierung, Lösungen 47
Kaliumhydroxyd 52
Kalk 144
katabolische Reaktionen 173
Katalysator 36
- heterogener 36
- homogener 36
Katalyse 36
Kathode 64
Kationen 10
- Reaktion mit Wasser 56
Kelvin 6
Kernladungszahl 7, **9**
Keto-Enol-Tautomerie 124
Ketohexose 201
Ketone 116
Ketose 198
Kinetik 33
Koeffizient, stöchiometrischer 30
Kohlendioxid 9
Kohlenhydrate 197–204
- Fischer-Projektionen 199
- Klassifizierung 197–200
Kohlensäure
- Neutralisation 145
Kohlenstoff 4, 8, **77–79**
- Moleküle, bifunktionelle 78
- Verteilung/Vorkommen 77–78
Kohlenstoffoxide 141–145
Kohlenwasserstoffe 79
- cyclische 86
Kolloidale Gemische 45
Komplexbildungskonstante 71
Komplex-Ionen 70–72
Konformation 83
Konformationsisomere 83
Konjugierte Doppelbindung 85
Konsekutivreaktionen **35–36**
Konstitution 81
Konstitutionsisomere 81
Konzentrationszellen 67–68
Koordinationsverbindungen 70–75
Koordinationszahl 70
Koordinative Bindung 70–74
Kronenether 74
Kryptanden 74
Kryptate 74

**L**
Lactam 163, 195
Lactase 40
Lacton 163
Lactose 205
Lanosterol 181

Leucin 190
Lewis'sche Oktettregel 15
Lewis-Basen 50
- Elektronenpaardonator 50
Lewis-Basen-Reaktionen 104–105
- Arene 151
Lewis-Säuren 49–50
- Elektronenpaarakzeptor 50
Lewis-Säuren-Reaktionen 104–105
- Arene 151
Lewis'sche Oktettregel 18–19
Liganden 71–74
- einzähnige 72
- mehrzähnige 73
- zweizähnige 73
Ligandenaustauschreaktionen 74
Linolensäure 132
Linolsäure
Lipide 175–188
- Cyclisierung zum Sterangerüst 181–182
- Phosphoglyceride 178
- Prostaglandine 187–188
- Sphingoside 179–180
- Steroide 182–187
- Terpene 181
- Triacylglycerine 176–177
- verseifbare 176
Löslichkeit von Gasen in Flüssigkeiten 44
Löslichkeitsprodukt 43, 47
Lösungen 42–45
- basische bzw. alkalische 52
- hypertonische 45
- hypotonische 45
- Kalibrierung 47
- neutrale 52
- saure 52
- übersättigte 43
- wässrige 30, 46–48
- - pH-Wert 56
Lösungsmittel 43
Lysin 190, 192

**M**
Magnesiumcarbonat 144
Makromoleküle 77
- biorelevante, Kohlenwasserstoffe 79
Maltose 205
Mannose 201
Masse 5
- Elementarteilchen 7
Massenwirkungsgesetz 37–39
Massenzahl 8
Materie 3–6
- Aggregatzustand 4–5
- Eigenschaften 3

- quantitative Erfassung (Messung) 5
- Zusammensetzung 3
Meso-Form, Stereoisomere 169
Mesomeriestabilisierung, Carboxylat-Ion 133
Messung des pH-Wertes 58, **69**
Metabolismus s. Stoffwechsel
Metallkomplexe 70
- Stabilität 71
Metallorganische Verbindung 122
Methan 79–80
Methanal 109
Methanol 108
Methanthiol 106
Methionin 106, 190
Methylbenzen 149
2-Methylbuta-1,3-dien 85
2-Methylbutan 80
Methyl-Carbanion 83
Methyl-Carbeniumion 83
Methylethylbenzen 149
Methylgruppe 80
2-Methylpropan 80
Methyl-Radikal 83
Methylthioacetat 137
Mifegyne 185
Milchsäure 168
Mischungen
- homogene 4
- kolloidale 45
Mol 6, **8**
Molarität 30–31, 43
Moleküle 4
- bifunktionelle, Kohlenstoff 78
- mehratomige 19–25
- – Bindungswinkel 22–25
- – räumliche Struktur 19–25
- polare 26
- unpolare 26
Molekülmasse = Molgewicht 8
Molekulargewicht **8**, 14
Monosaccharide 204

# N
N-Methylformamid 137
N,N-Dimethylformamid 137
N,O-Acetale 130
Natriumacetat 140
Natriumhydroxid 52
Nebengruppenelemente 9
Nebennierenrindenhormone 185
Nernst'sche Gleichung 67, **68**
Nernst'sches Verteilungsgesetz 43
Neutralisation 58–60
- Carbonsäuren 134
- Kohlensäure 145
Neutralisationsreaktion 49

Neutronen 7
Newton 6
Nichtelektrolyt 46
Nichtleiter 46
Nichtmetalle 10
Niederschlag 47
Nitrile 142
- Hydrolyse, saure 142
Nitronium-Ion, Arene 151
Nitrosamine 114
Nomenklatur
- Alkane 81
- R/S-Nomenklatur 167
Nucleinsäuren 207–211
Nucleonenzahl 12
Nucleophil
Nucleophile 89
- Lewis-Basen 90
Nucleophile Substitution
- C-Atom, tetraedrisches 113
- Cyanide 143
- Halogenkohlenwasserstoffe 102–104
Nucleoside 207
- Benennung 208
- Stickstoffbasen 208
Nucleotide 207, **209**
Nullpunkt 6
- absoluter 6

# O
O,O-Acetale 130
Ölsäure 132, 176
Östron 152, 185–186
Oktettregel s. Lewis'sche Oktettregel
Onsäuren 202
Orbitale 11
Ordnungszahl s. Kernladungszahl
Organismus 77
- chemische Reaktionen 173–175
Osmose 44–45
osmotischer Druck s. unter Druck
Oxidation 62
- Alkohole 110–111
- Elektronenabgabe 63
Oxidationsmittel 63
- starke 65
Oxidationspotential 62
Oxidationsstufe 61–62
- C-Atom 108
Oxidationszahl 61–62
Oxoniumion 97
Ozon 21

# P
Palmitinsäure 132, 176–177
paramagnetisch 18
Pentan 80
Pentose 200
Peptidbindung 195

Peptide 194–197
- Aufbau 196
- intramolekulare Wechselwirkung 195
Periodensystem, Elemente 4, **9**
Phenole **152–154**, 157
Phenylethanol 150
Phenylethylamin 150
Phenyl-Gruppe, Arene 149
pH-Meter 68–69
Phosgen 139, **144**
Phosphatidsäure 178
Phosphoglyceride 178
Phospholipide 177–179
Phosphonsäurederivate 146–147
Phosphonsäuren 146–147
Phosphorsäure 146
Phosphorsäurederivate 145–146
Phosphorsäurediester 177
Phosphorsäureester **145–146**, 176
Photosynthese 63
- Gesamtbilanz 198
- Redox-Teilschritte 198
pH-Wert 51–52
- Indikatoren zur Bestimmung 58
- Lösungen, wässrige 56
- Messung 58, **69**
Phyllochinon (Vitamin K) 154
Pi-Bindung 84
pK-Wert 52
Polarisierung 17
Polyethylen 98
Polymerisation, kationisch-induzierte 98
Polypeptide 195
- Aufbau 196
Polysaccharide 204–207
Polyvinylchlorid (PVC) 100
Porphyrine 160–161
Porphyringerüst 160
Potentialdifferenz 64
Präexponentieller Faktor 35
Primärstruktur von Proteinen 197
Produkte 29
Propan **30**, 80
Propen 84
Prostaglandine 187–188
Prostereogenes Zentrum, Stereoisomere 170
Proteine 197
Proteinogene Aminosäuren 197
Protonen 7
Protonenakzeptoren, Basen 49
Protonendonatoren, Säuren 49
Provitamin A 181
Pufferbereich 57
Puffergleichung 57
Pufferkapazität 57
Pufferlösungen 56

Purin 159–160
Purinbase 207, **209**
PVC (Polyvinylchlorid) 100
Pyran 158–159
Pyranosen 200–204
Pyranring 158–159
Pyridin 157
Pyrimidin 157
Pyrimidinbase 207, **209**
Pyrrol 159

## Q
Quantentheorie 10

## R
Radikal(e) 18
– Reaktionen 92–94
Radioaktivität 12–13
Radioisotope 13
Raoult'sches Gesetz 44
Raumformel 19
Razemat 170
Reaktanden 29
Reaktion(en)
– anabolische 173
– Ausbeute 31
– bimolekulare 35
– chemische 3, **29–32**
– endergone 40
– endotherme 33
– erster Ordnung 34
– exergone 40
– exotherme 33
– gekoppelte 31
– Geschwindigkeitsgesetz 33
– irreversible 36–37
– katabolische 173
– Lösungen, wässrige 46–48
– mononukleare 34
– nullter Ordnung 42
– pseudo-erster Ordnung 35
– reversible 30, 36–37
– zweiter Ordnung 35
Reaktionsentropie 39
Reaktionsgeschwindigkeit 33
Reaktionsordnung 34
Reaktionswärme 33
Reaktionszwischenstufen 83
Redoxreaktion **62**, 110
– Gibbs'sche freie Energie 66
– Veränderungen, spontane 66
Redoxsystem, Thiol/Sulfan 111–113
Reduktase 174
Reduktion 62
– Elektronenaufnahme 63
– Standardelektrodenpotential 65
Reduktionsmittel 63
– starke 65
Reduktionspotential 63, **66**

Referenzelektrode 65
Resonanz(struktur) 21–22
Rhodopsin 181
Riboflavin 175
Ribose 200
R-Konfiguration, Enantiomere 167
Rohstoffe 173
R/-S-Nomenklatur 167
Ru 486 186
Rutherford-Atommodell 7, **10–11**

## S
Saccharose 205
Säure-Basen-Eigenschaften, Alkohole 107
Säure-Basen-Gleichgewicht, Aminosäuren 191
Säure-Basen-Indikator 58
Säure-Basen-Konzept 49
Säuredissoziationskonstante 52–53
– Carbonsäuren 133
Säurekatalysierte Reaktion, Carbonylverbindungen 118–119
Säuren 49–61
– konjugierte 56
– mehrprotonige 51, **53–54**
– Protonendonatoren 49
– schwache 52
– starke 52
Salpetersäure 48
Salze 15, **49**
Salzsäure 49, **52**
Sarin 147
Sauerstoff 4
Saure Hydrolyse **136**, 141
Schmelzpunkt 5
Schwache Basen 52
Schwache Brönsted-Säuren 50
Schwache Elektrolyte 46
Schwache Säuren 52
Schwefelsäure **32**, 48
Sehpurpur 181
Seifen 134, 177
Selbstionisation, Wasser 51
Serin 179, 190
Sesquiterpene 181
Sesselform 82, **201**
Sexualhormone 184
SHE (Standardwasserstoffelektrode) 65
Siedepunkt 5
SI-Einheiten 5
Sigma-Bindung 84
S-Konfiguration, Enantiomere 167
Solvathülle 74
Sorbit 202
Spannungsreihe 66
Sphingomyelin 179

Sphingoside 179–180
Sphingosin 179
Squalen 181
Stärke 205
Standardelektrodenpotential · 64–65
– Reduktion 65
Standardreduktionspotential
– Halbzellen 67
– positives 66
Standardwasserstoffelektrode (SHE) 65
Starke Basen 52
Starke Säuren 52
Stearinsäure 132, **176**
Steran 182
– trans-Ringverknüpfungen 184
Stereogenes Zentrum, Stereoisomere 166
Stereoisomere 83, 165
– Meso-Form 169
– prostereogenes Zentrum 170
– stereogenes Zentrum 166
– Unterscheidung 171
Stereoisomerie 165–172
Steroide 182–187
– biologisch wichtige 184–187
Steroidhormon 184
Sterole 184
Stickstoffmonoxid
Stickstoff 4
Stöchiometrischer Koeffizient 30
Stoffwechsel 173
Strecker'sche Aminosäuresynthese 193
Struktur, Anionen 54–55
Strukturformel 29
Succinatdehydrogenase 95
Sulfane 104
Sulfoniumion 98
Sulfonsäurederivate 147
Sulfonsäuren 146–147
Summenformel 29
Suspension 45

## T
Tautomerie **124**, 165
– Hydroxypyridin **157**, 159
Teflon 102
Terpene 99, **181**
Testosteron 185–186
Tetraalkylammoniumionen 115
Tetraterpen 181
Theorie des stationären Zustandes 5
Thermodynamik 32–42
Thiazol 160
Thiole 106
Thiol/Sulfan, Redoxsystem 111–113
Thionylchlorid 139
Thiophen 159

Threonin 190
Thymin 207–209
Titration 47
Titrationskurven 58–60
α-Tocopherol 175
Toluen 149
trans-Isomere **83**, 165
trans-Ringverknüpfungen, Steran 184
Transurane 7
Triacylglycerine **176–177**
– einfache 176
– Hydrolyse, alkalische 177
Trichlorethanal s. Chloral
Trifluoressigsäure 134
Trifluormethansulfonsäure 147
2,2,4-Trimethylpentan 81
Triole 106
Trioleoylglycerin 176
Triose 198
Tripalmitoglycerin 176
Tristearoylglycerin 176
Triterpene 181
Tyndall-Effekt 45

## U
Ubichinol 154
Ubichinon 154

Übergangselemente 9
Übergangszustand 35
Ungesättigte Fettsäuren 131
Uracil 158, 208–209
Uridin 208

## V
valence-shell electron-pair repulsion theory s. VSEPR-Theorie
Valin 190
Verbrennung 31–32
Vererbung 173
Veresterung, Carbonsäuren 136
Verseifung 141
– Ester 140–141
– Fette 177
Vinylchlorid 100
Vitamin A 181
Vitamin $B_2$ 175
Vitamin $B_{12}$ 185
Vitamin C 175
Vitamin E 175
Vitamin K (Phyllochinon) 154
Vitamine 175
– fettlösliche 175
– wasserlösliche 175

VSEPR-Theorie 23
Vx 147

## W
Wachse 177
Wärme, Verbrennung 32
Wasser
– Ionenprodukt 51
– Selbstionisation 51
Wasseraddition, säurekatalysierte 98
Wasserstoff 4
Wasserstoffbrückenbindung 27–29
– Alkohole 107
– DNA 210–211
– intermolekulare 28
– intramolekulare 29
Wasserstoffelektrode **65**, 68
Wasserstoffperoxid 3, **33**
Weinsäure 169

## Z
Zellen 77
Zentral-Ionen 71
Z-Isomere **85**, 165
Zuckeralkohole 202
Zwischenstufen, Reaktionen 38

MIX
Papier aus verantwortungsvollen Quellen
Paper from responsible sources
FSC® C105338

If you have any concerns about our products,
you can contact us on
**ProductSafety@springernature.com**

In case Publisher is established outside the EU,
the EU authorized representative is:
**Springer Nature Customer Service Center GmbH
Europaplatz 3, 69115 Heidelberg, Germany**

Printed by Libri Plureos GmbH
in Hamburg, Germany